江西理工大学清江学术文库

乡村振兴背景下农业技术扩散的行动者网络研究

——以T县超级稻为例——

刘 磊 著

知识产权出版社
全国百佳图书出版单位

图书在版编目（CIP）数据

乡村振兴背景下农业技术扩散的行动者网络研究：以T县超级稻为例/
刘磊著. —北京：知识产权出版社，2019.4
　　ISBN 978 - 7 - 5130 - 6195 - 7

　　Ⅰ.①乡… Ⅱ.①刘… Ⅲ.①水稻栽培—农业技术推广—研究—中国 Ⅳ.①S511

中国版本图书馆CIP数据核字（2019）第067716号

内容提要

在乡村社会转型和乡村振兴背景下，农业技术推广的"计划体制"特征逐渐淡化，"市场机制"特征不断加强，政府、企业、研究机构、农民等众多异质性行动者构成了一个农业技术扩散的行动者网络。新技术的经济效益在很大程度上影响着农民对新技术的学习态度、学习能力和吸收能力，也影响技术扩散行动者网络的组建和演化。在乡村振兴新背景下，农业技术扩散工作要考虑农民从"劳动致富"到"科学致富"的认识转变，把农民的利益作为农村技术扩散工作的出发点和落脚点，充分尊重农民的知情权、参与决策权，尊重并善于发挥农民的地方性知识的作用。

　责任编辑：蔡　虹　　　　　　　　　责任校对：谷　洋
　封面设计：北京麦莫瑞文化传播有限公司　责任印制：孙婷婷

乡村振兴背景下农业技术扩散的行动者网络研究
以T县超级稻为例
刘　磊　著

出版发行：	知识产权出版社有限责任公司	网　　址：	http：//www. ipph. cn
社　　址：	北京市海淀区气象路50号院	邮　　编：	100081
责编电话：	010 - 82000860 转 8324	责编邮箱：	caihong@ cnipr. com
发行电话：	010 - 82000860 转 8101/8102	发行传真：	010 - 82000893/82005070/82000270
印　　刷：	北京虎彩文化传播有限公司	经　　销：	各大网上书店、新华书店及相关专业书店
开　　本：	787mm×1092mm　1/16	印　　张：	16.5
版　　次：	2019 年 4 月第 1 版	印　　次：	2019 年 4 月第 1 次印刷
字　　数：	260 千字	定　　价：	69.00 元

ISBN 978 -7 -5130 -6195 -7

内容提要

2018 年 2 月，《中共中央国务院关于实施乡村振兴战略的意见》强调提出："夯实农业生产能力基础。深入实施藏粮于地、藏粮于技战略，严守耕地红线，确保国家粮食安全，把中国人的饭碗牢牢端在自己手中。"本书主要研究在乡村社会转型和实施乡村振兴战略背景下以超级稻技术为代表的农业技术如何扩散的问题，是应用行动者网络理论研究技术扩散实践的一次尝试。

全书分为 7 章，主要内容和结构是：第 1 章引言部分，主要介绍选题的背景与意义，提出研究问题，围绕这一问题进行文献综述。第 2 章主要是对行动者网络理论的系统性述评，梳理国内外学者对于这一理论的最新研究情况。第 3 章主要对超级稻技术的研发和成果转化过程进行考察分析。第 4 章、第 5 章主要从行动者网络理论的视角，对超级稻技术在农村社会扩散的两种基本模式进行考察。其中，第 4 章主要考察政府为主导的示范田行动者网络的组建过程，重点讨论了"强制通行点"转译机制在本案例中的适用性问题。第 5 章主要考察市场主导的自发田行动者网络的建立过程，同时讨论了在自发情况下，行动者之间转译的可能性与组建行动者网络的有效性。第 6 章重点讨论超级稻技术扩散行动者网络的稳定性及其演化，结合现实案例，总结分析稳定性行动者网络的主要特征、行动者网络破坏的主客观条件，以及不同行动者网络之间的竞争、合作与转化情况。第 7 章是结论部分。对全书内容进行回顾和总结，尝试发掘出超级稻技术扩散行动者网络对农业技术推广体系重建和农村社会建设的启示，并提出研究的后续工作。

前　　言

实施乡村振兴战略需要夯实农业生产能力，以科技作为创新的支撑。因此，农业技术扩散是新时代实施乡村振兴战略重要的现实问题和理论问题。

当前，农业技术扩散所依赖的农村社会正在经历重要的转型。为了更好地对"农业技术扩散"这一技术社会学现象开展研究，本研究引入一种新的研究纲领，即行动者网络理论（actor-network-theory，ANT）。该理论在科学观方面，坚持真实的科学是"形成中的科学"，而不是黑箱化的"既成的科学"，要求研究者必须放弃有关科学的一切话语或意见，而代之以跟随（following）行动中的科学家和社会中的行动者，探索自然与社会、人类与非人类在科技实践中的交融与转换。该理论是在卡龙、拉图尔等社会学家分析西方科技与社会的复杂现象过程中产生并发展的，这一理论也比较适合应用于对农业技术扩散活动的分析。

本研究以 T 县超级稻技术的扩散为例，以跟随"行动者"的方式，应用行动者网络理论对超级稻的技术研发、成果转化、推广应用等技术扩散过程进行了较全面的考察分析。在行动者网络理论视域下，超级稻研发人员主要通过行政手段组建行动者网络。在技术扩散阶段，T 县超级稻技术扩散主要以政府主导的示范田和市场主导的自发田两种形式展开。在示范田行动者网络中，政府主要依靠"免费"吸引力、政府行政权威和技术服务，维护行动者网络的稳定。在自发田行动者网络中，政府及农技推广部门则缺乏相应的能力和动力提供服务。本研究得出的主要结论是，农业技术自身的优势，并不能自发地导致技术扩散；农业新技术的经济效益在很大程度上影响着农民对新技术的学习态度、学习能力和吸收能力，也影响着技术扩散行动者网络的组建和演化。这将给新时期开展农业技术推广工作带来一定的启示。

本书可供政府有关部门管理人员以及从事农业科技活动的相关人士阅读，对研究农村技术传播或农村发展的学者亦有一定的参考价值。

本研究前期得到"清华大学中国农村研究院博士论文奖学金项目"的支持。本次成书出版由江西理工大学资助。在此特别说明并表示感谢。

CONTENTS

目　录

第1章 引言

1.1 概念界定

本研究结合新时代乡村振兴背景，以 T 县为例，从行动者网络的视角，考察超级稻技术扩散的机制、过程及其演化，以此推动农业技术扩散新机制的建设，实现《中共中央国务院关于实施乡村振兴战略的意见》提出的"夯实农业生产能力基础"和"确保国家粮食安全，把中国人的饭碗牢牢端在自己手中"的目标。

为了便于后面的讨论和体现本研究的意图，首先需要对研究中涉及的重点概念予以界定。

1.1.1 对"超级稻"概念的界定

"超级稻"（super rice）这一概念最早来自国外。一些国家因为粮食安全压力，把超高产育种作为水稻科研的主攻方向。1971 年韩国开始进行籼粳杂交培育高产水稻品种（朱德峰，2009）；1980 年日本制订水稻超高产计划，目标是到 1995 年稻谷产量提高到每公顷 9.38 ～ 12.19 吨（625.3 ～ 812.67 公斤/亩）（袁隆平，2006）[5]；1989 年国际水稻研究所（IRRI）提出水稻新株型高产育种计划，因该计划声称比当时优良品种增产 25%，被称为"超级稻"（邓楠，2001）。在中国，农业部于 1996 年开展"中国超级稻"育种计划立项，目标是到 2000 年产量提升至 9.75 ～ 10.5 吨/公顷（650 ～ 700 公斤/亩），到 2005 年提升至 11.25 ～ 12.0 吨/公顷（750 ～ 800 公斤/亩）（袁隆平，2006）[5]。从上述"超级稻"育种战略目标的设定来看，所谓"超级稻"主要还是指产量的"超级"。但是，对于"超级稻"概念，迄今尚没有一个统一的标准和严格的定义（袁隆平，2006）[5]。

2005 年，中国农业部组织专家制定了《超级稻品种确认办法（试行）》。该办法第二条明确指出：超级稻品种是指采用理想株型塑造与杂种优势利用相结合的技术路线等途径育成的产量潜力大、配套超高产栽培技术后比现有水稻品种在产量上有大幅度提高，并兼顾品质与抗性的水稻新品种（中华人民共和国农业部，2008）。这个办法还对超级稻相关指标进行了具体限定（见表 1.1）。

我国农业部对"超级稻"概念的认定，主要突出了三方面内容：一是说明了超级稻育种技术路线；二是强调了配套栽培技术的重要；三是指出了超级稻所体现的产量、品质、抗性等专业特性。其中，概念中的"兼顾"一词说明超级稻培育和研发将以"产量"作为优先方向，同时也会综合考虑品质、抗性等指标。因为这个概念比较全面和科学，所以从 2005 年至 2008 年，《超级稻品种确认办法（试行）》虽有多处修订，但这一概念仍被沿用。

表 1.1　超级稻各项指标❶

区域	长江流域早熟早稻	长江流域中迟熟早稻	长江流域中熟晚稻；华南感光型晚稻	华南早晚兼用稻；长江流域迟熟晚稻；东北早熟粳稻	长江流域一季稻；东北中熟粳稻	长江上游迟熟一季稻；东北迟熟粳稻
生育期（天）	≤105	≤115	≤125	≤132	≤158	≤170
百亩方产量（公斤）	≥550	≥600	≥660	≥720	≥780	≥850
品质	北方粳稻达到部颁 2 级米以上（含）标准，南方晚籼达到部颁 3 级米以上（含）标准，南方早籼和一季稻达到部颁 4 级米以上（含）标准					
抗性	抗当地 1～2 种主要病虫害					
生产应用面积	品牌审定后 2 年内生产应用面积达到年 5 万亩以上					

资料来源：中华人民共和国农业部. 超级稻品种确认办法［J］. 中华人民共和国农业部公报，2008（8）：33－35.

---

❶ 在文件通知原表格中，"生育期""百亩方产量"等没有标注单位，本研究作了补充。

本研究对"超级稻"的理解采用《超级稻品种确认办法》中的定义。实际上,"超级稻"不仅具有产量高、品质高、抗性好的特点,根据社会发展,还与时俱进地丰富了一些新的特征。比如,近年来中国科学家与国际水稻研究所联合发起了一项"绿色超级稻"研究计划,目的是通过更少地使用水、化肥、农药,达到高产和稳产的效果(IRRI,2015);从而为超级稻研究添加了新的时代特征。

需要说明的是,"超级稻"也并非专指杂交水稻。截至2015年,农业部确认的超级稻示范推广品种共118个,其中有36个品种为常规稻(吴泽鹏,2015)。相比杂交稻,常规稻是可以留种的水稻品种。

1.1.2　技术扩散及相关概念

对技术在社会中应用的过程,汉语中相近的描述词语很多,如"技术扩散""技术推广""技术传播""技术普及"等。❶ 在对技术扩散的理解上,不同的学者各不相同。比如,埃弗雷特·罗杰斯(E. M. Rogers,2003)[11]把"技术扩散"定义为一个过程(process)。熊彼特(1990)[255]认为技术创新扩散实质上是"后者模仿前者"的行为。傅家骥(1998)指出,尽管学者们对技术创新扩散的概念理解各异,但其本质基本一致,都是指对技术创新的"模仿"或"学习"行为。

"技术推广"和"技术普及"常被用作政策术语,有时候甚至把"推广"与"普及"连起来使用,以表示"推广"取得了"普及"的效果。如《中共中央关于推进农村改革发展若干重大问题的决定》中,就把"加强农业技术推广普及"作为一项重要措施和目标。在学术讨论中,"技术传播"和"技术扩散"则更为多见。"技术传播"常常和"科学传播"合在一起,统称为"科技传播"。但刘华杰(2002)认为,其实科学与技术差别很大,不能等同,因此科学传播与技术传播也不能等同。在对科学传播的理解上,刘兵、侯强(2004)认为,"科学"的

---

❶ 在英文中,这一类的词语有 technology diffusion, technology spreading, technical generalization, technical communication, 等等。在某种程度上,"创新扩散"(innovation diffusion)、"技术转移"(technology transfer, technology transformation)、"技术学习"(technology learning),也可以纳入"技术扩散"的范畴。

内容和"传播"的机制同样重要，不可偏重或忽视任何单一方面。吴国盛（2004）指出，科学传播其实就是把"传播"的理念和方法引入"科学"当中，用"传播"的思维和态度来对待"科学"。曾国屏（2009）则主张，科学传播要从学院科学知识的传播转向生活科学知识的传播，注重科学知识的社会性和实用性。归结到本研究，笔者认为，就农业领域而言，科学和技术对于农民都非常重要，都应当成为传播和推广的内容，至于何者属于科学、何者属于技术，在本研究中并不需要加以区分。

从词义上来看，"扩散""传播""普及""推广"这几个词各有侧重点。在吴光华（2002）主编的《汉字英释大辞典》中，"传播"一词的首要解释为"disseminate"，强调像种子的生长和繁殖一样扩散各地；"普及"的首要解释为"popularize"，强调使一件事物适合于普通人和普通人易于接受；"推广"一词的首要解释是"give extended application"，强调应用的扩展；"扩散"一词的首要解释是"spread"，强调扩展和延伸。其中，"传播""扩散""普及"三个词语的解释都使用了"spread"一词，而"扩散"的首要释义是"spread"。（见表1.2）

表1.2 "传播""扩散""普及""推广"的英文释义

	词语	英文释义
1	传播	disseminate；propagate；spread；（物）propagation；transmission；transmitting；travel
2	扩散	spread；diffuse；proliferate；scatter about；irradiation；diffusion
3	普及	popularize；disseminate；spread；universal；popular
4	推广	give extended application；apply broadly；by a logical extension of this logic；improve on this

资料来源：根据参考文献整理。吴光华. 汉字英释大辞典 [M]. 上海：上海交通大学出版社，2002：149，605，820，1068 – 1069.

正是从这个意义上，本研究选择"技术扩散"作为描述技术社会应用过程的词语，同时也不排斥使用其他词语。在本研究中，"技术扩散""技术推广""技术传播""技术普及"四个词语的使用不加严格区别，都可以泛指一项技术通过学习和模仿进行传播和扩散的过程。

1.1.3　行动者网络

"行动者网络"（actor-network）一词来自行动者网络理论❶（actor-net-work-theory，ANT）。它是法国科学社会学家拉图尔（B. Latour）、卡龙（M. Callon）、劳（J. Law）分别对巴斯德发明炭疽病疫苗、法国圣布鲁克斯湾的渔民和扇贝养殖、葡萄牙远程航海等案例进行分析，并在此基础上提出的科学社会学的一种新理论。

行动者网络理论被称为"技术社会"研究的三种主要研究纲领（技术系统研究纲领、社会建构论研究纲领、行动者网络研究纲领）之一，它把技术的社会形成与技术重塑社会放在一起考虑，试图在技术与社会之间组成一张无缝之网（张成岗，2013）。该理论被学者认为是"科学技术学（Science and Technology Studies）目前为止最成功的理论成果"（西斯蒙多，2007），同时对一般社会学理论（包括后现代主义）也产生了越来越大的影响（赵万里，2002）。

在行动者网络理论视角中，社会是各类异质要素的联结，这些异质要素包括人类行动者（huaman，actor）和非人行动者（nonhuman，actant）（Latour，2005）[64-71]；行动者之间的联系及采用的路径被称为"网络"（network）（Latour，2005）[6]。

行动者网络既是一个理论，又是一种新的社会研究方法。首先，它使用"网络"的隐喻，将实验室实践与更大范围的技术—政治磋商联系起来（赵万里，2002）[284-285]。其次，它摒弃了社会学是"社会的科学"（science

---

❶　关于"行动者网络理论"一词，在拉图尔《重组社会——行动者网络理论导论》（Reassembling the Social：An Introduction to Actor-Network-Theory）一书中使用的是"actor-network-theory"，中间均有连字符。在卡龙《行动者网络的社会学——电动车案例》（The Sociology of an Actor-Network：The Case of the Electric Vehicle）一文中"行动者网络"一词中间也有连字符。拉图尔还曾明确提出要为行动者网络理论的一切辩护，包括这个连字符（"Whereas at the time I criticized all the elements of his horrendous expression，including the hyphen，I will now defend all of them，including the hyphen！"参见LATOUR，BRUNO. Reassembling the Social：An Introduction to Actor-Network-Theory［M］. New York：Oxford University Press，2005：9.）。至于连字符的意义，卡龙文章中没有说明，拉图尔也没有相关解释，本研究推测拉图尔坚持使用连字符（hyphen）是为了表明自己的"联结的社会学"（sociology of associations）不同于"社会的社会学"（sociology of the social）而特意加入的。在本研究中，将不对行动者网络或行动者网络理论是否使用连字符作严格区分。

of the social）的传统定义，把社会学重新定义为"联结的追踪"（tracing of associations）（Latour，2005）[5]，把社会看成一个"联结的科学"（science of associations）❶，是人、组织、事物之间"惊讶地混合"（成素梅，2006）。再次，行动者网络理论追求对称性地对待人与非人行动者，这也可以帮助我们避开表征语言的"咒语"（Piekering，2004）。最后，该理论与一般社会理论相比较，它强调了技术的作用与功能，某种程度上弥补了对技术忽视的缺陷（MacKenzie et al.，1999）。

关于行动者网络理论，本研究将在第 2 章展开具体论述。

1.2 问题的提出及研究意义

1.2.1 研究背景

1.2.1.1 实施乡村振兴战略需要夯实农业生产能力基础，确保国家粮食安全

2018 年 2 月，中央一号文件《中共中央国务院关于实施乡村振兴战略的意见》为全面实施乡村振兴战略制定了清晰的路线图，对"夯实农业生产能力基础"提出了具体要求："深入实施藏粮于地、藏粮于技战略，严守耕地红线，确保国家粮食安全，把中国人的饭碗牢牢端在自己手中。"

为什么乡村振兴战略对粮食安全如此重要强调？其原因是，中国作为世界上人口最多的国家，粮食安全问题始终是一个严峻课题。从近年来我国粮食生产计划目标不断增加的现实来看，"把中国人的饭碗牢牢端在自己手中"的确是一件非常不容易的事情。

1996 年 10 月，《中国的粮食问题》白皮书指出我国粮食生产的目标是："粮食自给率不低于 95%，净进口量不超过国内消费量的 5%。"（中华人民共和国国务院新闻办公室，1996）。然而，伴随着我国工业经济的高速发展，粮食安全问题越来越突出。

2006 年，《全国粮食生产发展规划（2006—2020 年）》确定我国到

---

❶ 对于"Association"一词，国内学者有不同的译法，本研究统一译作"联结"。

2010 年粮食生产自给率约为 96% ，粮食总产量达到 10000 亿斤；2020 年粮食自给率保持在 95% ，粮食总产量在 10000 亿斤的基础上增加 700 亿 ~ 800 亿斤。（中华人民共和国农业部，2006）

2008 年制定的《国家粮食安全中长期规划纲要（2008—2020 年)》，确定 2020 年我国粮食生产能力为 5400 亿公斤以上，比 2006 年规划目标有所提升。粮食自给率要求稳定在 95% 以上，其中，稻谷、小麦保持自给，玉米保持基本自给。（国家发展改革委员会，2008）

2009 年，我国在《全国新增 1000 亿斤粮食生产能力规划（2009—2020 年)》中，再一次调整 2020 年粮食生产目标，要求总产量在 2008 年规划的基础上进一步提高到 5500 亿公斤（国家发展改革委员会，2009）。

粮食生产规划目标频繁调整的背后，是超乎预期的粮食需求。从表 1.3 可以看到，1997 年、1998 年、2002 年三个年份，中国的粮食出口量大于进口量，且粮食自给率达到 100% 以上；2008 年以来，中国的粮食出口量反而呈下降趋势，进口量却连年迈上新的台阶，粮食自给率也一路跌破 "95%" 的目标，2012 年甚至下滑到 88.38% 。粮食安全再次成为我国政府和学者关注的重大问题。

表 1.3　中国粮食供需情况（1996—2012 年）

年份	生产量（万吨）	进口（万吨）	出口（万吨）	净进口（万吨）	自给率
1996	50450	1200	144	1056	97.95%
1997	49417	705	859	− 154	100.31%
1998	51230	708	906	− 198	100.39%
1999	50839	772	758	14	99.97%
2000	46218	1400	1357	43	99.91%
2001	45264	1738	903	835	98.19%
2002	45706	1417	1514	− 97	100.21%
2003	43070	2283	2230	53	99.88%
2004	46947	2298	514	1784	96.34%
2005	48402	3286	1141	2145	95.76%
2006	49804	3186	723	2463	95.29%
2007	50160	3237	1118	2119	95.95%
2008	52871	4131	379	3752	93.37%

年份	生产量（万吨）	进口（万吨）	出口（万吨）	净进口（万吨）	自给率
2009	53082	5223	329	4894	91.56%
2010	54648	6695	275	6420	89.49%
2011	57121	6390	288	6102	90.35%
2012	58958	8025	277	7748	88.38%

数据来源：根据中国农村统计年鉴（2013）数据计算得出。

1996 年，在粮食安全问题❶的压力之下，受国际上超级稻科研工作的启发，我国开始对"超级稻育种计划"进行立项，同时得到总理基金、国家"863"计划的支持。2000 年，实现单季亩产 700 公斤的第一期目标；2004 年实现亩产 800 公斤的第二期目标；2012 年实现亩产 917.7 公斤，提前 3 年实现第三期目标（国家杂交水稻工程技术研究中心，2015）。

2005 年中央 1 号文件《关于进一步加强农村工作提高农业综合生产能力若干政策的意见》提出设立超级稻推广项目，积极推动粮食增产。同一年，农业部在《关于做好超级稻示范推广工作的通知》（农科教发〔2005〕2 号）文件中指出，要充分发挥政府的主导作用，大力实施超级稻"6236工程"❷，显著提升全国水稻的平均亩产水平（中华人民共和国农业部，2005）。为了实现既定的超级稻推广目标，每年农业部门都会把推广任务层层分解，层层下达指标（见表 1.4）。除了推广面积任务的分解，实施方案还对各省区推广县市、主导品种、主推技术等进行具体规定。在政府强有力的行政干预下，超级稻推广作为一种任务和指标下达到全国各省、市、县及乡镇政府农业部门，然而，现实情况比行政文件规定要复杂得多。

---

❶ 关于中国是否存在粮食安全的问题，不同学者的观点也不尽相同。如国务院发展研究中心研究员程国强认为，中国目前的粮食是够吃的，中国的粮食问题在于总量不足、结构性短缺和过剩并存，即一方面库存高企，另一方面进口大幅增加（汪苏，程国强.中国粮食安全的真问题 [EB/OL]. [2015-02-05]. http://www.opinion.caixin.com.）；中央农村工作小组副组长、办公室主任陈锡文认为，中国的粮食供给中有大约 1000 亿斤粮食属于无效供给（陈锡文.中国现有粮食供给中约 1000 亿斤为无效供给 [EB/OL]. [2016-01-10]. http://www.chinanews.com.）。这些观点都反映了中国粮食供应与粮食需求存在的较大偏差。本研究认为，无论总量还是结构，只要难以满足需求，就依然是粮食安全问题，而且是值得关注的深层问题。

❷ 超级稻"6236 工程"，是指经过 6 年的努力，培育并形成 20 个超级稻主导品种，使超级稻播种面积占水稻总面积的 30%，亩均增产 60 公斤。（中华人民共和国农业部，2005）

表 1.4 2012 年超级稻推广面积任务分解表

———东北稻区推广 1700 万亩：辽宁 600 万亩、吉林 600 万亩、黑龙江 500 万亩

———长江中游稻区推广 3650 万亩：湖南 1100 万亩、湖北 1100 万亩、江西 1000 万亩、河南 450 万亩

———长江下游稻区推广 2700 万亩：浙江 350 万亩、江苏 1050 万亩、安徽 1300 万亩

———华南稻区推广 2250 万亩：广东 700 万亩、广西 1200 万亩、福建 350 万亩

———西南稻区推广 1700 万亩：四川 800 万亩、重庆 300 万亩、贵州 350 万亩、云南 250 万亩

数据来源：中华人民共和国农业部. 2012 年全国超级稻"双增一百"科技行动实施方案［EB/OL］.［2012 - 06 - 04］. http：www. moa. gov. cn.

1.2.1.2 农村社会转型带来了农村技术扩散条件的新变化

在粮食安全问题的压力下，国家把推广超级稻作为重大应对战略，并以行政手段保证实施。但是，农业技术推广所依赖的农村社会正在经历重要的转型，农业技术扩散的条件和环境已经发生了新的变化。

第一，从农业技术使用主体来看，农户兼业化和农民"非农化"（农民不从事农业工作）发展的现状，转移了他们对现代农业技术的注意力和热情。早在 20 世纪 80 年代，中国农村社会的农户兼业化现象就比较普遍，只不过农业比重仍占绝对优势（韩俊，1988）。1996 年，全国农业生产经营户以农业收入为主的家庭占 65.6%，到 2006 年这一比例下降为 58.4%，10 年间减少 7.2 个百分点（全国农业普查办公室，2006）。为了增加家庭收入，农户不得不整合有限的资源，把更多的人力、资金等资源转移到非农业领域，同时把自己的承包地转租给企业或其他农户。这种情况导致农村社会纯农业户和以农业为主的农户迅速减少，一些无地或失地（包括本来没有承包地、土地外租或者土地被征用）的"非农业户"作为一个群体在不断壮大。2006 年国家废止《农业税条例》，大大解放了土地对农民的束缚，越来越多的农民涌入城市就业，形成庞大的"农民工"潮流。与农业收入在家庭收入中占比的下降趋势相匹配，一些文化程度较高、精力充沛的青壮年家庭成员前往城市"务工"，老人、妇女、儿童留守在农村"务农"。而这些留下来的家庭成员无论是精力，还是文化程度，都与现代农民的素质要求有较大差距，难以理解和运用现代农业技术。"城市务工"

与"农村务农"农户人力资源的分配，反映了农民"非农化"的趋势。据全国农业普查数据，1996 年全国农村劳动力资源总量为 56085.58 万人，从事农业人员为 42441.19 万人，占 75.67%；到 2006 年年末农村劳动力资源总量为 53100 万人，有农业从业人员 34874 万人，约占 65.68%，10 年间下降了近 10%。❶

第二，从促进农业技术扩散的条件看，农业生产效益低迷，影响了农民对农业技术，特别是对粮食生产技术的热情。尽管经国家权威部门测算，2008 年至 2013 年我国农业科技进步贡献率平均每年提升 0.87 个百分点，已经从 50% 提升到 55.2%（秦志伟，2015）；粮食产量也实现了多年连增，但是令农户苦恼的是，粮食增产却带来了种粮净利润的下降。以稻谷为例，2012 年水稻亩产量 478.75 公斤，比之 2011 年的 464.45 公斤增产 14.3 公斤，然而净利润每亩减少 85.54 元（见表 1.5）。无疑这不利于农业技术的扩散。

表 1.5　2011 年、2012 年亩均稻谷产品成本与收益

	产量（亩公斤）	总产值合计（元）	主产品产值（元）	副产品产值（元）	总成本合计（元）	生产成本（元）	人工成本（元）	土地成本（元）	净利润
2011 年	464.45	1268.25	1249.67	18.58	896.98	737.30	327.96	159.68	371.27
2012 年	478.75	1340.83	1321.99	18.84	1055.10	880.13	426.62	174.97	285.73

注：生产成本中已包含人工成本。为显示人工成本的变化，故表中列入此项作对比。

数据来源：国家统计局农村经济调查司. 中国农村统计年鉴：2013 ［M］. 北京：中国统计出版社，2013：255.

第三，从支持农业技术扩散的文化基础来说，相比非农业领域的收益，比较低的农业效益推动农户逐渐脱离种植文化，影响了农民对土地、对农业的感情。从农村居民纯收入结构的变化来看（见表 1.6），在 2005 年之前，以外出务工为主的工资性收入只是以农业为主的经营纯收入的 27% 到 50% 左右；在 2005 年之后，二者基本上已经持平。考虑到家庭经营纯收入中包括了相当一部分非农业经营收入，可以说，工资性收入已经

---

❶ 根据中华人民共和国国家统计局网站农业普查数据计算。目前尚缺乏这方面最新数据。农业普查工作在中国每十年进行一次，目前已开展了第一次（1997 年）、第二次（2007 年）全国农业普查登记工作。

大大超过农业经营得到的纯收入了。在当前农业比较效益仍然低迷的情势下，虽然有土地流转等新的经营形式，但这没有增强农民对农业发展的信心和积极性，反而可能成为他们脱离土地和农业的推进力量。

表1.6　农村居民纯收入结构的变化　　　　单位：元/人

年份	1990年	1995年	2000年	2005年	2007年	2009年	2011年	2012年
工资性收入	138.8	353.7	702.3	1174.5	1596.2	2061.3	2963.4	3447.5
家庭经营纯收入	518.6	1125.8	1427.3	1844.5	2193.7	2526.8	3222.0	3533.4

数据来源：国家统计局农村社会经济调查司. 中国农村统计年鉴：2013 [M]. 北京：中国统计出版社，2013：267.

第四，从农业技术扩散的组织方式来看，农村社会的每一项重大改革，都强化和增加了农民的自主权利，同时消解了农村社会原有的集体组织结构。1978年以来农村的历次改革，在不断增强农户积极性和自主性的同时，也在不断弱化基层组织，这在一定程度上影响了技术扩散的规模和效率。

第五，从农业技术推广体系建设来看，我国的农业技术推广工作与计划经济组织结构有着根深蒂固的粘合性。这种长期奉行"政技合一"的计划经济推广模式，已经越来越难以适应市场化的推广环境。在市场化的冲击下，20世纪90年代，44%的县级农业技术推广机构和41%的乡镇农业技术推广机构被停拨或减拨事业费，农业技术推广人员有1/3左右被迫离岗，农业技术推广体系一时间"网破、人散、线断"，农业推广工作陷入停顿状态（佟屏亚，2008）。正是由于推广体系受到严重破坏，20世纪90年代以来，科技下乡、科技特派员、科技大院等政策在实施中大打折扣，效果不够理想。尽管2012年新修订的《农业技术推广法》丰富了农业技术推广工作的主体内涵，提出国家农业技术推广体系应实行推广机构与科研单位、学校、农民专业合作社、涉农企业、群众性科技组织、农民技术人员等有机结合，但是该法对各级国家农业技术推广机构公益性职责的定位，以及"公益性推广与经营性推广分类管理"的规定，使得农技推广机构与其他方面难以有效结合，发挥合力。

1.2.2 主要研究问题

"超级稻推广计划"处于一种尴尬的境地。一方面，国家把推广超级稻作为解决粮食安全问题的重要举措；另一方面，原有的农业技术推广体系正在面临着转型或重建。然而，在这样的背景下，至2015年我国超级稻推广已累计9.6亿亩，占水稻种植面积的30%左右（全国农技推广服务中心，2015）。那么，是什么因素、又是什么样的机制推动了超级稻的快速扩散呢？

需要注意的是，根据有关数据资料，一方面，超级稻百亩片示范田单产已突破1000公斤；另一方面，2014年全国水稻生产平均亩产仅为454公斤（龙军，2015）。那么，在超级稻并没有体现其"超级"产量目标的情况下，是如何在推广面积方面实现快速扩散的呢？目前对于这一问题的解释，主要归结于强大的行政计划命令。关于这一点，袁隆平（2006）[354-356]主编的《超级杂交稻研究》一书，对超级稻品种"两优培九"快速推广的原因总结有三条，其中最关键的一条是"各级地方政府的高度重视是保障"。在署名为"农业部超级稻研究与示范推广专家组"的《当前超级稻示范推广工作情况与对策建议》文章中，超级稻推广的做法和经验主要被总结为"加强组织领导"和"加强督促检查和指导"。除了这些总结性表述，目前尚没有见到学术界对此问题的深入研究。

然而，如果把超级稻的迅速推广归结于"行政手段"，也有难以解释的地方，一方面是因为《农业技术推广法》（2012）第22条规定"农业劳动者和农业生产经营组织根据自愿的原则应用农业技术，任何单位或者个人不得强迫"；另一方面随着农业税的取消以及农村的市场化，农民的种地自主权得到了很大的保障。再一方面，即便是强大的行政命令促进了超级稻的推广，但这个解释也显得程式化和过于简单。因此就需要进一步考虑：即便是强大的行政命令使然，它是通过什么又是怎样作用于农户的呢？在此过程中，超级稻技术知识是以什么样的形式从技术专家"传递"给农户的呢？

2005年农业部在《关于做好超级稻示范推广工作的通知》（农科教发〔2005〕2号）中，要求每个县建立百亩核心区和千亩示范区各1~2个，辐射万亩以上；示范面积与辐射面积之比为 1：10。这在实践中就形成了以政府主导的示范田模式和以市场主导的自发田模式。这两种模式是怎样运行的？它们的各自特点和表现如何？本研究将对此进行考察分析。

2010 年，全国超级稻"双增一百"科技行动（亩增产 100 斤，节本增效 100 元），要求建立"国家首席专家—区域专家—省专家—县级责任专家—技术指导员—科技示范户"为体系的技术工作网络（梁宝忠，2010）；2012 年全国超级稻研究与推广工作会议提出"构建农科教、产学研更加紧密的科研推广网络"，形成政府、专家、农技人员、核心农户共同参与，科研单位、种子企业、合作组织共同合作的工作机制（梁宝忠，2012）。这说明，把农业技术推广作为工作体系或网络看待，已经成为理论界和实践界的共识；网络中的要素不仅有政府及其技术推广员，也不仅是技术推广员与农户之间的线性技术传递，而是包含了政府、专家、农民等人类行动者要素，以及种子、机械等非人类行动者要素在内的复杂性网络。

基于上述背景以及对行动者网络理论的理解，本研究从行动者网络理论的视角，主要讨论以下问题：

（1）在超级稻技术扩散中，政府主导的示范田行动者网络与市场主导的自发田行动者网络，各自是怎样组建的？各有哪些特点？

（2）超级稻技术行动者网络与其他竞争性行动者网络如何竞争、互动和演化？

（3）通过本土的超级稻技术扩散案例分析，对来自西方的行动者网络理论可能会有哪些丰富或拓展？

本研究将以行动者网络理论为基础，紧紧围绕研究问题，以田野调查和深入访谈为主要研究方法，以跟随（tracing）❶ 行动者为主要研究思路，对超级稻技术扩散行动者网络的组建、演化及其相关内容进行描述和分析，对上述研究问题作出讨论和回答。

---

❶ 关于"跟随"一词，Latour 在 1987 年 Science in Action：How to Follow Scientists and Engineers Through Society 一书中副题使用的是"follow"；在 2005 年 Reassembling the Social：An Introduction to Actor-Network-Theory 一书导言"How to Resume the Task of Tracing Associations"中，使用的"tracing"一词。本研究在使用"跟随"一词时没有特别区分，但偏向于"tracing"的语意。

1.2.3　研究意义

1.2.3.1　理论意义

一是本研究尝试引入行动者网络的视角，描述和分析超级稻技术扩散的过程和机制，将丰富对行动者网络理论的案例研究。

本研究尝试引入行动者网络理论，以跟随"行动者"的方式，对超级稻技术扩散过程进行较细致的描述和分析，讨论超级稻技术扩散的机制，为行动者网络理论研究增添新的实证案例。

二是通过对中国超级稻扩散行动者网络组建和稳定性的讨论，在一定程度上可以检验、丰富和拓展行动者理论。

在经典的行动者网络理论中，如何构建行动者网络是其中的重点。本研究不仅讨论超级稻扩散行动者网络的不同时期演进情况，同时还讨论农村超级稻推广行动者网络组建和稳定性情况。这些中国特色案例的考察，还将可能对行动者网络理论本身作出丰富和拓展。

1.2.3.2　现实意义

一是本研究对超级稻扩散行动者网络组建及其演化的描述分析，对于当前农村技术推广体系建设有现实的参考价值。

实施乡村振兴战略需要夯实农业生产能力，确保粮食安全。超级稻扩散作为国家农业技术推广项目，它的一些现实做法与经验需要不断地总结与反思。与此相关，如 2014 年 10 月发生的安徽多地超级稻减产事件，❶ 也使得对超级稻技术扩散研究成为必要。本研究将通过案例考察，深入超级稻社会扩散的各个环节，了解这一农业新技术扩散行动者网络的组建过程，以期对新时期农业技术推广体系建设提供一定参考。

二是本研究关于超级稻技术扩散的讨论，对农村其他技术推广和科学知识普及有一定借鉴意义。

实施乡村振兴战略需要科技作为创新支撑。超级稻既负载着相关科学

---

❶　于文静，王宇．农业部副部长：安徽超级稻减产问题主要因特殊年景所致［EB/OL］．［2015－04－14］．http：//www.xinhuanet.com.

知识，也负载着种植技术知识。在超级稻技术推广中，科学知识的普及与应用技术的推广互相促进、合二为一。虽然传统理论坚持知识生产、传播和应用的线性传递关系，实际上，"知识的扩散与知识的生产同样重要"（李正风，2011）。本研究对超级稻技术扩散案例的考察分析，有助于了解其他科学技术的社会扩散过程，因而具有一定的借鉴意义。

1.3 文献综述

鉴于行动者网络理论在本研究中的重要作用，本研究将单独设置第二章"行动者网络理论述评"进行系统性阐述。本节主要对农业技术扩散及超级稻技术扩散的文献研究进行评述性回顾。

1.3.1 农业技术扩散研究

目前，国内外关于农业技术扩散的研究成果，可以通过两个领域的进展来说明：一是政策实践领域，二是理论研究领域。

在政策实践领域，各国政府在实践中形成了各具特色的推广体制。美国的农业技术推广主要由政府领导，州立农学院在教育、科研、推广三结合体制中发挥主体作用；澳大利亚实行政府领导、科研机构参与的工作体制；日本突出政府的统一组织和指导；荷兰则强调国家与农民合办技术推广服务机构，让农民参与技术推广的决策、管理和监督（信乃诠，2010）。在中国，除了有专门的《农业技术推广法》给予保障，历次的"中央一号"文件也一直强调农业技术推广的重要性。如被称为中共中央第一个关于"三农"问题的"一号文件"里，就明确提出"各级农业科研、教育和推广机构要相互配合，加强协作"（中共中央，1982）。2016年中央一号文件，则提出要"强化现代农业科技创新推广体系建设"，对基层农技推广服务机构进行公益性与经营性分类，根据不同目标定位提供不同的支持，在多元化的农技服务方面，强调高校和科研院所要开展好相关工作（中共中央、国务院，2016）。上述农业技术推广政策实践不仅促进了农业技术的创新扩散，同时也推动了农业技术扩散的理论研究。

在农业技术扩散的理论研究方面，主要遵循两条主线：一是关于技术扩散机制的研究，重点是对技术扩散的过程、效果进行分析；二是对农村技术扩散的特殊因素，如技术风险、科技中介、女性角色等进行研究。

在技术扩散机制的研究方面，西奥多·W. 舒尔茨（2006）[139-144]在其《改造传统农业》一书中，对"农民作为新要素的需求者"进行了剖析。他指出，农民对新的农业要素（包括技术）的接受速度，主要取决于这种要素（技术）的有利性。这里的"有利性"，并不局限于市场交易，比如某种主要维持生活的作物产量提高，即使这种作物不用来出售，也是"有利"的。技术的有利性取决于农产品价格、产量和土地租佃制度。

埃弗雷特·罗杰斯（E. M. Rogers, 2003）[11]在其名著《创新的扩散》（*Diffusion of Innovation*）一书中，把"扩散"定义为一个过程（process），他通过引入美国衣阿华州杂交玉米种子扩散的案例，指出杂交玉米种子虽然比传统种子具有很大的优势，但农民往往要经历比较长的时间才采用新种子。如果把时间因素和采用新技术的农民累积人数综合起来考察，可以得到一条S形曲线（S-shaped curve）；如果考虑不同时间段新采用技术的人数变化，则可以得到一条比较规则的钟形曲线（bell-shaped curve）（见图1.1）（Rogers, 2003）[273]。

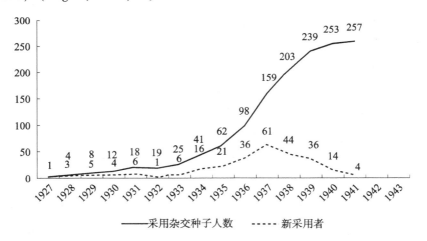

图1.1　衣阿华州两个社区采用杂交玉米种子的
创新人数和累积人数（Rogers, 2003）[273]

依据图1.1，任何创新或创意的采用者可以分为创新者（约占

2.5%）、早期采用者（约占13.5%）、早期多数（约占34%）、后期大部分（约占34%）和落后者（约占16%）五类。这些创新随着早期采用者率先使用，并被多数人跟随，一个技术或创新最终将变得常见（Rogers，2003）[280-281]。

Hollifield和Donnermeyer（2003）研究了农村社区信息技术扩散的问题，建议农村发展专家应着力于鼓励当地农村企业采用信息技术。Mendola和Mariapia（2007）通过对孟加拉地区农村的实证调查，指出应该更进一步增强农业技术对于农村消除贫困的直接贡献。Didi等人（2014）指出，研发机构和当地合作伙伴之间的合作，在培训和授权农村社区采用水产养殖技术方面发挥着关键作用。

国内方面，肖广岭等（2004）从农业技术创新系统的角度，讨论加入WTO对我国农业技术创新能力的影响，指出要加大科研投入，使农业科研与教育、推广一体化结合，与农业产业化相互促进。任凯和赵黎明（2009）认为更多的中介机构是保持技术扩散传播率的重要因素。张国玉等（2009）指出市场导向下政府主导的农业科技推广模式的有效性取决于激励机制。何璐等（2014）认为，农业科技信息传播需要建立完善的多渠道受众反馈机制。牛桂芹、刘兵（2013）的研究指出，政府要增加对具体社会中公众需求和自身局限性的内省维度。赵玉姝（2014）认为，必须对传统的"自上而下"技术推广模式进行改革，从而建立"自下而上"以农户需求为导向的农业技术推广机制。秦红增（2005）以人类学视角展示了科技下乡对"桂村"经济、社会、文化等方面的影响，指出科技下乡最大的硕果就是作为新型乡村社会精英和乡村文明人的文化农民的出现。

在对农村技术扩散影响因素的研究方面，Nicholas等人（2014）指出研究和咨询中心在促进和配置技术过程中发挥了重要作用，技术中介活动可以在技术驯化（domestication）、技术创新扩散与最终用户之间进行优化（optimize）。Rachel和Philip（2014）主张进一步采用新技术的人必须注意到女性作为勤劳使用者和联合决策者的作用。谷兴荣、姚启明（2009）提出应在政府宏观调控下，完善现实中存在的以农户为载体、以合作社为载体、以公司和企业为载体的三种新技术推广风险的共担模式。牛桂芹（2014）认为，在当下中国农村发展的转型期，"农资店"正在发挥越来越重要的补充作用。

1.3.2 超级稻技术扩散的研究

超级稻技术扩散的研究主要集中在国内，而且相当一部分集中在超级稻技术试验的总结。在这些试验性总结之外，比较著名的研究是经济学家林毅夫对于20世纪90年代以来中国杂交水稻扩散的研究。在他《制度、技术与中国农业发展》的论文集中，10篇论文中有3篇研究中国杂交水稻的扩散。《中国的家庭责任制改革与杂交水稻的采用》（2005）[96-114]一文指出，集体制对于信息的收集、传播和风险承担能够产生规模效益，政府也比较容易控制农民行为，因此在某种程度上，从集体制变为家庭经营可能会对新技术扩散产生不利的影响。《中国的杂交水稻创新：一个集中计划经济中市场需求诱致的技术创新研究》（2005）[152-163]一文认为，一省的水稻面积规模是决定该省农业科研部门把研究资源分配到水稻科研的重要因素，同时也是影响该省杂交水稻采用率的重要因素。《教育与杂交水稻的创新采用：来自中国杂交水稻的证据》（2005）[164-182]以500个农户的数据，表明了"教育程度是决定农户是否采用杂交水稻及采用水平的主要因素"。林毅夫对于杂交水稻的研究，主要侧重于模型和数据检验的经济学方法，较少采用与农户深入访谈的方法获取论据。不过，他取得的一些研究结论，为本研究对超级稻技术扩散的研究提供了重要的借鉴。

在超级稻技术的扩散方面，西南财经大学粮食课题小组在对四川省眉山市种植超级稻进行调研后发现，农民很难掌握复杂的超级稻高产栽培技术，因而超级稻种植经济效益不高。（钟秋波、李敬宇，2009）吕新业等人（2011）的研究指出，超级稻各生产环节的技术推广到位情况，不仅影响到产量，也影响到种植成本。秦培钊等人（2014）的研究证实，同样一个品种在不同生态区具有适应性差异。吴洁远等人（2014）通过超级稻系列试验，表明选择适合当地生态条件的超级稻主栽品种、科学安排双季超级稻栽培茬口、合理确定移植密度和氮肥施用量、科学灌溉和综合防控病虫害，是超级稻优质高产标准化生产的关键技术措施。

国内外学者从传播学、经济学和农业技术试验的角度，对农村技术和超级稻扩散的理论和实践进行了研究，得出了富有价值的各种结论。但是，上述研究似乎还存在一些不足：一是对科技传播中的技术知识主要是限于外围政策讨论，把科学技术知识当作一个"黑箱化"和固定不变的可以随意传递的"虚拟物品"，事实上，科学技术知识是具有适应性和变化的。二是对于超级稻技术的研究，主要限于农业作物技术本身的讨论。事实上超级稻技术的扩散不仅仅取决于技术因素，还涉及政治、经济、文化等社会因素，因此需要从社会学的角度来描述和分析这一现象。三是目前研究文献中，还保持着把技术推广当作特定主体向特定客体推广技术的传统观点，而不是平等地看待参与者各方，把各方视为共同学习与合作的对象，这与现实的社会实践情况脱节。本研究试图从行动者网络理论的视角，讨论超级稻技术在社会中的扩散机制与过程，重点讨论在此过程中超级稻技术扩散行动者网络的形成机制与发展变化。

1.4　研究方法与调研说明

1.4.1　研究方法

本研究采用的研究方法主要是案例研究和田野调查。

在案例研究方面，本研究选取 T 县超级稻技术的扩散作为案例。选择 T 县的依据及调研方案将在下一节介绍。

在田野调查之前，首先明确本研究的核心问题和充分了解前人的研究。在这方面，除了对行动者网络理论进行系统性的认识以外，还对"行动者""转译""强制通行点""网络"等重要概念进行比较深入的理解，为开展行动者网络的视角研究奠定理论基础。同时对国内外农业技术扩散研究、超级稻技术扩散研究文献进行了概括和梳理，为了解研究前沿和开展下一步经验研究提供了工作基础。此外，本研究尽可能搜集和整理与农业技术扩散有关的政策、制度、法律和文件，系统地把握了农业技术扩散现有机制的政策背景和情境特征。

在开展田野调查工作方面，本研究尝试采用"跟随行动者"的方法，深入研究对象的生活情境中，通过参与观察和深入访谈获取第一手材料，同时通过对这些资料的整理来理解和描述社会现象（风笑天，2013）。刘珺珺（2009）称这种考察方式为"科技人类学"，并认为这种方式是研究现代生活的必然产物。刘兵（2013）指出在长期以来受到科学主义严重制约的中国，科学社会学研究更应该注重来自人类学的带有人文主义特征的立场和方法。

一般认为，社会科学的解释，是记录行动者的观点并将其转化为读者能够理解的形式。对于诠释的社会科学而言，如果被研究者觉得理论说得通，如果能够让他人有更深入的了解，或者进入被研究的现实生活中去，那么该理论即为真；如果研究者能够传达对他人感觉、推理和观察事物方式的深刻理解，那么该理论或描述就算精确（纽曼、克罗伊格，2008）[472-473]。

本研究将从以下三个途径，确保通过田野调查获取第一手材料的真实和有效。

（1）分类设计和优化访谈提纲。田野调查除了要在良好的社会公共关系中进行参与式观察、做好田野笔记以外，还要依靠大量持续性的田野访谈。田野访谈要求研究人员与访谈对象建立足够的信任关系，像是朋友之间的谈话那样要适应被访者的规范和语言，常见的问题类型是开放性问题，并善用追问，问题和顺序都可以根据不同的人和情境而进行调整（纽曼、克罗伊格，2008）[477]。根据上述思路，本研究针对农业管理（技术推广）人员、种子企业负责人、农业科研人员、农户分别设计了访谈提纲（见附录 A）。在访谈问题的类型方面，既有描述性（descriptive）问题、结构性（structural）问题，又有对照性（contrast）问题。在具体访谈情境中，相关提纲还要根据情境增减部分问题，争取获得丰富而有价值的一手材料。

（2）选择理想的田野知情人（informant）作为访谈对象。田野中的知情人是与田野研究人员发展出亲密关系的成员，他们会告诉研究人员田野上发生的故事和信息。理想田野知情人要对田野文化了如指掌，身处地位能够目睹所有重要事件，愿意花时间与研究人员相处，熟悉并且懂得使用当地民俗知识和实用性常识（纽曼、克罗伊格，2008）[477]。本研究将尽可能挖掘和选择理想的知情人，从他们那里得到想要的信息，提升研究的效果。同时，还要尽可能地丰富和扩展知情人的类型，如新加入者与老前辈、位居事件中心或处于边缘的人、地位最近有变动或地位一直稳固的人等，争取从各个群体中找出多样性的访谈代表。

（3）对多个案例的描述和解释。在参与式观察的情况下，本研究尽量选取超越地方性和历史情境的多个案例进行考察，从时间（time）和空间（space）进行观察的拓展，力争从特殊中抽出一般，从微观移动到宏观（麦克·布洛维，2007）。本研究对于示范田和自发田超级稻扩散行动者网络的案例描述，并不是同类样本数量的汇集，而是寻求同类事件在不同情境中发生的差异性；既从国家、政府等村庄之外的层面来分析村庄内发生的超级稻扩散问题，同时又联系宏观的国家政策对村庄、农民事件进行分析。总之，本研究尝试在理论与现实的联系上、在宏观社会与微观案例的结合上作出一定的探索。

1.4.2 调研说明

1.4.2.1 T县的选择

T县属南亚热带季风气候，年平均气温21.8℃，年日照时数1191.9小时，年降雨量1100～1350毫米，年无霜期长达352天。独特的气候不仅适合种植水稻，还非常适宜水稻制种。全县土地总面积2393.82平方公里，耕地总面积70.07万亩。主要粮食作物有水稻和玉米，粮食良种覆盖率达90.02%。1995年7月被确定为国家第二批商品粮生产基地县。

本研究选择T县作为案例考察，主要基于以下考虑：

（1）T县是广西较早推广超级稻的县区，2011—2012年度因超级稻推广等成绩，该县第六次荣获全国科技进步先进县称号。这对于研究超级稻推广的行动者网络是一个比较理想的考察地点。

（2）广西早在2008年就培育出适合本区域种植的超级稻品种"桂两优2号"，在超级稻品种的市场竞争扩散中，本地超级稻品种与区域外品种必然存在冲突，地方上如何处理这种冲突，以及农户在这种冲突中怎样选择的，T县也是一个较好的研究区域。

（3）T县不仅稻作农业发达，而且是中国第一个芒果之乡、全国无公害蔬菜标准化生产示范基地县、全国园艺产品出口示范区，水稻、玉米、水果、蔬菜等产业同时并存。如果说，超级稻不同品种的推广竞争体现了同一个新技术内部的冲突，选择蔬菜、水果还是超级稻就是种经济作物与种粮食不同技术之间的冲突。这些因素对于超级稻推广必将产生多重影响，为研究超级稻行动者网络的稳定性提供了一个好的样本。

（4）T县作为亚热带气候区，农作物一年三熟，超级稻的种植方面每年有早晚两季，在一定周期里可以观察和访谈从超级稻播种到收获的整个过程，有利于本研究的深入进行。

需要指出的是，本研究案例的选择虽然经过了较细致的考虑，但仍然有其发展的独特性。本研究的主要目的是想在行动者网络的新视角下，展示超级稻技术在一个地方进行扩散的过程与机制。因此本研究的研究结论具有一定的情境性，可能不适用于其他地域或其他技术，但或许会在某种程度上提供一些借鉴。

1.4.2.2 调研实施说明

整个调研工作历时10个月，分为三个阶段（见表1.7）：

表1.7 研究调研计划

	主要调研单位	访谈对象	目标与任务	时间点	备注
第一阶段	农业部全国农技推广服务中心、G农业科学院、种子管理局、农业技术推广中心、种业公司	农业科学家、超级稻培育项目负责人、政府部门负责人、公司负责人	了解超级稻育种、品种确认、技术培训、推广情况	2015年6—7月	（1）访谈提纲、主要访谈人名单、访谈记录见附录A、B、C（2）S村调查问卷及结果见附录D
第二阶段	T县农业局、科技局、NM镇、NP镇、BY镇、T镇及相关村屯	县农业局局长、农业技术推广站站长、乡镇领导、农资商户、农技员、村干部、种粮大户、村民	了解超级稻在本区域示范推广、扩散行动者网络组建及演化	2015年7月—2016年2月	
第三阶段	补充调研	重点单位（村镇）、人员回访	对论文一些内容和观点进行验证性访谈	2016年2—3月	

第一阶段，主要前往农业部全国农技推广服务中心、广西壮族自治区农业科研机构、农业技术推广中心、种子管理局等，了解超级稻育种、品种确认、技术培训、推广情况。本阶段所用的主要研究方法是观察法和深度访谈。

在农业部全国农技推广服务中心，先后访谈三次，访谈对象主要为与制定超级稻技术推广政策紧密相关的体系与科技处负责人（两次）、粮食作物技术处负责人（一次）。在广西壮族自治区调研期间，主要访谈对象为：广西首个超级稻品种研发团队（广西农业科学院水稻研究所）的负责人和主要成员，广西壮族自治区农业厅办公室负责人，广西壮族自治区农技推广总站主要领导及水稻科负责人，广西壮族自治区种子管理局主要领导及相关科室负责人，广西兆和种业公司的董事长和总经理（具体见附录B：主要访谈人名单）。因为了解超级稻种子市场行情的必要，还专程到广西农业科技市场走访了十余位种业公司负责人、种子商店经营者。对于重点访谈单位和访谈对象，坚持提前预约和发送访谈提纲，尽可能保证访谈时间充分，信息交流准确。

第二阶段，主要前往T县有关镇村，了解超级稻在农村构建行动者网络的过程以及转译机制的实现情况。本阶段采用的主要研究方法是观察法、访谈和问卷调查。这一阶段主要的访谈对象为：T县农业局局长、农技推广站站长，T县科协副主席，T县科技局办公室主任，T县党委办公室副主任，NM镇党委书记、分管农业副镇长、农业综合服务中心、农技站站长、计生与人口服务所负责人，NM镇、NP镇、T镇相关村组负责人、村民、农民专业合作社，以及相关涉农企业负责人（具体见附录B：主要访谈人名单）。

为了深入了解超级稻技术在示范田和自发田的扩散过程，本研究与T县农业局对接，经过三个乡镇的调研比对，选择更具有代表性的NM镇S村作为田野调查的立足点。经县农技站协调，笔者居住在距离S村100米左右的镇政府宿舍，并且保证单独出入自由，所有调研活动不受乡镇、村的干扰。在长达10个月的田野调查时间内，本研究依据访谈对象的不同，设计了不同内容和重点的访谈问题提纲（具体见附录A：访谈提纲），共走访S村及附近8个村落，访谈150多户农户，访谈政府管理人员、村干部、种田大户、一般农民约 200 多人，深度访谈 39 人。

为了对访谈进行有效的补充，本研究还设计实施了面向 S 村农户的问卷调查。该问卷在调研基础上形成初稿，然后经过 T 县农业局相关技术专家会议讨论修改，形成正式问卷。S 村共有农业户 392 户（含外来租地户 21 户），按照 NM 镇农技站种粮补贴户口名单等距抽样，共抽取 196 户。问卷调查工作由 S 村村委会协助实施。在实施前，村委会专门召集会议，笔者在会上对八个村组的组长及副组长进行了调查问卷的实施培训。为了不占用农民白天的农忙时间，笔者与村组负责人每天傍晚到农户家开展问卷调查，填写问卷者为本家庭户的户主或家庭事务的实际决策者。为了确保问卷调查质量，对于文化程度不高或者文盲农民，调研员负责朗读问卷内容并逐项做好解释，根据农户的真实意思，帮助勾选问题答案。问卷调查工作持续 12 天，因一些家庭户无人，最终收回 184 份。（具体见附录 D：农户问卷调查及结果）

第三阶段为补充调研，主要是在论文完善过程中，对于研究中可能呈现的新问题新疑点对有关人员进行补充访谈，确保材料的丰富性、完整性。在前期调研基础上，除了必要的面谈之外，还充分灵活运用电话、邮件、微信等更便捷地与调研单位及访谈对象进行相关问题的访谈或讨论。

1.5 研究内容与写作框架

本研究以行动者网络的视角，考察超级稻技术在 T 县农村扩散的机制和方式。本研究不仅是对来自西方社会学理论的行动者网络理论在中国本土案例上的应用，同时还将尝试对这一理论进行丰富和拓展。

全书共 7 章，主要内容和结构如下：

第 1 章引言部分，主要介绍 "T 县超级稻技术扩散行动者网络研究" 选题的背景与意义，提出研究问题，围绕这一问题进行文献综述，明确论文主要内容和框架，并对文中涉及的重要概念和调研情况进行说明。

第 2 章主要对行动者网络理论的系统性述评。主要概括该理论的发展过程及主要观点，梳理国内外学者对于这一理论的最新研究情况，为后面的案例研究提供理论基础。

第3章主要对超级稻技术的研发和成果转化过程进行考察分析。以行动者网络理论为基础，结合超级稻审定和确认的一般流程，构建超级稻技术研发、技术成果转化、技术扩散的行动者网络的演化模型；同时，以"桂两优2号"为案例，对超级稻技术研发、技术成果转化行动者网络进行具体的考察分析。

第4章、第5章主要从行动者网络理论的视角，对超级稻技术在农村社会扩散的两种基本模式进行考察。其中，第4章主要考察政府为主导的示范田行动者网络的组建过程，重点讨论了"强制通行点"转译机制在本案例中的适用性问题。第5章主要考察市场主导的自发田行动者网络的建立过程，同时讨论在自发情况下，行动者之间转译的可能性与组建行动者网络的有效性。

第6章重点讨论超级稻技术扩散行动者网络的稳定性及其演化，结合现实案例，总结分析稳定性行动者网络的主要特征、行动者网络破坏的主客观条件，以及不同行动者网络之间的竞争、合作与转化情况，进一步分析技术扩散行动者网络对农村社会的重组。

第7章是结论部分。对本研究的内容进行回顾和总结，指出从行动者网络理论视角研究农业技术扩散的意义，尝试发掘出超级稻技术扩散行动者网络对农业技术推广体系重建和农村社会建设的启示，并提出研究的创新点和后续工作。

第2章 对行动者网络理论的述评

本章是全书的理论基础。主要对行动者网络理论的发展过程、基本要点与方法论优势进行系统性评析,从而指出本研究采用这一理论视角的主要原因,为后面开展的案例研究提供理论支撑。

2.1 行动者网络理论的产生与发展

2.1.1 行动者网络理论的产生

行动者网络理论(actor-network-theory,ANT)源于科学知识社会学和技术社会学研究,是一种新的研究纲领(赵万里,2002)[284]。它是20世纪80年代以来法国科学社会学家拉图尔、卡龙、劳等发展起来的一种社会学理论。

该理论的提出,主要源自STS(Science,Technology and Society)研究的两次转折:一是,在由科学的哲学研究转向科技活动"外部"制度和"内部"科学知识的经验研究的过程中,形成了科学知识社会学(sociology of scientific knowledge,SSK)的多个流派和观点,如爱丁堡派的强纲领(strong program)、巴斯学派的相对主义经验纲领(empirical program of relativism)以及常人方法论(ethnomethodology)等。二是,由科学知识研究转向科学活动研究的过程中,实验室的物质与事实生产成为关注的一个重要主题,由此引入对科技与社会异质构成的讨论,进而强调探索自然与社会、人类与非人类在科技实践中的交融与转换(林文源,2013)。

2.1.2 行动者网络理论的发展

通过对行动者网络理论代表人物拉图尔、卡龙、劳等人研究成果的梳理，本研究以代表人物拉图尔的学术发展脉络和研究成果为考察主线，把行动者网络理论的发展过程分为三个阶段。

第一阶段：在案例分析的基础上初创理论。

这一阶段对应的时期是 1982 年到 1986 年，主要的代表性研究成果有：拉图尔 1982 年❶发表的论文《给我一个实验室，我将举起全世界》❷；以及以此论文为基础，扩展而成的专著《法国的巴斯德化》❸；卡龙 1986 年发表的两篇论文《转译社会学的要素：圣布鲁克湾的渔民和扇贝养殖》❹ 和《行动者网络的社会学——电动车案例》❺，以及 1986 年劳的代表作《长途控制方法：从葡萄牙到印度的海上交通》❻。

在这一阶段，拉图尔主要关注并分析了巴斯德实验室如何在法国取得成功这一科学技术史案例，指出科学家并不依赖任何独特的科学方法、科学逻辑或思维方法，而是依靠实验室来认识和改变世界，文中通过跟随行动者之间"联结的网络"，❼ 考察这种网络何以慢慢组成"巴斯德的世界"❽（Latour，1993）[12]。

卡龙通过对案例的分析，揭示了构成转译的四个阶段（moments）❾：

---

❶ 这里的时间是该论文（法文版）发表的年度。

❷ 英文篇名为：Give Me a Laboratory and I will Move the World.

❸ 英文版中原题为：The Pasteurization of France.

❹ 原题为：Some Elements Sociology of Translation：Domestication of the Scallops and the Fishermen of S. Brieuc Bay.

❺ 原题为：The Sociology of an Actor-Network：the Case of the ElecVehicle.

❻ 原题为：On the Methods of Long Distance Control：Vess Navigation and the Portuguese Route to India.

❼ 这一词语的原文为：network of associations.

❽ 原文为：Pasteurian world.

❾ 国内学者赵万里把这里的 moments 译为"契机"（赵万里，2002）[287]。关于这四个阶段，有学者依次翻译为"问题设计""利益集中""组建队伍""行动动员"。问题设计是指定义论题并让其他行动者接受其问题定义的过程；利益集中是指通过明确某人的问题设计而利用并稳定其他行动者的作用；组建队伍是行动者或实体因相互作用而稳定在网络中的某种机制；行动动员是指某种被作为其他实体代言人的表现方式被成功地实现出来。（尚智丛. 科学社会学 ［M］. 北京：高等教育出版社，2008：218）

①问题化（problematization），使行动者彼此不可或缺；这包括相互界定行动者、明确"强制通行点"；②利害关系化（interessement），使整个联盟定位于共同的问题；③招募（enrollment），把行动者纳入网络，界定和协调角色；④动员（mobilization），使整个网络成为每个行动者的代言人（Callon，1999）[67-83]。这篇文章最突出的特色是把"扇贝"看作与"人类"一样的行动者，由此也引发了巨大的争议。

在《行动者网络的社会学——电动车案例》中，卡龙（1986）[19-34]主张科学研究的意义在于发现新的行动者，他认为"行动者世界"（actor world）使得描述技术目标和理论知识的内容成为可能，而行动者网络则有助于我们描述行动者世界的内部结构与动力机制。这个动力机制就是"转译"（translation）。行动者网络理论在卡龙这里被称为"转译社会学"（sociology of translation），其目的是，追溯（科学技术活动）这一演变的某些部分，观察知识与关系网络建构的同时生产，以及这一过程中的社会和自然实体共同控制着哪些实体和他们的目标。❶

劳（1986）研究了行动者网络的稳定性问题。他以15—16世纪葡萄牙人的远洋航海的案例，指出行动者网络的稳定性取决于人类与非人类行动者被动代理人网络（network of passive agents）的创建。在行动者网络中，随船的文档、设备和训练有素的人员都是长途旅行重要的行动者。

第二阶段：对研究方法的归纳与总结。

这一阶段对应的时期是1987年到1999年。其标志性成果是拉图尔1987年出版的《行动中的科学》。❷这是行动者网络理论的集大成和经典之作。虽然在此之前，拉图尔、卡龙、劳在各自的案例研究中提出了自己的方法、观点和理解，但是，那些方法、观点和理解与案例分析紧密结

---

❶ 本句原文是：I will now retrace some part of this evolution and see the simultaneous production of knowledge and construction of a network of relationships in which social and natural entities mutually control who they are and what they want. (Callon，1986：68)

❷ 本研究英文原题为：Science in Action：How to Follow Scientists and Engineers Through Society，国内有学者把书名中的"Science in Action"译为"科学在行动"（拉图尔. 科学在行动［M］. 刘文旋，郑开，译. 北京：东方出版社，2005），联系书中拉图尔对"正在形成的科学"和"已经形成的科学"的区分以及"跟随科学家和工程师"的研究方法，本研究认为，译成"行动中的科学"似乎更妥。

合，缺少对这些方法的综合和理论总结。《行动中的科学》一书从理论和实践两个层面阐释了行动者网络理论。拉图尔指出，不要听信科学家们说了什么，而要在社会中跟随科学家和工程师，观察他们实际上是怎样工作的。为了探寻科学家实际的工作，我们应当观察"正在形成的科学"（science in the making），而不是"已经形成的科学"（ready made science）或"既成科学"（all made science）；他由此将科学视为一连串的行动以及一系列形成科学、制造结论和物品的过程（Latour，1987）[4]。

在这一时期，随着行动者网络理论的影响力越来越大，特别是其主张的对人与非人代表处理的"对称性人类学"（symmetrical anthropology），令一些评论家感到困惑、好奇、恼火（Brown，2009），从而引发了激烈的争议。这些争议比较突出地体现为科学知识社会学内部的两场论战。

第一场论战是1992年前后拉图尔、卡龙与科林斯、耶尔莱（Collins et al，1992）之间的交锋。这次论战的焦点是非人行动者能否被当作行动者。柯林斯和耶尔莱（2006）[315-326]指责，行动者网络理论描述非人行动者时，只能先借用现存的科技知识理解非人行动者，再用行动者网络的语言重新描绘，实际上人与扇贝的"磋商"不可能实现。他们认为，科学知识的最终根基在社会，自然的东西只能还原到社会交往关系中才能分析，ANT极端的对称性并不能增加对科学的理解，因此ANT在哲学上是极端的，本质上是保守的。

卡龙和拉图尔（2006）[351-374]则以《不要借巴斯之水泼掉婴儿》为题反驳柯林斯与耶尔莱，他们指出，在自然定义的问题上社会学家难以打破科学家的特权，但社会学家可以采用描述主义的进路和社会学、人类学的视角，从而可能彻底打破科学家在研究自然问题上的霸权。

第二场论战发生在1999年布鲁尔（Bloor）与拉图尔之间。同年的《科学史和科学哲学研究》杂志刊登了双方的批判和回应文章。双方的焦点是自然与社会是否应该二分。布鲁尔（1999）坚持自然与社会的二分，他指出只有保持主体与客体之间的区别，才能突出描述的问题特征。拉图尔（1999）则认为，现代哲学的每一个困境都来自这种双重约束：先打楔子，然后呈现问题连接，试图修补它。这样的方式实在没有意义。

还有一些学者试图对行动者网络理论作出建设性的诠释。如安德鲁·皮克林（Piekering，2004）就认为，拉图尔等人对称性地对待人与非人行动者的做法，"为我们指出了一条直接转向对科学的操作性语言描述的道路"。麦肯齐和瓦克曼（1999）在《技术的社会形塑导论》一文中指出，行动者网络理论强调了其他社会理论对技术的忽视，因此，从这方面说，行动者网络的最根本贡献是对社会理论作出的，而不是首先对科学和技术的社会学作出的。而这一点常常被人忽视。马克·布朗（2009）认为，拉图尔的解释显示出技术如何体现了那些任务执行者的目标和价值。代表人和非人的混合联合体（hybrid associations），"不需要一个跨过主体与客体分界线的英勇跳跃，但是却需要经过一系列小分界线的相当多的转译"。

第三阶段：对理论的深化与扩展。

多场争论之后，拉图尔对行动者网络理论的态度也发生了变化。1999 年他发表了题为《关于对行动者网络理论的回顾》（On Recalling ANT）的文章，认为"行动者网络理论"是一个可怕的说法，在这篇文章里，拉图尔表达了对行动者网络理论的怀疑和自我否定。直到 2000 年，拉图尔（2000）在一篇论文中扩展了对"社会"的认识，才重新恢复对行动者网络理论的信心。他指出，多年以来越来越多的人认识到，社会存在是问题产生的一部分，而不是解决问题的一部分。"社会"不得不被构成（composed）、组建（made up）、构建（constructed）、建立（stablished）、维护（maintained）和组合（assembled）。社会不再被当作隐藏了的因果之源，以用来解释其他一些行动或行为的存在和稳定性。而这一点正是行动者网络理论是系统性工作的核心。像"网络""流体"等词语的扩散，都显示了对"一个无所不包的社会"（an all-encompassing society）概念越来越多的质疑。

2005 年拉图尔出版了《重组社会——行动者网络理论导论》一书，不仅系统总结了行动者网络理论，还把行动者网络理论带到了一个新的理论高度。在这本研究"导言"部分中，拉图尔首先为行动者网络理论辩护。他说："我那时批判这个理论（ANT）的所有元素，甚至包括连字符号；

而现在我要为所有这些辩护，包括这个连字符号。"❶ 书中深化了对传统的"社会"概念的批判性认识，围绕解决社会科学应当实现的三个任务，❷ 提出要建立不同于传统"社会的社会学"（sociology of the social）的另一种社会学——"联结的社会学"（sociology of associations），他指出所谓社会就是组装台上长长历史中的一个运动，社会学最好定义为社会参与者进行重新组装集体的活动，从而构筑与传统社会学不同的"联结社会学"理论大厦。

2013年，拉图尔指出，使用"集体"（collective）而不用"文化"（culture）、"社会""文明"等词语替代，就是要强调聚集或构成（gathering or composing）的操作，同时强调组装的异质性。要展开网络就要跟随联结。在行动者网络理论中，"社会的"不是定义与其他不同的材料，而是源于多种多样的联结线路的交汇。在这里，拉图尔已经开始用发展的行动者网络理论来解释社会科学中更大的主题。

上述对行动者网络理论发展阶段的概括与描述，反映了行动者网络理论从初创到不断丰富和成熟的历史演进过程。在这一进程中，行动者网络理论从案例分析的操作性工具逐渐形成为一种理论和理念；从微观的科学技术学领域逐渐过渡到更宏大的社会学领域；从分散的、单一理论逐渐综合扩展到系统性的思想。尽管学者们对行动者网络理论褒贬不一，但行动者网络理论仍然在实践中不断发展和完善。行动者网络理论的鲜明之处在于，它打破了自然与社会的二分法，提出了一个更注重经验的社会学研究进路，为科学知识社会学提供了更广阔的空间和更为多样化的可能性（贺建芹，2014）。当然，其对于非人类力量与人类力量对称性的坚持，也容易堕入解释的"符号学"（Semiotics）陷阱。正因如此，才需要对该理论

---

❶ 本句原文为：Whereas at the time I criticized all the elements of his horrendous expression, including the hyphen, I will now defend all of them, including the hyphen! 参见：LATOUR, BRUNO. Reassembling the Social：An Introduction to Actor-Network-Theory [M]. New York：Oxford University Press，2005：9.

❷ 拉图尔（2005）认为，解决社会科学应当实现的三个任务是："展开"（deployment），即通过追踪生活世界中的各种不确定性来展示社会世界；"稳定"（stabilization），即跟随行动者去解决由不确定性造成的争论；"合成"（composition），即通过行动者组合的集体将社会重组为一个共同世界（common world）。

进行全面的研究和讨论。

2.2 行动者网络理论的基本内容

在文献研究的基础上，本研究把行动者网络理论的基本内容概括为以下几点：

第一，科学技术可以描述为所有参与事实建构者建立"网络"的过程。

行动者网络理论认为，科学往往如雅努斯（Janus）一样呈现两幅面孔，一边是"形成中的科学"（science in the making），一边是"既成的科学"（all made science）或者"已经形成的科学"（ready made science）（Latour，1987）[4]。"已经形成的科学"是对科学的黑箱式描述，"形成中的科学"则是科学的真实显现。真实的科学是"行动中的科学"，这种科学观认为，科学在形成的过程中，不仅仅呈现为科学文本（scientific text），还表现为实验室、铭写装置（inscription devices）以及其他行动者的共同参与（Latour，1987）[67-68]。拉图尔认为，"科学和技术"的说法代表了一种科学技术由科学家制造、与局外人无关的观念；为此他使用"技术科学"（technoscience）这个新词语，描述所有与科学内容有关的要素（Latour，1987）[174-175]。在《行动中的科学》一书中，拉图尔展示了一个加利福尼亚实验室主任繁忙的一周工作日志，在这一周内该主任远离实验室之外不断进行着各种会面、协商，不断进行着说服、解释和争取财力支持的努力，而实验室内的科学家每天要 12 小时开展工作（Latour，1987）[153-155]。拉图尔总结指出，在这一整个科学活动中，实验室主任和科学家的工作一样重要，都是构成科学活动网络的重要行动者。因此，网络组建不是一个行动者，而是所有的行动者不可预期地作用于这个过程的结果（Latour，1987）[124]。

行动者网络理论指出，科学活动就是不断进行的网络建造与扩展。这种建造与扩展过程，体现为不断地由弱修辞转换较强修辞，不断由弱联结点转变为强的据点，不断由较短的网络（short network）转换为较长的网络（longer network）（Latour，1987）。当然，这里的"网络"一词，其含义正如上文所指出的，不是指某种网络状的社会结构，而是一种描述工具。它强调工作之间的互动与联结，所以更多地表现为 worknet，而不是 network（吴莹等，2008）。

第二，组成网络的实体（行动者）是异质的，对人类和非人行动者进行对称性的考虑，行动者之间是有联结的。

传统社会学中的行动者（agency）只包括有能动性的人及人所组成的社会组织，而动物等"自然人"不包括在"行动者"的范畴内。（韦伯，2005）在行动者网络理论中，"行动者"是异质的（heterogeneous），既包括人类行动者也包括非人行动者。传统社会学中的行动者只相当于行动者网络理论中的 actor，行动者网络理论中的"行动者"（agency）则用以表示所有在行动过程发生作用的存在。拉图尔（1987）[144]认为，对人类（human）和非人（non-human）行动者对称性的考虑，可以避免相信科学家和工程师关于客观性和主观性的说法，也可以避免相信社会学家关于社会、文化和经济的说法。这样，"行动者"概念就在行动者网络理论中完成了两方面的革新，一是行动者的能动性，二是行动者的广泛性（吴莹等，2008）；从而消解了自然与社会、主体与客体、人与非人、物与非物的二元划分。

在行动者网络理论中，行动者不是嵌入社会背景的单纯信息提供者，他们具有能动性（Latour，2005）[4]。也就是说，行动者之间充满了各种各样的网络联结。因此，行动者网络理论也被拉图尔称为"联结的社会学"（sociology of associations），为此他构造了一个新词"associology"表示这个意义（Latour，2005）[9]。在"联结社会学"中，没有所谓的"社会维度""社会情境"，没有一个独特的现实领域能够被表示为"社会的"或者"社会"。社会是许多异质性事物之间的联结行动，不仅仅是由人与人之间的联系组成，也不仅仅是由物与物之间的联系组成，而是物与人之间的联系组成。

第三，实体（行动者）之间的"联结"依靠"转译"机制实现，是可以被追踪的。

那么，行动者网络的组建如何实现，行动者之间的联结又是如何建立的呢？行动者网络理论认为，这期间要经历一个"转译"（translation）的过程。所谓"转译"，卡龙解释说，"转译"这个词，用以协商和限定行动者的身份、互相作用的可能性以及努力的界限。拉图尔（1987）[108]认为，转译是由建构事实者（the fact-builder）给定的，是他们对于自己兴趣或利益和他们所招募的人的兴趣或利益进行的一系列解释。拉图尔进一步解释说，"转译"这个词除了有语言学意义，还有一种几何学意义，从一个地方移动到另一个地方。转译兴趣或利益，就是为这些兴趣或利益提供新的解释，并把人们引入不同的方向（Latour, 1987）[117]。

关于"interests"，拉图尔解释说，这是处在行动者和目标之间的东西，它会创造一种张力，诱使行动者可以在大量可能性中只通过有助于他们实现目标的途径（Latour, 1987）[108-109]。依据这种进一步的解释，就转译的内容而言，"interests"不能只表现为"兴趣"，还更多包含"利益"的意义。❶ 但是，仅仅凭借兴趣或利益的"解释"，行动者的招募也难以完成。由此，行动者网络理论构建了一个强制通行点（obligatory passage points, OPP）机制。所谓"强制通行点"，卡龙解释说，各行动者在实现自身利益（interests）的过程中，仅依靠他们自己不能得到他们想要的东西，在这种情况下，就必须构建一个网络（Callon, 1999）[68]。

为了说明这一情况，卡龙在《转译社会学的要素：圣布鲁克湾的渔民和扇贝养殖》论文中，以实例分析了三位科学家通过"强制通行点"建立行动者网络的过程。扇贝幼体一直遭受着天敌的威胁，要想顺利成长，它们必须听从科学家的安排；渔民要想获取长远的利益，他们要配合科学家的行动；而那些科学界同行想要进一步了解扇贝知识，不得不加入这个网络。卡龙的论文案例，很生动地阐释了"强制通行点"转译机制的应用。行动者要想达成自己的目标，别无选择，只能和其他行动者组成联盟。这也是"obligatory passage points"中的"obligatory"的翻译为"强制"意思更确切的原因。❷ 在另一篇文章中，卡龙认为，"转译"就是"强制通行点

---

❶ 目前国内学者主要把"interests"一词理解为"兴趣"；在本研究中，把该词理解并译为"利益"，有时为了表明"有利益才会有兴趣"，也翻译为"兴趣或利益"。

❷ 对于obligatory passage points，国内学者理解有所不同，如邢冬梅（2008）[107-108]将其理解为"义务通道点"，意为"任何一个学科领域内部必须经过或借助的网络节点"，换言之，"经过或借助这个节点是特定学科领域网络构建和扩展的必尽义务"。

的地理学"（Callon，1986）[26]。

这种"强制通行点"的转译机制不仅贯穿在卡龙对行动者网络理论案例的分析中，也体现在拉图尔的作品中。比如，在分析农民为什么要相信巴斯德并配合他的实验时，拉图尔（1983）指出，当人们在实验室里学到了比以往任何人都丰富的培养炭疽病菌的知识之后，巴斯德就可以以一种新的方式界定农民的利益：如果你们想解决炭疽病菌的问题，就必须首先经过我的实验室。

"强制通行点"转译机制集中体现了行动者之间的联结。这种联结，正如卡龙和拉图尔的分析，是可以被追踪的。本研究将在后面相关章节，结合具体案例对"强制通行点"作进一步的讨论。

第四，行动者网络本身是不稳定的，事实建构者需要不断创造和加强行动者之间的联结，以保持网络的稳定运行。

在《重组社会——行动者网络理论导论》一书中，拉图尔（2005）分析了五个不确定性的根源：第一个不确定性来自人们往往是流动的，归属于时刻变化的群体；第二个不确定性来自任何一个行动都是在其他行动的驱使下采取的，行动并非表现为连续性、受控制和边界明确；第三个不确定性来自客体具有的行动力，使得实体间的联结成为暂时的行为；第四个不确定性来自事实之物（matter of fact）与关注之物（matter of concern）的混淆；第五个不确定性来自书写文本的挑战，追踪类型繁杂和行动者数量的众多，容易导致研究内容的混乱。上述五个不确定性，给事实建构者造成了困惑，影响了网络的组建及其稳定性。

劳（1986）指出，行动者之间可以构建一个彼此结构化的箱体，确保行动者网络具有耐性、充满力量和忠诚度。因此，事实建构者在此过程中需要不断创造和加强行动者之间的联结，以确保网络的稳定性。

2.3 行动者网络理论的方法论优势

行动者网络理论坚持"联结的社会学"（sociology of associations），不承认存在所谓的"社会维度""社会情境"，不需要用社会因素解释社会，而研究者只要跟随行动者及其联结，就可以了解社会。这样，ANT 就在传统的社会学之外，建立了一种新的"联结的社会学"范式（吴莹等，2008）。本研究认为，这种新范式具有以下方法论的优势。

一是形成中的科学观与追随行动者的社会研究方法。

行动者网络理论在科学观方面，坚持真实的科学是"形成中的科学"，而不是黑箱化了的"既成的科学"。因此，研究科学和技术应当经过"形成中的科学"的"后门"（the back door），而不是经过"已经形成的科学"那个"更宏伟的大门"（more grandiose entrance）（Latour，1987）[4]；这就要求研究者必须放弃有关科学的一切话语或意见，而代之以跟随（following）行动中的科学家，对由科学家聚集起来的各种异质资源和盟友清单进行考虑（count）（Latour，1987）[103]。

形成中的科学观对于社会学研究的启示是，社会是不断形成的过程，了解这一过程的最好方法是跟随社会中的行动者。当然，跟随行动者并不是一件容易的事情。研究者如果想要更好地研究社会世界，不能事先自行选择行动者，而应参与到行动者的活动中。所以研究者首先要做到尊重行动者的多样性，其次是要忠实地记录与描述行动者的活动（吴莹等，2008）。

二是联结社会学与追随行动者之间联结的研究思路。

行动者网络理论认为，社会解释就是要将实体与实体联系起来，追随一个行动的网络。前面已提及，这里的"网络"其实是 worknet，而不是 network。因此，研究者不需要预设一个并不存在的事物背后的"社会世界"，而应当去追踪这种实体之间真正的联系，搞清楚了事物之间的联系，也就明白了什么是社会。

"行动者网络理论"与一般社会网络理论不同，它不假定一种网状的社会联系，而只是作为一种描述的工具。对此，拉图尔曾解释说，正如用铅笔作画与画一只铅笔的形状不是一回事一样，用行动者网络可以描述那些看起来可能不像网络的东西。（Latour，2005）[142]他指出，传统的网络理论重视对象的表达，所谓网络就是用铅笔绘制出的一张网；而行动者网络理论是描述和分析的工具，相当于只是描画网络的铅笔（Latour，2005）[142]。

三是对"非人类"行动者的发现和重视，打开了社会学研究的新视野。

行动者网络理论方法论方面最大的特色和核心特征就是，把行动者的概念延伸到自然领域，追求对称性地看待人类行动者与非人行动者。这种对非人行动者的发现和重视，打破了自然和社会的传统二分法，揭示出了传统社会学理论不能看到的画面，开辟了社会学研究新的道路（郭明哲，2008）。

本研究需要指出的是，虽然社会网络理论也强调行动者之间的关系或联结，但是它把社会结构视为一张"人际社会网"（罗家德，2010）；而行动者网络理论不仅重视人类行动者之间的联结，而且也同样重视人类行动者和非人类行动者之间的联结。这是社会网络理论与行动者网络理论的一个明显区别。此外，行动者网络理论虽然提出了"联结社会学"的范式，但它对于传统社会学的研究范式也并非完全否定。正如拉图尔（2005）[11]指出的，在很多情况下，借助于"社会的社会学"，不仅是合理的，而且是必要的。但是拉图尔强调，一旦发生创新和群体边界不确定时，"社会的社会学"就会对追踪（trace）行动者新的联结（new associations）无能为力。因此，本研究认为，行动者网络理论是一种新的观察社会的视角，是对已有社会学理论的丰富。

2.4 对应用行动者网络理论研究的述评

行动者网络理论曾一度受到来自多方面的批评和质疑，但是作为一种新颖的社会研究方法，它同时又得到了国内外许多研究者的青睐。通过对研究文献的数据检索和统计可以看到，国外方面，以跨数据库平台 Web of Science 为例，以"actor-network theory"为主题进行信息检索，1992—2014年的总文献量为1462篇（见图2.1，2015年4月16日检索，其中1992—1994年因篇数太少而不予显示）。

从图2.1可见，学界对于行动者网络理论的关注度总体上呈显著增强态势。在1999年之前，研究文献尚不足20篇，到2013年则已接近200篇。从国内研究情况来看，以中国知网的数据为例，2015年4月16日以

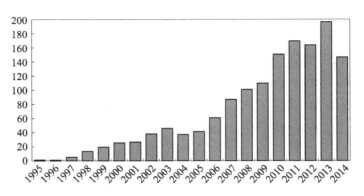

图 2.1　"actor-network theory" 为主题的
文献研究概况（Web of Science 平台）

"行动者网络" 为主题在该平台进行检索，结果显示，2001 年之前知网数据库尚无有关行动者网络的研究文献，而 2012—2014 年，该平台上有关行动者网络的研究文献均达到了 40 篇以上，而且呈现继续增多的趋势。这与国外的情况大体保持一致（见图 2.2）。

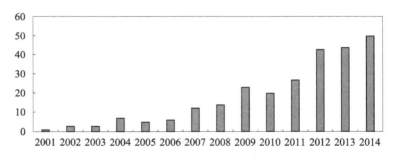

图 2.2　"行动者网络" 为主题的文献研究概况（中国知网检索平台）

　　需要对此检索结果作说明的是，所检索的文献没有区分行动者网络的理论研究和应用研究，但根据此前的分析和对检索文献标题的浏览，这些文献多为应用研究的层次，而且国内和国外的情况基本类似。尽管国内外研究者对行动者网络理论的应用表现出越来越浓的兴趣，但是应用的领域却各有特点（见表 2.1）。

表 2.1　国内外应用行动者网络理论侧重领域的不同

	国内研究者	国外研究者
主要应用领域侧重点	城市治理、教育、旅游、产业集群、区域创新、创新团队、技术和专利	医疗计划、软件工程、信息系统研究、实践社区、生态环境、商业基因测试、健康项目

从表 2.1 可知，国外的研究，主要集中于"项目"的思维，侧重于医疗计划、软件工程、信息系统研究、实践社区、生态环境、商业基因测试、健康项目等领域，这种思路主要是利用行动者网络理论来描述和解释一个计划项目执行过程中的情况。

例如，Bonner 和 Chiasson（2005）运用 ANT 对隐私立法进行研究发现，尽管相当多的政府立法和花费在解决这些问题方面的组织资源越来越多，但对于隐私的担忧依然在增加。Williams 和 Graham（2003）认为，应该利用 ANT 的灵活性潜力，进行基因专利和商业基因检测经验信息的收集和分析涉及基因技术发展的复杂网络。David 等（2010）应用行动者网络理论分析室内无烟法规在各国的施行情况；还有的研究者（如 Fox，2000）讨论了 ANT 对于实践社区理论（communities of practice，COP）的贡献。

在国内，刘珺珺比较早地介绍了拉图尔及其著作。在 1989 年的一篇文章中，她提到拉图尔的研究方法是"从微观角度研究科学知识的建构过程"，但没有对行动者网络理论作明确介绍。李三虎、赵万里（1994）将行动者网络理论（该文把 actor-network theory 译作"操作子网络"）当作新技术社会学的主要理论之一，指出"在技术社会建构主义纲领中，较之系统方法，操作子网络方法就是连系统与环境、人与非人操作子的区别都抛弃了"。盛晓明（2002）强调了行动者网络理论对建构论的改变。谢周佩（2001）认为自然科学和人文科学都是行动者网络理论可以建构的实践活动，而如果把行动者网络理论与"两种文化"结合起来，则可以为两种文化提供共同的基础。贺建芹、李以明（2014）指出，行动者网络理论赋予非人元素的是与人类行动者相对称的能动性，而非仅仅将它们视作科学实践的被动参与者。王增鹏（2012）认为 ANT 既是一套分析科学与技术的有效工具，又包含了全新的世界观与社会理论。

国内对行动者网络理论的应用研究，主要侧重于城市治理、教育、旅游、产业集群、区域创新、创新团队、技术和专利等领域；这种思路主要是把一个复杂的社会现象作为研究对象，从而运用行动者网络理论界定行动者，从行动者网络的视角来审视并解决社会问题。

例如，李兵和李正风（2012）应用行动者网络理论对国家科技计划课题制实施过程进行了研究，认为构建行动者网络有利于解决课题制行为主体追求自身利益最大化而损害课题整体效果的矛盾。王一鸣、曾国屏（2012）从行动者网络理论视角对技术预见模型演进进行了分析与展望，指出市场和政府、公众与专家、社会与科技作为行动者具有广义上的对称性和能动性。王程铧（2011）通过对农民"使用"手机的案例分析，论证了把人和非人的行动者平等对待是消除"技术—社会"二分，也是变"反常"为"正常"的最有效方式。丁云龙、李春林（2009）借用行动者网络理论分析框架，对我国工程师短缺现象进行了检讨分析。林善浪和王健（2009）通过讨论金融商品从生产设计到公开发行不同阶段、不同参与者的互动过程，分析行动者的转译过程。邬晓燕（2012）应用行动者网络理论和方法剖析了转基因作物商业化的行动者网络建构过程及其结构组成。夏保华和张浩（2014）以袁隆平发明杂交水稻技术为例，讨论了行动者网络理论视角下民生技术的发明机制。

值得一提的是，我国台湾地区的学者对行动者网络的案例研究也很有特色。杨弘任（2012）由技术社会史的深度描述入手，用行动者网络的框架分析了创新行动者发明"川流式水力发电"水轮机系统的过程。文章指出，创新的技术来源于外来的技术物"钟表"，根据这种技术物的启示所带来的"后进技术框架"与"工业地方知识"，川流发电系统才逐渐形成更多的人与非人的异质联结，并在不断协商的过程中强化新生网络的稳固性。林文源（2013）在《看不见的行动能力——从行动者网络到位移理论》一书中，着重讨论了肾病患者作为弱势行动者组建行动之网，从而改变医疗体制，体现了巨大的行动能力。他认为传统的行动者网络理论往往以"霸权行动者"为中心，而忽略了霸权与弱势、英雄与平凡行动者的行动能力；同时认为，对行动能力构成的概念化，不但要讨论可见的代言人，更需要讨论不可见、平凡的行动者。

总的来说，当前国内外对于行动者网络理论的应用研究呈现三个特点：一是应用领域不断拓展，文献篇数明显增多，体现了一些研究者对于行动者网络理论应用的有益尝试，为后来研究者提供了丰富的基础；但也有一部分研究对 ANT 的理解流于"标签化""形式化"，甚至误用、滥用较多。二是大多数研究者把行动者网络理论当作一个黑箱和"完成式"的理论来使用，因此，在应用中缺乏对理论本身的深入讨论，也缺乏对理论的必要延伸和发展。三是目前的研究，还主要集中在对行动者网络理论早期和中期成果的理解应用，较少结合"联结社会学"等本理论的新进展进行讨论。

本研究之所以选择行动者网络理论作为理论基础和研究视角，一是卡龙、拉图尔等社会学家在分析西方科技与社会的复杂现象中产生并发展了行动者网络理论，而这一理论也可以尝试引入对中国科技活动的分析；二是一般的社会研究理论主要把人和事件进行中心化处理，把其他的非人要素作为影响因素或背景考虑，行动者网络理论则强调把所有要素看作能动的行动者，把科学技术看作行动者网络构建的结果，这种理解可能更加全面和深刻；三是行动者网络理论强调科学不仅是科学家的事业，更是全体社会的共同事业，而超级稻技术扩散案例不仅攸关国家粮食安全，也攸关农村社会的整体发展，因而可以尝试使用行动者网络理论分析；四是行动者网络理论作为从西方经验案例产生的成功理论，在对中国经验案例的应用分析中，可能会有新的发现。同时本研究将力图避免行动者网络理论应用研究"标签化""形式化"的问题，以更全面的行动者网络理论为基础，通过追踪行动者及其联结，描述超级稻技术扩散行动者网络的组建过程，并尝试对行动者网络理论本身展开进一步的讨论。

2.5　小结

本章主要对行动者网络理论进行述评。

行动者网络理论的提出，主要源自 STS（Science, Technology and Society）研究的两次转折：一是由科学哲学的研究转向科学活动"外部"制度或者"内部"科学知识的研究；二是由科学制度研究或者科学知识研究转向科学活动的本体论研究。"行动者网络理论"与我们所熟悉的一般网络理论不同，它不假定一种网状的社会联系，而只是一种描述的工具。

通过对行动者网络理论代表人物拉图尔（B. Latour）、卡龙（M. Callon）、劳（J. Law）等人研究成果的梳理，本研究把行动者网络理论的发展分为三个阶段：案例分析与提出理论阶段，方法综合与理论总结阶段，理论扩展与提升阶段。

行动者网络理论的基本要点可以概括为四个方面：第一，科学技术可以描述为所有参与事实建构的行动者建立和扩展"网络"的过程；第二，组成网络的实体（行动者）是异质的，实体（行动者）之间建立联结；第三，实体（行动者）之间的"联结"依靠"转译"机制实现，是可以被追踪的；第四，行动者网络本身是不稳定的，事实建构者需要不断创造和加强行动者之间的联结，以保持网络的稳定运行。

行动者网络理论提供了一种新的社会学研究方法论，其一是形成中的科学观与追随行动者的研究方法，研究者要放弃有关科学的一切话语（discourse）或意见（opinion），而代之以跟随（following）行动中的科学家；其二是联结社会学与追随行动者之间联结的研究思路，研究者不需要预设一个并不存在的事物背后的"社会世界"，而应当去追踪这种实体之间真正的联系，搞清楚了事物之间的联系，也就明白了什么是社会。

行动者网络理论的出现引起了学者的争论，也激发了更加深入的思考。但是，目前的对于行动者网络理论的争论和评价，主要是限于学者自身学术立场的批判性理论讨论，而不是立足于科学活动在实践方面给予解释和揭示。因此，需要对该理论进行理论联系实际的进一步讨论。此外，当前对于行动者网络理论的应用研究领域不断拓展，文献篇数明显增多，体现了行动者网络理论的生命力和解释力。但由于研究者大多把 ANT 当作一个黑箱和"完成式"的理论来使用，在应用中较少对理论本身进行深入讨论，也很少对理论进行必要的延伸和发展。

在稍后几章，本研究将结合具体案例，在应用行动者网络理论的同时，尝试对该理论本身展开进一步的讨论。

第3章 超级稻技术研发和成果转化

技术研发和技术成果转化是技术扩散的重要组成部分。超级稻技术的社会扩散以超级稻品种的成功研发和成果转化为前提。本章以超级稻品种"桂两优2号"为案例，从行动者网络理论的视角，结合超级稻审定和确认的一般流程，对超级稻技术的研发和成果转化过程进行考察分析。

3.1 "桂两优2号"超级稻概况

"桂两优2号"是广西农业科学院水稻研究所历时15年成功培育的水稻超高产品种。该品种具有产量高等突出优势，适宜桂南稻作区作早、晚稻，桂中、桂北稻作区作一季早稻或中稻种植。2008年通过广西壮族自治区农作物品种审定，2010年通过国家超级稻品种认定，是广西壮族自治区首个超级稻品种（董文锋、邓立国，2010）。

"桂两优2号"标志着广西水稻育种事业的重大突破。2012年，广西农业科学院与企业开展成果转化合作，由广西兆和种业有限公司（以下简称"兆和公司"）一次性买断"桂两优2号"知识产权，当年推广种植面积就达到了100万亩，比广西农业科学院自身三年的推广面积总和还多（贺根生，2013）。至2013年，"桂两优2号"在广西已经建立9个百亩连片示范点，累计示范面积达5800多亩，亩均产量650.6～717.8公斤，辐射示范面积165万亩；自2008年以来，累计新增总产值11.18亿元，为广西的粮食安全作出了重要贡献（戴高兴等，2015）。除了广西，"桂两优2号"还被推广到江西、湖南、海南、贵州等地种植（陈江，2013）。

"桂两优2号"作为案例研究的价值，还在于它形成了一种研发及成果转化模式。这种模式被称为"兆和模式"。其内涵是："政府部门搭台、种子企业与科研单位唱主角"的"政科企"合作模式（广西壮族自治区种子管理局，2014）❶。本章将从行动者网络的视角对这种模式进行考察分析。

3.2 超级稻技术扩散的一般议程

3.2.1 超级稻扩散规定环节

根据《中华人民共和国种子法》（2013 年修订）、《农作物种子生产经营许可管理办法》（2011 年）、《主要农作物品种审定办法》（2013 年）、《超级稻品种确认办法》（2008 年）相关规定，超级稻品种从选育成功到技术推广需要经过以下环节和流程（见图 3.1）。

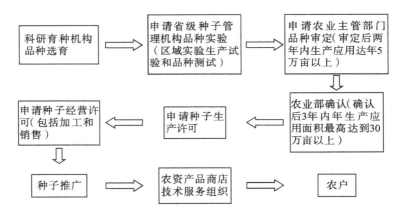

图 3.1　超级稻品种从选育到技术推广流程图

（资料来源：作者根据有关资料绘制。）

对上述流程需要说明的是，根据《中华人民共和国种子法》第 15 条，"主要农作物品种和主要林木品种在推广前应当通过国家级或者省级审定"，以及第 21 条"应当审定的农作物品种未经审定的，不得发布广告、推广、销售"的规定，水稻种子经省级审定以后就可以开展品种推广，但

---

❶　广西壮族自治区种子管理局调研组．"兆和模式"的启示——广西政科企联合发展现代种业案例分析［J］．农村改革要情，2014（4）．

不能以"超级稻"的名义推广。而获得"超级稻"名称须按照农业部《超级稻品种确认办法》的规定程序进行确认。因为本研究是针对超级稻的研究，因此把确认环节纳入一般流程。

3.2.2 超级稻扩散行动者网络的演进

从流程图可以看出，各个环节的事件参与者都将在超级稻的扩散过程中发挥作用。从行动者网络理论的视角看，这一技术扩散活动是由政府、科研机构、企业、科学家、技术推广员、农户、农资商店、超级稻本身等众多行动者，共同组成工作网络的结果。鉴于行动者数量、种类较多，而且超级稻扩散的不同时期行动者又有所不同。根据"跟随行动者"的研究思路，依据上述流程，分别建立超级稻技术研发行动者网络、超级稻技术成果转化行动者网络和超级稻技术推广行动者网络❶，从而形成超级稻技术扩散不同时期的演进示意图。

从图3.2可以看到，在超级稻技术扩散行动者网络的演进中，同样一个"政府"身份，其具体的行动者实际上并不相同。如在研发行动者网络中，"政府"行动者可能是分管农业科研的农业厅，也可能是科研项目审批的科技厅，或者是农业行政主管部门设立的农作物品种审定委员会；农业科学家主要是从事培育研发和进行品种实验的行动者，而这时期的超级稻只是一个科研项目和科研对象。在技术成果转化行动者网络中，政府行动者的角色更多的是为科研机构和企业合作提供指导、协调，农业科学家则变成了一个拥有技术商品的谈判者，种子企业作为新的行动者加入，担当技术商品买受人的角色，超级稻在这个网络里是一个被动的知识商品的角色。在技术推广行动者网络，政府的职责更多是指导和帮助技术的扩散；农业科学家走向农田是为了技术培训和辅导，或者是为了获得技术成果的情况反馈；超级稻变身为面向农户的技术产品，以农资商品的形式和化肥、农药等一起在农资商店列售。

---

❶ 如前所述，在本研究中，"推广"和"扩散"并不作实质的区别。这里"超级稻技术推广行动者网络"是指超级稻技术成果转化以后到大规模市场应用这一特殊的阶段或过程。这一使用主要是为了与"超级稻技术扩散行动者网络"中的"扩散"作形式上的区别，同时也符合农业政策文件中的习惯说法。

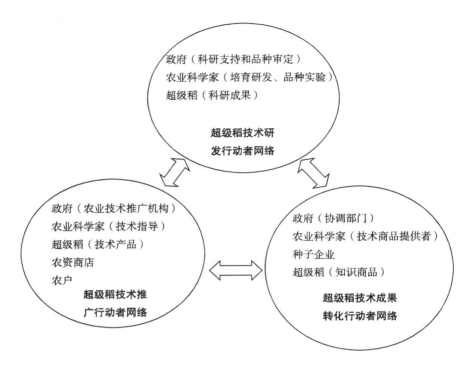

政府（科研支持和品种审定）
农业科学家（培育研发、品种实验）
超级稻（科研成果）

超级稻技术研
发行动者网络

政府（农业技术推广机构）
农业科学家（技术指导）
超级稻（技术产品）
农资商店
农户
超级稻技术推
广行动者网络

政府（协调部门）
农业科学家（技术商品提供者）
种子企业
超级稻（知识商品）

超级稻技术成果
转化行动者网络

图 3.2　超级稻技术扩散不同时期行动者网络的演进

3.2.3　超级稻扩散过程中知识的"转译"

行动者网络的组建依赖于"转译"的实现。关于"转译"（translation），卡龙在他那篇著名的"渔民和扇贝"❶论文中，其主标题就是"转译社会学的基本原理"，从而说明"转译"在行动者网络理论中的核心地位。为什么用"转译"这个词？卡龙（Callon，1986）[68]解释说，"转译"这个词，用以协商和限定行动者的身份、互相作用的可能性以及努力的界限。

在超级稻扩散的过程中，尽管某些行动者的身份、形式和状态有所变化，但主要行动者一直贯穿始终，使得本研究"追随行动者"的研究能够

---

　❶　Some Elements Sociology of Translation：Domestication of the Scallops and the Fishermen of S. Brieuc Bay.

实现。超级稻技术是负载在超级稻之上的，离开超级稻实体，就难以讨论农业技术的扩散。从图3.3可以看到，在超级稻扩散的行动者网络演进中，超级稻最先表现为科研成果；随着技术成果转化，超级稻就表现为技术商品；而到了农户面前，超级稻就是以种子形式表现的生产资料。对于科学社会学来说，本研究更关心这三种表现形式背后的技术知识变化。作为科研成果，超级稻凝聚和代表了农业科学家的专业化的技术知识，当然这些技术知识的产生和获得是以大量的试验为基础的。在技术成果转化阶段，专业化的技术知识在种子公司变成了可交易的知识产权，农业科学家的专业化培育过程成为"黑箱"，相关栽培技术变成各类文字和符号表示的"技术手册"，而这些手册上的技术要点，则又需要转换成农户在真实环境中应用的技术知识。这中间除了招募"行动者"组建行动者网络的复杂过程，其中的技术知识在演进中也经历着一系列的转译。

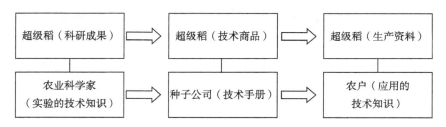

图3.3 超级稻扩散不同时期技术的"转译"过程

3.3 超级稻研发行动者网络的组建

如本章第一节内容所示，"桂两优2号"是广西壮族自治区首个通过国家认定的超级稻品种，其培育单位是广西农业科学院水稻研究所。那么，广西农业科学院水稻研究所启动这一科研项目的背景和过程是怎样的呢？

3.3.1 为什么要培育本土超级稻？

C1研究员是曾经留学于荷兰的农业科学家，也是"桂两优2号"科研团队的负责人之一。他认为广西农科院水稻所之所以培育本土超级稻，主要是因为从外省引进的超级稻品种不适应广西的生态气候条件。

广西地形比较复杂，小气候环境众多，虽属于华南稻区，又可以分为桂北稻作区、桂南稻作区，还有桂西稻作区、高寒地带稻作区。一开始，我们也是引进全国各地的超级稻来种植，进行推广。结果发现，很多在长江以北的超级稻引进来以后，生长期缩短了，产量也不稳，不适合广西的特殊情况。于是我们就想，选育出一个生长期适合于广西大部分地区的一个品种。这个品种首先产量要达到720公斤（亩均），第二个是生育期，需要125～128天。（访谈记录，C1）

广西农科院水稻所几位科学家联合开展的一项研究也指出，广西地处华南稻作区，气候条件复杂，生态类型多样，另有台风、暴雨等灾害，对水稻品种的适应性要求较高，而从外地引进种植的超级稻品种，往往生长期偏长，超高产潜力难以发挥出来。因此广西急需培育出适宜本地种植的超级稻品种。（戴高兴等，2015）。

除了这一明显而且重要的因素，广西农科院水稻所培育本土超级稻，还具有诸多隐性而又重要的因素。

一是广西作为水稻种植大省，超级稻科研既有市场需求的诱致性因素，也有政府的"政绩"考虑。2004年广西全省早稻播种面积1098.9千公顷，中稻和一季晚稻132.1千公顷，双季晚稻1125千公顷，总计2356千公顷，合3534万亩，居全国第三位。[1] 根据"市场需求诱致技术创新"假说（林毅夫，2005）[152-163]，广西较大的水稻面积规模，一方面促使当地农业科研机构侧重于把研究资源更多地分配到水稻科研；另一方面也促使当地政府部门把超级稻研发情况作为重要的工作内容之一。

二是广西超级稻研究具备雄厚的历史基础和丰富的资源优势。该研究所前身为组建于1957年的广西农科所粮食作物系。在稻种资源研究和创新利用方面，保存有野生稻种质资源1.7万份，占全国的1/4；栽培稻资源1.5万份，占全国1/6；稻种资源数量居全国首位。在杂交水稻优质化育种研究方

---

[1] 根据中国农业年鉴相关数据汇总而成。参见：2004—2008年全国及各省（市、区）粮食及水稻播种面积和产量 [J]. 中国稻米，2010，16（6）：73－75.

面，育成全国三大恢复系之一"桂99"，因此成为国家特等发明奖受奖单位之一，率先在华南稻区育成秋优1025、美优998、百优838等米质达国标三级、二级、一级优质米标准杂交稻品种11个，在杂交稻优质化育种方面填补了华南稻作区的空白，对我国杂交水稻优质化进程起到了推动作用。❶

三是水稻科研经费持续增长的形势，增强了超级稻研发的工作积极性和动力。1990年以来，特别是1996年国家对超级稻研究项目正式立项以来，水稻科研经费大幅增长，其中应用性研究课题经费涨幅更大。从表3.1可以看出，1990—2005年15年间，水稻科研基础研究课题经费从119.52万元增长到401.64万元，增长3.36倍；应用研究课题经费从466.16万元增长到1587.55万元，增长3.41倍；试验发展研究课题经费从1047.08万元增长到4318.39万元，增长4.12倍；研究与试验发展成果应用经费从280.4万元增长到1393.77万元，增长4.97倍；推广示范与科技服务经费从44.59万元增长到998.54万元，增长2.239倍。在农业科研应用性创新的刺激下，水稻科研机构普遍加强了对超级稻的研究。2005年通过国家审定的第一批超级稻品种只有28个，仅仅4年之后，到2009年，全国已有71个超级稻品种被认定，增长了153%（戴高兴等，2015）。

表3.1　1995—2005年我国水稻科研课题经费增长情况（1990年为不变价）

单位：万元

年份	基础研究	应用研究	试验发展研究	研究与试验发展成果应用	推广示范与科技服务
1990	119.52	466.16	1047.08	280.4	44.59
1995	115.36	661.69	992.14	240.29	190.18
2000	191.46	741.2	2711.27	736.0	312.57
2005	401.64	1587.55	4318.39	1393.77	998.54
2005年比1990年增长率	336%	341%	412%	497%	223.9%

数据来源：展进涛.公共科技投资、知识产权与水稻产业发展［M］.北京：经济管理出版社，2014：78；引入时根据需要进行了计算和调整。

---

❶ 广西农科院水稻所简介，http：//www.gxaas.net/shuidao/SchoolPage.aspx？Item=1.

3.3.2 超级稻研发行动者网络的组建

那么，如何动员和组织众多的行动者一起开展工作呢？据调研，"领导小组"发挥着重要的作用。

> 制定了这样的一个育种目标以后，首先成立了领导小组，这个因为有"公关"方面的需要。然后，我们建了一个育种团队，在这里面每个人的分工有所不同。有搞制种研究的，有搞栽培技术研究的，有试验研究的。我主要是搞栽培技术研究的，研究在什么样的生态区中栽培技术是怎样的。这跟平时的工作是一样的。总的技术路线由团队主持人在宏观层面上考虑，团队其他成员要配合主持人。从1996年开始，专家们根据育种目标，分析各自手头上的材料基础，不断地筛选育种材料，比如有的育种材料产量比较高，有的抗性比较好，有的米质比较好，然后把它们不断地配对测试。这种育种技术路线在全国都是一样的。差不多10年，我们作出来这样一个品种。这似乎是偶然的，其实偶然中有必然。2006年，我们开始按照品种审定要求，进行百亩连片的示范种植。经过两年在不同地点的这样的连片示范，我们通过了自治区审定，然后进行大面积的推广，每年的推广面积在30万亩。实际上，这个超级稻推广到农民手上，平均的产量达不到720公斤；但是比一般的杂交稻品种增产25公斤以上。（访谈记录，C1）

在C1研究员看来，这一行动者网络的组建是一个自然过程，"跟平时的工作一样"，所以他的叙述近乎轻描淡写。但是，在他不经意的叙述中，依然可以梳理出这一行动者网络组建的关键特征。

首先，存在一批具有共同兴趣的异质行动者。农业科学家在网络中的位置极其重要。尽管行动者网络理论要求对称地看待各类行动者，包括人与非人行动者，但是拉图尔（Latour，1987）[259]也不得不指出："科学家和工程师会以塑造和招募进来（shaped and enroll）的新盟友（new allies）的名义说话（speak）。"无论出于何种目的，农业科学家事实上起到了发起者的作用。本研究中把发挥这种作用的行动者称之为发起行动者。当然，政府科研部门在科学家研究选题方面可以起到方向性的引导，或者起到发起行动者的作用，不过在"桂两优2号"超级稻的案例中，是农业科学家首先敏锐地发现了这个科研项目的必要性和可能性，而且这个项目一开始也没有得到政府经费的支持。相对于发起行动者，政府是一个跟随行动者，因为政府具备保障粮食安全的职责，他们很容易对农业科学家启动的超级稻科研计划发生兴趣。在政府行动者看来，"科学是有用的"，因而他们愿意在科学研究方面不断加大投入（Resnik，2015）。至于超级稻，按照育种负责人之一 C1 研究员的说法，一直以来育种材料本身就存放在育种专家各自的实验室里，它们要实现自己的价值就要与科学家结盟，把它们蕴含的产量、抗性、米质和生长期特性表现出来，符合科研目标设定的产量和生育期等指标。因为育种材料有几百种，育种专家就要考虑"招募"（enroll）哪些育种材料进入自己的研究。后来的事实证明，经历了繁杂的测试和选育过程，2003 年由育种材料"桂科－2S"与"桂恢582"结合产下的优秀后代，才具备株叶型好、穗大粒多、结实率高等明显优势，并由此被命名为"桂两优2号"。

其次，建立有效的转译机制。作为发起行动者的农业科学家，当然这里主要指育种团队负责人，在水稻所的文件里，他们同时也是超级稻科研项目领导小组的成员。这个时候，他们不再是育种项目的"局内人"（insider），而要站在自己的实验室之外，清点同盟和资源（Latour，1987）[162]，招募尽可能多的行动者共同完成工作目标。对于育种专家来说，"育种"就是他们"平时的工作"，加入新的网络对他们不会造成不方便和利益损失；同时，新的育种目标和技术路线是技术权威提供的，其成功的可能性更大，因此能够加入这个研发网络一般被视为荣耀。在实际工作中，招募育种专家没有遇到什么困难，而且全所从事水稻育种研究的专家都参加了科研团队。对于育种材料来说，作为行动者网络理论视野中的行动者，它的能动性在于自己能否把自身的产量、抗性等性状表达出来，在和科学家联盟的关系上，无疑科学家的主动权更大。至少，在某一性状表现区别不明显的情况下，科学家可以在几个或十几个育种材料中随机选择"盟友"。对于政府部门来说，当地最权威的农业科研机构（农业科学院）致力于从事的新科研项目，一般都会引起他们的兴趣。在全国超级稻科研几乎遍地开花的情形下，广西作为水稻种植大省，尚没有培育出一个国家认定的超级稻品种，这不仅影响到外地超级稻在本区域推广的适用性，同时还影响了地方政府的形象。但是，超级稻的研发具有不确定性，政府对此也没有更大的信心，然而这不妨碍他们愿意作为网络中的行动者，进入超级稻研发领导小组的名单，并在动员会上做一些鼓励性的讲话。这也是许多政府部门通常的做法。

最后，行动者的联合与组网。在上述分析基础之上，"桂两优2号"（那个时候还没有这个名称）研发的行动者网络就建立起来了。这是一个有着两个层次的行动者网络（见图3.4）。

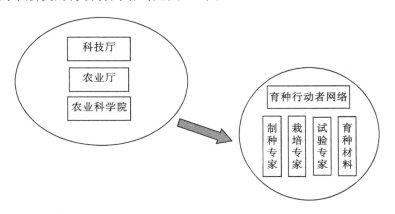

图3.4　两个层面的超级稻技术研发行动者网络

依据图3.4，从宏观上看，代表农业科学家的农业科学院、农业厅、科技厅等行动者，以"超级稻研发领导小组"的新联盟的名义，依靠文件规定和行政组织联结的方式组建行动者网络。从微观上看，在农业科学院内部，还存在着一个由不同专业的农业科学家、超级稻组成的以科研共同体为表现形式的育种行动者网络。这个行动者网络以团队负责人为关键行动者，以科研共同体的信念维系，以学术组织结构的方式，使得行动者之间相互联结。这种宏观和微观的行动者网络是一个更全面视野的超级稻技术研发行动者网络。

3.4　超级稻技术成果转化的实现

本节主要讨论超级稻技术研发成功以后，如何经过技术成果转化走向市场的过程。在行动者网络理论视野下，这一过程也体现了异质行动者联合组建行动者网络的特点。

3.4.1 行动者及其关系分析

农业科学家是科研成果的拥有者，因而理当是技术成果转化网络的行动者。如果从行动者的积极性高低判断，农业科学家可以称之为组建网络的积极行动者。然而，"桂两优2号"是集体性科研成果，不可能让每一个参与育种的专家都去从事技术成果转化的谈判，在这种情况下，学术权威兼团队负责人的D研究员就成为育种团队的代表。在此需要补充一点，育种团队参与技术成果转化行动者网络，之所以具有较高的积极性，还有一个原因，那就是他们曾经把这个成果交给水稻所自己的农业公司进行推广，结果效果十分不理想（详见后文）。

兆和公司是一家集水稻、玉米、花生农作物新品种选育、生产、经营为一体的农业科技企业。该公司创建于2007年，在"桂两优2号"技术成果转化的2012年，公司刚刚成立四年多，整体实力并不强。公司急于需要一个发展的契机和业务突破口。因此，兆和公司在超级稻技术成果转化行动者网络中，也是积极行动者的角色。

处于这个阶段的超级稻是技术成果，是科学家寄予希望的知识商品，也是种子企业渴望获得的对象。对于超级稻来说，与科学家的结盟似乎已经到了要分开的时机，下一步是与哪个种子企业结盟的问题。《超级稻品种确认办法》（2008）规定，对确认为农业部超级稻的品种，如果品种确认后3年内年生产应用面积最高不到30万亩，则不再冠名"超级稻"。对于"桂两优2号"来说，15年的艰苦研发历程，它的代理人育种科学家绝对不希望出现这样的结果。

此时的政府行动者，也对"桂两优2号"的技术成果转化具有浓厚的兴趣。一是确定性的技术成果对政府的政绩有帮助。因为超级稻研发已经取得了确定性的成果，这无论对增加区域粮食生产保障，还是填补本省科研空白，都是一项显著的成绩；而这些成绩自然可以记录在"政府"的名下。二是促进技术成果转化是政府的职责。在这种情况下，科研机构急于转让技术成果，兆和公司急于购买技术成果，这一技术转化几乎是水到渠成的事情，而没有任何"拉郎配"的嫌疑，相反，这将是政府工作的一项新突破和新亮点。因此，政府对此保持较高的积极性。

关于技术成果转化与技术推广，全国农业技术推广服务中心的 A1 专家认为：

> 中国当前的农技推广主流是政府主导的公益性模式，而像超级稻的推广更多是以企业为主的市场推广模式。政府主导的公益性推广模式，像土壤保护、测土配方、绿色技术，主要是公益性的，企业参与无利可图，就要靠政府组织的农技推广体系来完成。社会力量主导的市场推广模式，像超级稻推广，主要是走市场机制，依靠良种企业，特别是像隆平高科这样的大企业推动。实践中证实，企业为主的推广模式在现实中很受农户欢迎，效果也非常明显。这也是比较成功的方法。（访谈记录，A1）

超级稻推广应该走市场化模式，这是专家的观点。然而，基于调研获取的事实以及上述对超级稻技术成果转化主要行动者的分析，实际上，科学家、种业公司、政府部门、超级稻等行动者出于各自兴趣或利益，已经组成了超级稻技术成果转化的行动者网络（见图3.5）。

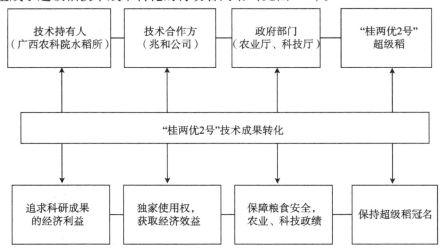

图3.5 "桂两优2号"技术成果转化中的主要行动者及其关系

从图 3.5 可以看出，"桂两优 2 号"技术成果转化过程仅仅有企业在市场机制下推动是不够的，还需要政府、科研机构、超级稻自身等多方面行动者的参与。从模式上看，这种参与也不仅仅是公益性模式或市场模式所能涵盖的，而是一个混合了公益性和市场机制的更加复杂的模式。

3.4.2 多层次内容的转译策略

转译机制是组建行动者网络的核心议题。在经典的行动者网络理论中，卡龙和拉图尔在各自的研究中都构建了一套行动者的转译机制。卡龙提出的转译机制，其核心在于假设一个强制通行点（OPP）的存在，即行动者要解决自己的问题，达成自己的目标，没有别的通道可走，他们必须加入联盟（Callon，1986）[170]。拉图尔承认"强制通行点"的存在，但他在转译兴趣或利益方面构建了自己的一套转译模型。这个过程共分五步：第一，"我想要的正如你想要的"（I want what you want），这是在了解行动者兴趣或利益之后采取的"迎合"（catering）策略，促使行动者的兴趣或利益在"同一个方向上运动"（moving in the same direction）。第二，"我想要它，为什么你不"（I want it，why don't you）？在行动者通常的道路被切断或堵塞的时候，这种转译就比较有效。第三，"如果只需要您稍微迂回一下"（If you just make a short detour）。当行动者不可能直接达到目标时，被告知加入联盟将是最好的捷径。这种办法很有吸引力，但是要满足三个条件：通行的道路显然被切断了，新的道路有比较好的路标，这段迂回不算太长。第四，"重组目标和兴趣"（reshuffling interests and goals），更多时候，行动者并没有明确的兴趣和利益目标，需要帮助他们"发明新目标"（inventing new goals），"构建新群组"（inventing new groups），"赢得责任的考验"（winning trials of attribution）。第五，"变得不可或缺"（becoming indispensable），经过以上战术，竞争者（如前面分析，本研究使用了"发起行动者"新的词语）已经有了大量的回旋余地，此时，他们已经处在一个特殊的位置，其他人将自愿地借用他们的观点，购买他们的产品，参与到科学事实的建构和传播当中（Latour，1987）[108-120]。本研究认为，拉图尔的转译机制是一个跨越时间的过程性转译，而且是一个一般过程的转译。也就是说，本转译描述的五个步骤或策略中，只要有一个产生决定性作用，将可以直接进入第五个步骤或策略。

纵观卡龙和拉图尔的转译机制，他们虽然对转译的策略机制进行了比较细致的分析，但是在转译的内容方面，均采用了"interests"这样整体性的表述。在实际的转译过程中，一个"interests"似乎还难以涵盖它本应涵盖的丰富意义。拉图尔指出，让人们离开他们自己的道路而跟随你，这是个好想法，但好像并不存在这样的理由（Latour，1987）[111]。这说明兴趣是重要的，但仅仅有兴趣，还不能使行动者真正加入联盟中来。正如一个顾客虽然对超市中的许多商品都饶有兴趣，最后却只购买了其中一部分。这其中可能涉及品牌因素、价格因素、款式因素、是否送货、维修政策以及文化价值等。促销员在超市中是一个转译者的角色。他们要想办法创造顾客的需求，把顾客吸引到他们的柜台，介绍该商品可能带来的好处，甚至与环保、智能等消费前沿观念联系起来，从兴趣、利益、手段、文化等多方面招募消费者，构建商品扩散的行动者网络。由此可见，在行动者网络组建的"转译"实践中，转译的内容不仅仅只有"兴趣"层面，应该还有利益、手段和文化的层面。

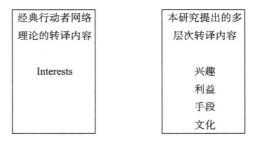

经典行动者网络
理论的转译内容

Interests

本研究提出的多
层次转译内容

兴趣
利益
手段
文化

图3.6　行动者网络组建的多层次转译内容

如图3.6所示，在转译内容上，经典的行动者网络理论采用了Interests的表达；而在超级稻技术扩散的现实调研中，行动者网络组建其实反映了多层面内容的转译。这几个层面的转译，严格来说并没有高低之分和轻重之别，因为在实践中，往往只需成功转译了一个层面，就可能顺利招募到一个行动者。行动者对于每个层面转译的态度，因人因事因时而变。比如，有的行动者更关注兴趣体验，只要有兴趣，对于利益、手段、文化可能就考虑较少；有的行动者则关注利益，对于手段、文化很少考虑等。但是，在更一般的意义上，行动者可能会对兴趣、利益、手段、文化进行综合权衡，达成这四个层面的转译，才能更好地构建行动者网络。

3.4.3　技术转化行动者网络的组建

基于上述分析，本小节将从多层次内容的转译途径来讨论超级稻技术转化行动者网络的组建。

首先，对发起行动者农业科学家进行分析。在这里，团队负责人有一个对参与育种科学家的多层次内容转译，这个转译将构成以 D 研究员为代表的育种科学家的目标和意愿。

> 在"桂两优 2 号"的研发方面，单这一个品种没有专门的奖励和经费支持。不过，通过认定以后，有一个（自治区）主席的科技资金项目，200 万，是给这个品种的中试，包括对这个品种的进一步完善，对栽培技术的完善，还有对社会的推广。（访谈记录，C1）

默顿（2003）[600]在谈到科学的奖励系统时，指出科学奖励要达到两个效果，一是使被承认者受益，二是要对其他人产生可能有益的影响。对于广西农业科学院水稻研究所的农业科学家而言，他们的科研过程已经形成了 10 篇以上的论文，他们的科研成果也已经获得广西壮族自治区有关部门审定和国家农业部门的"超级稻"认定，在学术界和社会界已经获得了很好的承认。但是，默顿所说的"承认受益"不仅仅是学术认同和社会荣誉，其中还包括经济利益回报。特别是在知识经济社会中，由于知识产业化、资本化的利益凸显，知识生产的目标就相应地变为追求知识的商业价值，这促使科研机构更多地偏向于应用研究；再者，以经济贡献大小作为"指挥棒"的思维在知识生产领域的考评中仍占主要地位，这促使科研机构会尽快地处理自己的技术成果（刘磊，2015b）。

广西农业科学院水稻研究所的农业科学家虽然获得了学术承认和社会承认，他们接下来就要求经济利益的承认。处于市场经济中的他们更加急切地要获得知识开发的经济效益。

农科院原来也有自己的经营性公司，叫作稻丰园公司，但是后面体制改革，又不允许他们自己设立公司了。于是，他们又和这个兆和公司进行合作。兆和公司正好也看上了（桂两优 2 号）这个品种，当时就采用 200 万元❶买断的方式独占经营推广这个品种。（访谈记录，B2）

实际上，"桂两优 2 号"一开始推广的时候，"稻丰园公司"是存在的，而且水稻所一开始也是把"桂两优 2 号"的推广经营权交给了自己的公司。

"桂两优 2 号"研发团队负责人之一 C1 研究员说：

我们一开始，也是把"桂两优 2 号"交给我们原来自己的公司推广。但是，作为科研院所又要搞科研，又要搞推广，就不如这个专业搞推广的力量强大。我们看到这个情况，就主动邀请企业，就想着采取什么样的模式，能把这个品种在它有限的生命周期内，发挥最大的作用。于是我们就把这个品种的独家使用权，转让给兆和公司。事实上，确实是这样。我们不是专业搞市场推广的，市场所需要的渠道优势、资金优势、管理优势，我们都不具备；而这些，兆和公司具备。当然，关键还是他们的营销手段厉害。（访谈记录，C1）

访谈中，C1 研究员没有把稻丰园公司与兆和公司推广"桂两优 2 号"的效果进行量化的比较。对于这一点，2013 年广西农科院一位水稻所副所长在公开场合承认：

科研院所搞科研擅长，在种子销售、推广方面却比不上专业的企业。2009—2011 年，"桂两优 2 号"3 年的推广面积只有 100 万亩，而 2012 年与广西兆和种业公司合作后，当年种植面积就达到 100 万亩。（贺根生，2013）

---

❶ 经询水稻所方面，确认"桂两优 2 号"转让费实际上为 150 万元，另有一个常规稻种 50 万元，协议总价 200 万元。（访谈记录，C2）

把自己研发的新品种交给自己的公司推广，这似乎是通常的做法。但可能是因为工作方式、工作思维、工作体制的问题，稻丰园公司推广效果不理想。现在，按照拉图尔所说，通往目标的道路被切断和堵塞了。这时候农业科学家被告知，现在需要"迂回一下"（make a short detour），而迂回的方式就是找兆和公司合作。在农业科学家的转译方面，兴趣来自每个科学家对于经济利益的诉求；而利益层面就是科企合作能够直接变为现实的经费；至于实现的手段，科学家自然明白技术成果转化的魅力，只是他们希望时间更短、卖价更高；在文化层面上，处于知识经济社会之中的农业科学家认为这是他们当然的报酬，而且不违背新时期知识分子的信念。事实证明，在后来的合作谈判中，兆和公司通过一次性买断的方式付给水稻所150万元，对水稻所的科学家来说，这个"迂回"是必要的，而且是一条捷径。

其次，对"桂两优2号"超级稻这个"非人行动者"进行分析。"桂两优2号"此时是个"有身份"的超级稻。其一，它是通过广西壮族自治区审定、通过国家认定，可以作为示范推广的超级稻品种；其二，也是本研究认为比较重要的一点，它是广西首个超级稻，而广西水稻种植面积曾处于全国第三位。也就是说，"桂两优2号"是一个有着巨大推广空间和潜力的超级稻品种。显而易见，此时的超级稻代理人是水稻所的专家们。"桂两优2号"技术成果虽然被一次性卖出，但是作为科研作品，他们希望自己研发的超级稻有更好地推广成绩，这将对他们下一步的学术研究有正面的促进作用。因此，从兴趣层面上说，超级稻品种的生存意义就在于被推广，越是有实力的公司，越能引起超级稻品种的注意。从利益上来说，土地空间的有限性，使得不同品种超级稻的推广成为争夺土地的竞争。每个超级稻品种都希望成为播种面积最多的那个品种，这不仅能使它稳固地占据国家超级稻认定的榜单，也能为其代理人带来实际的利益。从手段上来说，技术成果转化意味着超级稻技术从科研部门转入企业部门，这种转译可以是合作，也可以是买断，还可以是部分转让，但无论哪种方式，似乎都可以接受。至于文化层面，任何事物都有其价值，就像C1研究员访谈中所说："让这个品种，在有限的生命周期内发挥最大的作用。"

再次，对兆和公司进行分析。兆和公司2007年成立，当时注册资本

520 万元，历经五年的发展，至 2012 年，公司增资注册资本 3000 万元，已经拥有一批下属农业科技公司、品种资源研究所、育种研发中心、繁育中心、抗性鉴定基地等，获得了广西壮族自治区农业厅核发的主要农作物种子生产和经营许可，被认定为"南宁市农业产业化重点龙头企业""广西壮族自治区农业良种培育中心单位"，与广西农业科学院玉米研究所、福建农林大学建立了战略合作关系。在与广西农业科学院玉米研究所的合作中，兆和公司得到了快速的发展。开发新的水稻品种成为兆和公司发展的下一个突破口。而单靠他们自己研发又难以达成目标。

"桂两优 2 号"超级稻品种作为广西的第一个超级稻，起到一个带头的作用。这是我们的合作背景。这个品种是广西农科院最先进的成果，我们公司也比较看好，所以，我们就主动找了育种机构，就和他们谈，作为一个品种的开发，我们作为独家的推广。通过洽谈，我们通过买断的形式，来进行这个品种的推广。（访谈记录，D1）

兆和公司负责人的说法，证实了公司对"桂两优 2 号"具有很大的兴趣，以及对这一品种带来的利益前景比较"看好"。从手段上说，广西一家同类的 XY 种业公司的某经理认为，这种买断推广的方式有垄断的嫌疑。他说：

这种（从国家科研机构买断技术成果）做法不是市场做法。虽然没有证据，但是我们想这里面肯定会有一些问题。我们公司也和科研机构合作，但是我们和他们不一样。我们是，你作出来东西，我们来进行市场操作。他们没有这种招标，而是直接买断的，而且有可能本来市值 100 万，有可能象征性的一些钱就给了。科研机构拿的是国家财政给的钱进行研究，然后就低价给这个企业。企业和当地的政府捆绑起来强力的推广，这个是他们最厉害的地方。这样，凭借着政府拨下来的补贴，甚至县里面就把这个补贴钱拿出来直接政府采购，那样的话，就相当于把这个事情垄断了。（访谈记录，D2）

兆和公司不认同这种说法。他们认为，公司的做法只是在合理地规避风险，是正常的商业模式。

> 这不是一种垄断。因为如果是有几个人都在做，利益上就得不到保障，以至于大家都不愿意做。所以不如交给一家更专心更专注去做，也能够做得好。（访谈记录，D1）

但无论如何，正是因为有较好的预期经济利益，才促使兆和公司愿意直接买断"桂两优2号"的培育成果。这一预期利益来自广西庞大的稻种市场需求，以及农民需要年年购买种子，公司可以持续赢利的杂交稻生产模式。这也可以解释，为什么同样被农业部冠名"超级稻"的常规稻品种，虽然在产量上并不明显输于杂交稻，在抗性、品质方面甚至优于杂交稻，但是却没有企业愿意推广的原因（吴泽鹏，2015）。常规稻可以留种作为下一季或来年的稻种，这对于农户是福音，但对于种子企业却成为最大的劣势。

从文化和技术上说，兆和公司本身是农业科技公司，在此之前也拥有自己的育种中心和育种团队，既然水稻所C1研究员所说"育种技术路线是一样的"，那么获得育种材料"桂科-2S"与"桂恢582"，就可以按照常规育种程序得到"桂两优2号"。当然，也正如H董事长所说，兆和公司所需要的不仅是育种材料，更重要的是"桂两优2号"的独家经营权，而且这也契合公司发展的经营理念和追求。

最后，对政府行动者进行分析。如前所述，科研机构（科学家）行动者和企业行动者双方已经具有强烈的合作意愿，政府行动者所做的就是顺理成章的引导和见证。这一不存在任何"拉郎配"的举措，省去了夹在科研机构和企业之间的"转译"努力，而加入这一网络更可以确定性地增加政府行动者的工作成绩。促进技术转化是政绩，加快超级稻推广是政绩，保障粮食安全是政绩。政府对于能够增加政绩的工作具有较高的兴趣，这一点毋庸置疑。从利益上说，政绩的良好将直接增加政府工作报告的亮点，提升上级部门对当地政府工作考核的满意度；作为政府的代表，相关负责人将可能因此升职，进入更高的管理职位。从手段上说，政府加入技术转化的行动者网络，象征意义更大，一般是出席协议签订仪式、发表讲话，相当于为科研机构和企业的合作进行权威见证和背书。从文化上说，政府工作需要一定的创新表现，在"产学研"合作在社会上已经趋于常态化和常识化的情况下，"政科企"合作模式正好可以成为工作创新的新内容。同样，对于科研机构和企业来说，有政府的"莅临"，不仅提高了活动的层次和权威感，而且"政科企"合作模式也将成为科研机构和企业开展新工作的基础与背景。比如，兆和公司的 D1 董事长承认：

> "政科企"合作模式的优势在于，我们会得到一些新的成果；政府作为推手，有利于加快成果转化，增加影响力。兆和成功的秘诀得益于"兆和模式"，就是这种由政府部门搭台、种子企业与科研单位唱主角的"政科企"合作模式。（访谈记录 D1）

"广西壮族自治区种子管理局调研组"在《"兆和模式"的启示——广西政科企联合发展现代种业案例分析》❶ 报告中，具体分析了这个模式的多方面优势：

> （一）有利于科研机构取长补短，专注提升自身科研能力；
> ......
> （二）有利于种子企业优化资源配置，增强自身综合实力；
> ......
> （三）有利于促进种业科技创新，推动广西现代农业加快发展。
> ......
> 加快推广"兆和模式"，将会促进更多种子企业走上科企合作、协同创新的道路，推动培育出更多的"桂系品种"，为广西现代农业发展提供更有力的支撑。
> ......

---

❶ 广西壮族自治区种子管理局调研组．"兆和模式"的启示——广西政科企联合发展现代种业案例分析［J］．农村改革要情，2014（4）：1－14.

总之，"政科企"合作模式实现了多方共赢。在这一模式中，超级稻技术成果转化行动者网络从兴趣、利益、手段、文化多个层次内容进行了转译。事实证明这一转译是成功的。2014年5月，这种工作模式被广西壮族自治区农业工作领导小组办公室上报到中央农村工作领导小组办公室、农业部等，得到了很好的社会效果。

3.5 超级稻研发过程中的知识与权力

本节将讨论在超级稻技术研发过程中，知识与权力关系对行动者能力的影响和重塑。

3.5.1 知识与权力关系的论述

人类对于知识与权力的认识是不断发展的、深入的。爱丁堡学派的科学知识社会学家如巴恩斯（2004）等，把知识带入了社会学领域，认为知识是一种与惯例相互联系在一起的社会过程。野中郁次郎等（2006）则提出企业创新的本质是创造知识的观念。本研究中的"知识"主要是指一般意义上的科学知识。在对权力的认识方面，马克斯·韦伯关于"权力"的经典定义是，"一个或若干个人在社会生活中即使遇到参与活动的其他人的抵制，仍能有机会实现他们自己的意愿的能力"（金成晓等，2008）。从词源来看，英语中的权力（power）一词源于拉丁语的potestas或potentia，意即能力。在本研究中，"权力"可理解为，一个人或者社会组织为实现目标或利益使用社会资源（包括有形的和无形的）的能力。

对知识与权力关系的研究，实际上是由对科学与社会关系的研究引发的。默顿（2003）[365]在讨论"科学的精神特质"时，提出了科学的四个制度规范，即普遍主义、公有性、无私利性以及有组织的怀疑。这些规范与其说是一种制度，不如说是一种理想。普遍主义正是因为有狭隘主义，公有性正是因为私有倾向，无私利性是因为有私利现象，有组织的怀疑是因为权力会干扰科学研究。尽管这些规范可以在科学家的道德共识中找到，但是，默顿（2003）[364-374]承认，在现实中，科学领域里存在的竞争，会因强调优先权而加剧竞争，而且可能会鼓励一些人在竞争条件下，以不正当的手段打压对手。这说明科学领域并非理想化的净土，而是充斥了复杂的知识与权力关系的场所，即便是科学权威也是知识与权力关系的产物，而且"可能被和正在被盗取，以用于有私利目的"（默顿，2003）[375]。

齐曼（Ziman，2008）[68] 把科学理解为一种知识生产模式（mode of knowledge production）。他认为，默顿的学术研究规范（"CUDOS"）❶ 主要针对学院科学提出，"产业科学"（industial science）时代适用的是归属性的（proprietary）、局部性的（local）、权威性的（authoritarian）、定向性的（commissioned）、专门性的（expert）这一知识生产新模式的规范（"PLACE"）（Ziman，2008）[94]。在对科学规范和知识生产方式的认识上，李正风（2006）[349-353]指出，"实验型"科学知识生产方式与"哲学思辨式""经验试错式"科学知识生产方式相比，需要成本并具有风险，因而使科学知识生产成为一种具有独特价值和目标的、独立的社会劳动，科学家行为规范和科学知识生产动力机制由此也将发生新的变化。刘立（2005）认为，默顿规范与齐曼规范并非直接对立的关系，科学家在学术科学共同体中就必须遵循默顿的 CUDOS，如果在产业科学中就必须服从齐曼的 PLACE；当代科学的精神气质必须在 CUDOS 和 PLACE 之间保持必要的张力。吴彤（2014）提出，后学院科学规范只是一种对于现代科学发展与权力、利益强相关的事实描述，尽管默顿规范有不够合理之处，科学家总体上仍然应该坚守默顿规范，保持学院科学气质。

上述关于科学精神气质和知识生产方式的研究，尽管意见不够统一，其实都表明了科学知识具备着越来越大的改变社会的力量。既然科学知识可以表现为一种社会性产品，那么社会利益必然在科学知识形成的过程中

---

❶ CUDOS，是齐曼对默顿所提的科学的精神气质——公有主义（communalism）、普遍主义（universalism）、无私利性（disinterestedness）、原创性（originality）和怀疑主义（skepticism）的首字母缩写。实际上，在默顿《科学规范的结构》（1942）[365]原文中并没有"原创性"（originality）这一条，当时说明是"四条制度上必需的规范"（norms）；1957 年默顿在《科学发现的优先权》一文中，才进一步提出了"谦恭（humble）的制度规范"（R. K. Merton，2003）[409]（参见：李正风. 科学知识生产方式及其演变［M］. 北京：清华大学出版社，2006：317）；其中虽涉及原创性内容，但并没有明确提出"原创性"规范。齐曼在《真科学》（2008）[42-55]一书中把原创性（originality）列入默顿规范，并根据五个单词的首字母缩写拼为"CUDOS"。而 CUDOS 正好与英文的"荣誉、奖赏"（kudos）形近，因此齐曼说："默顿规范的首字母，清楚地说明了学院科学家把他们的研究成果交流到公共文献中所得到的奖赏。"（Ziman，2008）[55]

发挥重要作用。（齐曼，2008）[197]因此，知识与权力关系进入对科学的讨论是不足为奇的。

约瑟夫·劳斯（2014）[224]从福柯关于身体的新知识和新权力运作方式的讨论开始，他指出，权力的生产性是科学实践的权力观的重要内容。科学实践中的权力不是压制和扭曲作用，而是一种对行动和实践的参与；这里的权力表现为一种运作的地方性或者说去中心化（decentralized）和非主观的品格。在新的知识与权力关系上，他认为，知识可能会产生新的权力，而权力的使用也可以产生知识。他认为，在实验室之内，实验室自身的运作及其实践和物质材料的拓展是受到规范化的规训和限制的，实验室就是一个权力关系的场所；到了实验室之外，"科学实践及其成果也是通过权力关系影响我们可能的行动的"（Rouse，2014）[240]。

然而，拉图尔（1983）在对巴斯德开展病菌试验的论文（Give me a laboratory and I will move the world）中，则认为"没有什么是在实验室之外"，实际上，在炭疽病疫苗扩散开来之前，农场早已经转变成巴斯德实验室的延伸物了。而巴斯德正是因为自己控制炭疽病菌的知识而获得了吸引农民的权力，从而进一步获得了改变法国社会的权力。

对此，约瑟夫·劳斯认为，巴斯德之所以能够在实验室之外的莱福特农场取得实验的成功，关键还在于与农民协商，让他们的动物饲养场变得比以往更干净、更少具有随意性和地方性特质，"巴斯德并非仅仅在不变的社会场景中引入了新物质，他需要彻底改变周围的实践和从事实践的人"（Rouse，2014）[252]。

前人对于知识与权力的论述，从不同侧面揭示出了知识与权力关系对科学事实的建构和对科学实践的重塑。从上文分析案例可以看到，无论个人技能的训练与规范，还是科学家权威的形成，知识与权力的关系在科学实践中是螺旋互动的，而且这种互动是正向的。即更高的权力对于知识的获得有更好的便利性条件，而所获得的更好的知识成果又有利于得到更大的权力。这一知识与权力紧密耦合并螺旋互动发展的现象，可以用图3.7表示。同时，也可以用这个图示解释现实中其他有关的科学实践活动，包括超级稻技术扩散过程中科学家和企业的发展情况。

行动者网络理论的优势是跟随行动者开展研究，它可以追踪行动者能

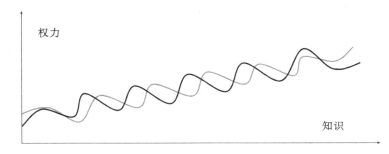

图 3.7　知识与权力关系的螺旋互动

力的动态变化。所谓行动者的能力，本研究中是指行动者调动和运用资源的能力。在超级稻技术研发和技术成果转化的过程中，在知识与权力关系螺旋互动发展的情况下，行动者的能力将如何变化？以下将以科学家行动者和企业行动者为例进行说明。

3.5.2　知识与权力对科学家行动者能力的重塑

行动者网络理论的开创者拉图尔、卡龙等，特别强调在构建网络过程中发起行动者能力"从弱势到强势"（from a weak to a strong position）的变化（Latour，1983），然而在当前应用行动者网络的案例分析中却常常忽略了这一点。行动者能力的变化是一个动态的过程，正如 Teece（1997）对企业分析中所说的"动态能力"（Dynamic Capabilities），行动者（尤其是发起行动者）也要不断更新自身能力，以适应快速变化的环境要求。

知识与权力关系的螺旋互动，反映了科学家行动者能力在这一过程中的变化。科学的职业化和体制化促进了科学知识的生产效率，同时也在科学领域构建了学术研究的官僚制度及其结构。专业知识及其制度性的机构往往赋予科学家、工程师支配下属的广泛权力，并使他们在社会资源的竞争中占据相当大的优势（默顿，2003）[254]。科学家与科学家之间会有职称方面的分层、行政职务上的隶属关系、团队负责人与成员的职责限定，这样在职称、行政级别、团队管理中层次较高的科学家就拥有了对层次较低科学家的指挥权和控制权。而这种权力，有时依照明文规定，有时按照惯例和传统，得到严格的维持。实际上，在科学共同体内部，科学家所受到的严格控制，甚至比其他领域还要突出和严重（默顿，2003）[374]。

在专业科研机构里，知识与权力关系的螺旋互动还可以反映在学术官僚结构的变迁方面。如果一个行动者取得了科学知识的重大成就，会在学术地位和行政管理地位上同时得到晋升。而这种"双地位"的提升也为该行动者提供了作出更多科研成果的可能性。因此，科技精英往往借助优势而加快形成，并在科技人员的地位分层结构中呈现出来，并在分层的各个维度处于优势地位（赵万里、付连峰，2013）。这个也正是默顿所说的科学界的"马太效应"。❶ 然而，默顿指的是在科学界内部的科学承认和科学奖励时会发生这种现象。本研究认为，即便是社会对科学的跨界承认，知识与权力关系的螺旋互动一样会发生。

现在本研究将讨论作为发起行动者的水稻育种专家、D研究员，在组建"桂两优2号"超级稻品种研发行动者网络前后所经历的知识与权力螺旋互动，以及行动者能力的变化。

在启动"桂两优2号"超级稻的研发之时，D研究员刚刚30多岁，虽说有10年育种的工作经历，但此时的他没有博士学位，也没有在水稻研究所担任行政职务。20世纪90年代以后，水稻所时任所长提出超级稻育种设想，D研究员也只是一个主要参加者。随着育种工作的深入，D研究员的科研工作能力得到了突出表现，逐渐成为团队核心人物。2000年被提升为副所长，超级稻育种团队负责人；2003年，"桂两优2号"初步测试育种成功，被提升为所长，2004年12月获研究员职称；2005年"桂两优2号"育种取得成功，被提升为广西农业科学院副院长、党组成员。参与和主持"桂两优2号"超级稻育种以来，先后主持国家科技支撑计划、国家科技成果重点推广、农业部农业科技跨越计划等26个项目的研究；共获得科技成果奖15项；担任的社会职务有：中国作物学会水稻分会副理事长、广西水稻专家组副组长、广西种子协会副理事长。获聘广西壮族自治区人民政府参事（2012.09—2017.09）、广西第一批八桂学者（2011年）。

（本节内容根据广西农业科学院官网介绍及访谈内容整理而成。

---

❶ 这里的"马太效应"是指，非常有名望的科学家更有可能被认定取得了特定的科学贡献，并且这种可能性会不断增加，而对于那些尚未成名的科学家，这种承认就会受到抑制（默顿，2003）[614]。

访谈记录，C2）

上述材料，很好地说明了 D 研究员在超级稻研发行动者网络中的成长以及行动能力的发展壮大，这种过程体现了一种知识与权力关系的螺旋互动。如果我们把 D 研究员从事科学知识探索的时间节点保留下来，就会形成其在探寻知识之路上的一条发展线，当然这条线是曲折螺旋的。同时，我们把 D 研究员担任科研机构职务的各个时间节点也描画一条线，可以得到一条上升的螺旋曲线。现在，把两条线合起来，就可以看到知识与权力关系互动的双螺旋上升曲线。这个曲线能够比较清晰地显示 D 研究员在"桂两优 2 号"超级稻研发过程中行动者能力的显著变化。而这一变化，是知识与权力关系的螺旋互动塑造的。

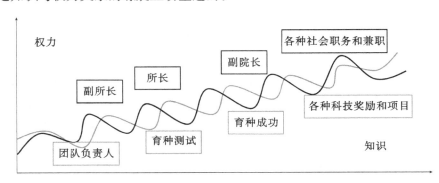

图 3.8　知识与权力关系螺旋互动情况下 D 研究员行动者能力的变化

与此相关联的案例，也发生在"超级稻"内部从事杂交稻研究的科学家群体与从事常规稻研究的科学家群体之间。因为缺乏持续的经济效益，种子企业一般不愿意推广农户可以留种的常规稻，所以，在超级稻科研内部，从事杂交稻"超级稻"科研工作的科学家更容易得到企业和政府的支持，他们的研究项目更容易列入科研重点计划，他们的项目经费更多、研究团队更强大，也因此更容易取得研究成果。而从事常规稻"超级稻"科研工作的科学家，很少得到企业的资助，即便他们作出来成果，也没有几家公司愿意去卖；由此常规稻科研力量逐渐变得薄弱、科研队伍萎缩，只能成为水稻公益性科研的补充。这是知识与权力关系的螺旋互动应用在两类科学家工作上的

验证。❶

3.5.3　知识与权力对企业行动者能力的塑造

在上一小节，本研究较细致地分析了知识与权力关系对科学家行动者能力的重塑。基于上述对知识与权力关系螺旋互动的分析，接下来将介绍在"桂两优2号"的技术成果转化过程中，作为科技型企业"兆和公司"行动者能力的增长情况。也正如前面所述，兆和公司2007年成立时注册资本只不过520万元，是农业市场中的小公司和新公司。即便到2012年，公司增资了注册资本，并拥有了一批下属的农业科技企业和科研机构，并在与广西农业科学院玉米所的合作中收到了很好的经济和社会效益。然而很明显，这个企业在超级稻的研发方面却没有能够取得明显的突破，否则该公司也不会花费150万元购买"桂两优2号"的独家经营权。至少在这一时期，兆和公司在水稻育种的知识上是欠缺的，他们拥有的是为数不多的资本，只是想依靠不多的资本权力获取知识，从而获得更大的资本。那么，事实上如何呢？

从兆和公司的网站上我们可以看到，从2012年买断"桂两优2号"超级稻技术和独家经营权以后，公司不断发展壮大的轨迹。

2013年6月，南宁兆和农业科学研究院成立。

2013年7月，"H两优991"通过农业部第一年超级稻验收。

2013年10月，兆和公司增资注册资本6000万元。

2013年11月，与广西农科院葡萄与葡萄酒研究所、湖北大学签订战略合作协议。

---

❶　这里需要指出的是，发生在科学家身上的知识与权力关系的螺旋互动，并非是无条件的、可以自然而然地发生。如果一个科学家或科学家群体所做的知识成果不被或者尚没有被科研共同体或社会承认，这种知识与权力关系的螺旋互动的机制就无法启动。比如，国内对我国药学家屠呦呦获得诺贝尔奖的讨论，即反映了在科学家的社会实践中，知识与权力关系的互动是需要前提条件的。参见：雷宇. "屠呦呦现象"拷问中国科研评价机制［N］. 中国青年报，2011－09－30；何光喜，石长慧，樊立宏. 屠呦呦获奖与论文考评［N］. 光明日报，2015－12－11；孔德继. 清华教授鲁白：从屠呦呦得奖看院士制度［EB/OL］［2015－10－06］. http：//news. ifeng. com/a/20151006/44785870_0. shtml.

2013 年 12 月，被认定为"广西农业产业化重点龙头企业"。

2014 年 3 月，与农科院甘蔗所签订战略合作协议。

2014 年 6 月，在南宁市明阳工业园区购买 35 亩土地。

2014 年 7 月，"兆两优 7213"通过农业部第一年超级稻验收。

2014 年 10 月，兆和公司增资注册资金 10000 万元。

（摘自：兆和公司官网，http：//www.gxzhzy.com/news/show－179.html）

从兆和公司一年多实现跨越式发展的履历表上，可以看到知识与权力螺旋对科技企业发展的重要性和重塑。从成立自己的研究院、自己研发超级稻品种，到增资注册资本；从与更多的科研机构合作，到购买发展用地，再次增加注册资本，这就是一个"知识—权力—知识—权力—知识"不断螺旋互动和上升膨胀的历程。

除了这一"履历表"，还有一则新闻可以帮助理解兆和公司的成长和行动者能力的变化。

2014 年 11 月，广西六良农业产业协作联盟启动新闻发布会在南宁召开。广西田园生化股份有限公司、广西兆和种业有限公司、广西专家咨询服务协会等 6 家发起单位，共同启动广西六良农业产业协作联盟。通过推动"种子、肥料、农药、农机"等农资企业的横向联合协作，实现"良种、良肥、良药、良法、良品、良心"资源的高效整合。（韦春雨、张宏丽、许秋凤，2014）

新闻显示，兆和公司是唯一的一家种业公司。而"六良农业产业协作联盟"的成立，更像是各类顶级农资企业的集体宣示。据广西种业协会资料显示，广西种业企业不下 100 家，而在此联盟中能够作为唯一的种子企业代表，说明兆和公司已经拥有在更高层次上调动社会资源的行动力，同时也表明兆和公司在加入"桂两优 2 号"超级稻技术成果转化行动者网络以后，其行动能力得到了显著的提升。当然这一提升，不全是加入"桂两优 2 号"技术成果转化行动者网络的功劳。但是，从年均推广 100 万亩

"桂两优2号"的成绩来看，从"政科企"合作模式成为政府推行的"兆和模式"来看，兆和公司的成长与"桂两优2号"超级稻密切相关。因为，社会中各个行动者占有资源（包括知识）的能力和现状总是不均衡的，一个行动者占有资源的多寡决定了他行动能力的大小，而这种能力又将决定他获取资源的效果。既然一些行动者具备利用某种资源实现自己目标的合法能力，那他就可能会使用这种能力。而且在这一过程中，权力与知识的再生产会促使行动者的能力呈现出"马太效应"。

3.6 小结

本章以超级稻品种"桂两优2号"的研发和成果转化为例，结合超级稻认定的规定流程，构建了超级稻研发、技术成果转化、技术推广等行动者网络的演进模型，重点讨论了超级稻研发行动者网络和成果转化行动者网络的组建过程。

培育"桂两优2号"的诱因，既来自国家重视粮食，大力支持超级稻科研的外围形势；也来自外来超级稻品种不适应本土生态环境，广西作为全国第三大水稻播种面积省区却没有本土超级稻品种的现实处境。

在组建超级稻研发行动者网络中，具有育种技术的科学家承担了发起行动者的角色。他们通过建立"领导小组"的形式，把政府、栽培专家、试验专家、制种专家和育种材料等异质行动者组合在一起。从宏观上来看，这是一个政府部门、科研机构等行动者组建的行动者网络；从微观上分析，科研机构内部，还存在着由超级稻育种材料和各专业农业科学家组建的行动者网络。前者是以文件规定的形式进行网络的确认，后者则更多以科研共同体的信念维系，以学术组织结构的方式来开展工作。

在组建超级稻成果转化行动者网络的过程中，无论是农业科学家还是超级稻，以及经营性企业（兆和公司）与政府，尽管各自的兴趣和利益侧重点不同，但"技术成果转化"对于各方都是一个受欢迎的结果。从兴趣、利益、手段和文化多层次转译内容的分析来看，各方目标的指向聚焦使得招募行动者变得极其容易和顺利。后学院科学时期的科学家已经更加明确地追求科学奖励和科学的社会利益，同时知识生产部门以经济贡献大小定输赢的考评，也促使科学家更愿意转让技术成果并追求更高的卖价。对于种子企业来说，它看重的不仅仅是新品种的育种技术，更重要的是"桂两优2号"背后的政府资源以及独家经营权的垄断利润。"桂两优2号"作为新近被认定的超级稻，它要接受"品种确认为超级稻后年生产应用面积"的指标审核，否则将不能出现在"超级稻"的名单中；作为"广西首个超级稻"身份的超级稻，"桂两优2号"比外来超级稻和本地一般杂交水稻更具优越性，它也期待在有实力的企业帮助下，在水稻品种推广的竞争中大显身手。在科研机构（科学家）行动者和企业行动者双方已经具有强烈合作意愿的情况下，政府行动者所做的就是顺理成章的引导和见证。政府对于能够增加政绩的工作具备天然的兴趣，而加入这一网络不仅可以确定性地增加政府行动者的工作成绩，这种网络所带来的"政科企"合作模式正好成为其工作创新的新内容。

本章还讨论了超级稻技术研发和成果转化过程中，知识与权力关系对行动者能力的影响和重塑。从默顿传统的科学社会学，到拉图尔的实验室研究，再到劳斯的科学实践哲学，都强调了知识与权力关系对科学知识生产和社会变迁的影响和重塑。在此基础上，本研究进一步指出，知识与权力的关系在科学实践中是螺旋互动的，知识生产的同时，也在生产权力；更大权力对于知识的获得有更好的便利性条件，而所获得的更好的知识成果又有利于得到更大的权力。文中通过超级稻研发行动者网络中D研究员的成长经历，揭示了这一知识与权力紧密耦合并螺旋互动发展的现象。通过对种子企业的案例考察，本研究发现，这一结论不仅适用于科研领域，同时也适用于解释科技型企业的发展。

本章对行动者网络理论进行了尝试性的延伸讨论。在行动者的概念和认定上，文中以案例的方式，指出了发起行动者和跟随行动者、关键行动者和一般行动者的不同类别。在对行动者网络的转译内容上，改进了对"interests"模糊和整体化的表达，把转译的内容细化为"兴趣、利益、手段、文化"四个层面，形成了多层次内容的转译机制。

第4章　超级稻技术扩散行动者网络：示范田考察

　　超级稻走出试验室和试验田以后，下一步就是被推广到农村的田间地头。

　　在超级稻技术扩散的实际中，因为农村有限的土地空间，各个超级稻品种不得不使用各种手段和资源，呈现了一种有序的"混战"状态。说有序，是因为超级稻品种在一个县域的推广总要经过特定的程序，才能被称为合法；说"混战"，是因为超级稻品种在争夺农村有限土地和农户选择的时候，充满了复杂而激烈的竞争。调研中发现，T县超级稻技术主要以两种模式扩散。一是政府主导的示范田，二是市场主导的自发田。示范田是农业技术推广工作多年来探索出来的传统做法。在示范田模式中，有政府发起建立的示范田，还有种业公司发起建立的示范田、种粮大户的示范田。其中政府发起建立的示范田是最重要的推广模式。

4.1　农业技术推广的示范田模式

　　"示范"这一术语的内涵比较宽泛，它是新产品或系统在真实环境下一定规模和一定生产环节的应用，具有检测检验、展示成果、促进创新和政策制定的功能；示范不仅是技术创新的一个阶段，还是政府推动技术创新的重要政策工具和干预手段（苏竣，2015）。示范与试验不同，它不专注于证明技术的可行性，而是更靠近市场，成为大规模商业化推广的前置步骤。在新技术推广实践中，示范既可能是技术性的示范（technical demonstration），以检验实验条件下的技术在真实环境里是否可行；还可能是商业性的示范（commercial demonstration），向使用者、投资者等展示技术的经济性和商业性。

"示范田"是一个通俗的名称。简单理解，"示范田"就是"示范的田地"，是在栽培、管理等方面作出榜样以供人们参观学习的田地。通过示范进行农业技术推广，是国内外普遍使用的一种模式。如果沿用麦奎尔和温德尔（2008）的大众传播模式理论，示范田推广也可以视为一种展示和注意力传播。

示范田建设是农业技术推广的主要途径。我国政府不仅重视示范田在农业推广中的特殊作用，还常常以"工程"命名，以显示其重要意义。2009年，国家农业综合开发办公室组织实施"国家农业综合开发高标准农田建设示范工程"，制定的总体目标是："田地平整肥沃、水利设施配套、田间道路畅通、林网建设适宜、科技先进适用、优质高产高效。"

2009年，农业部办公厅、财政部办公厅联合印发通知，决定在全国实施粮棉油高产创建项目。而其途径就是"通过典型示范，促进平衡增产，全面提升我国粮棉油作物综合生产能力"。其具体做法和目标如表4.1所示。

表4.1　全国粮棉油高产创建项目做法与目标

主要做法	建设2600个粮棉油高产创建万亩示范片，其中粮食作物2050个，油料作物350个；粮食作物中水稻选择300个主产县，建设600个高产创建万亩示范片，每县2个
主要目标	在万亩示范片培育一批接受能力强、技术水平高、带动作用大的科技示范户和大户，每个示范户和大户带动10~20个农户，通过层层培训、指导、示范，技术应用到位率达到95%以上

资料来源：中华人民共和国农业部. 农业部办公厅关于印发《2009年全国粮棉油高产创建工作方案》的通知［J］. 中华人民共和国农业部公报，2008（10）.

超级稻推广成为国家战略以后，农业部下达了极具约束性和强制力的《关于做好超级稻示范推广工作的通知》。❶该通知指出，各级农业主管部门一定要充分认识到超级稻示范推广工作的重要性和紧迫性，全面动员，

---

❶ 中华人民共和国农业部. 关于做好超级稻示范推广工作的通知［J］. 中华人民共和国农业部公报，2005，（3）：35－37.

统一思想，加强领导，充分发挥政府的主导作用。● 同时，还对如何开展超级稻示范推广，提出了具体的工作安排。

> 每个省限定在 2～6 个县实施，原则上要求在"科技入户示范工程"实施县和水稻生产大县中产生。每个县建立百亩核心区和千亩示范区各 1～2 个，辐射万亩以上。要求实现核心区一季稻亩产 700 公斤、早稻亩产 550 公斤、晚稻亩产 600 公斤，千亩示范区一季稻亩产 650 公斤、早稻亩产 500 公斤、晚稻亩产 550 公斤以上的目标。每个县建立 1000 个重点联系农户（要求对每个农户建立技术档案，尽可能与科技入户工程的科技示范户一致），培训 1 万个农户。每省的示范面积与辐射面积之比为 1：10。（中华人民共和国农业部，2005）

在《2011 年全国超级稻"双增一百"工作方案》中，农业部指出，超级稻推广示范县要遵照文件要求建立两类示范片，一类为百亩核心区，另一类为万亩示范片，每个县每类示范片均不少于 1 个；协作组成员单位视不同情况可以建立 1～3 个示范片。（中华人民共和国农业部，2011）

在行政体制的层层传递下，T 县制定了超级稻示范基地建设项目实施方案，成立了领导小组，据 T 县农业局 2007—2013 年粮食生产情况汇报材料中介绍，该县近年来通过超级稻新品种的引进示范推广，筛选出一批适合该县种植推广的中浙优 1 号、Y 两优 2 号等品种；年均组织建立超级稻示范片 3 片以上，累计建立示范片面积达 1.6 万亩左右。超级稻种植推广由 2005 年的 7.6 万亩增加到 2013 年的 13 万亩，粮食总产量由 2005 年的 10.03 万吨增加到 2012 年的 10.9 万吨，核心区亩增产均在 50 公斤以上。❷

可见，示范推广已经成为政府部门在实践探索中逐步完善的技术扩散模式。接下来，本研究将从行动者网络理论的视角，讨论政府行动者运用何种机制创建超级稻示范田以及在这一过程中各类行动者的表现。

● 原文无加粗字体，本研究为了突出相关内容进行了处理。
❷ 摘自 T 县农业局《2007—2013 年粮食生产情况汇报》（内部资料）。

4.2 示范田行动者网络的组建

4.2.1 示范田网络的行动者

拉图尔（1987）[174-176]提出，在组建行动者网络之前，要"清点同盟和资源"，为此拉图尔使用"技术科学"（technoscience）一词，表示所有与科学内容有关的要素都要考虑进去，而"科学和技术"仅仅是"技术科学"的子集。在清点行动者的时候，要同时考虑"技术科学"与"科学和技术"，只要这些行动者参与了工作，不用管名单有多长和多么杂乱无章（heterogenous）。本研究在第三章中，对超级稻技术研发行动者网络和技术成果转化行动者网络中的行动者进行了初步分析。根据行动者重要与否，提出了一般行动者和关键行动者的区别；根据是否是发起者，区分了发起行动者和跟随行动者。超级稻技术示范田行动者网络是更加复杂的行动者网络，这不仅表现在其具有更多的行动者，还表现在网络中行动者之间关系的复杂。

这里有必要对行动者的概念进行延展性的讨论。

韦伯（2005）[1]认为，社会学是一门试图通过说明来理解社会行为，并对这一社会行为的作用和过程作出因果解释的科学。这里所说的"行为"要求行为者赋加一定的主观意向，不管是外在的还是内心的行动，甚至是不行动或忍受。有时为了需要也可以把"国家""合作社""股份公司"等社会组织当作个人研究。社会学的行动者只包括人和社会组织，而对于动物等"自然人"，则不包括在"行动者"的范畴内（韦伯，2005）[19]。因此，一般社会学对行动者的分析主要局限在对人与社会组织的分析。在行动者网络理论中，"行动者"的概念更加广泛，它既包括人类行动者，也可以包括非人行动者，其中非人行动者的意愿通过代理者表达。拉图尔（1987）[144]认为，对人类和非人行动者对称性的考虑（consider symmetrically），可以避免相信科学家和工程师关于客观性和主观性的说法，也可以避免相信社会学家关于社会、文化和经济的说法。

行动者网络理论试图实现"人的去中心化"，主张人和非人是享有完全对称的能动性的行动者。实际上，从社会学角度看，人的去中心化很难真正实现，而且"非人行动者的能动性"的说法也很容易引起争议。在这方面，曾有学者尝试以弱对称性原则代替强对称性原则，即弱化传统二元对立模式中存在于对立元素之间的强硬界限，同时不否认这种界限的存在，认为这样或许能够更好地理解科学（贺建芹，2011）。

对人类行动者与非人行动者的对称看待是行动者网络理论的出发点和落脚点，基于这一点，难以在行动者网络理论的意义上落实"弱对称性原则"，但可以对强对称性原则进行"弱化处理"。具体思路是，在行动者网络的构建方面，坚持人与非人都是联盟中不可或缺的组成部分。但是在行动者的分析方面，人类行动者具有更高的主动性和能动性；而非人行动者则更多的是发挥配合和制约作用。比如，现代文明人使用电脑设计一张图片，尽管电脑在运行程序方面已经比较智能，但是我们还是要输入指令或者刺激它，它才能和我们一起工作。那么，这个图片是某人设计的吗？是电脑设计的吗？都不是。完整的理解应该是人和电脑联合完成了这个设计图。电脑更多的是配合我们完成了工作。

行动者网络理论给予我们一个平等看待人与非人的世界观和思维，但绝不是说二者没有差异。人类行动者与非人行动者的区别在于人能够博弈，非人行动者不能。按照本研究提出的多层次内容转译的说法，人类行动者可以在兴趣、利益、手段、文化多个层面权衡利弊，作出最优的选择。而非人行动者，一般情况下要通过其人类代理人的博弈与其他人类行动者组建联盟。比如农民和超级稻的联合，就是农民和种子提供者的博弈而确定的。行动者网络是一个关系的动态演进过程，在这个过程中，非人行动者的代理人是有可能不断转换的。如超级稻在研发时期、推广时期、生产时期，其代理人就可能分别为育种专家、种子公司和农民。但有些时候，合作者和代理人有可能是一个对象，如育种专家与育种材料。

至此，基本上消除了人类行动者与非人行动者的困扰。接下来，通过跟随行动者的脚步，对超级稻示范田行动者网络列出一个行动者清单。这个清单是在调研中跟随行动者的基础上形成的。

表 4.2　T 县超级稻示范田行动者网络的行动者清单

人类行动者	非人行动者	非人行动者代理人
县农技站人员 乡镇农技站人员 农户 农业科学家	超级稻（种子）	种业公司代表、技术推广人员

在表 4.2 中，政府发起的示范田行动者网络主要包括人和非人两大类行动者。人类行动者包括县农技站人员、乡镇农技推广人员、农户、农业科学家，非人类行动者主要指超级稻。

在这个网络中，县农技站人员代表县政府农业部门进行全县区域的示范田组织创建工作，他们是落实超级稻示范推广任务的实际承担者。乡镇农技站人员代表乡镇政府开展乡镇一级的小规模的示范田组织与创建工作，实际上按照《中华人民共和国农业技术推广法》（2012 年修订）"乡镇国家农业技术推广机构，可以实行县级人民政府农业技术推广部门管理为主或者乡镇人民政府管理为主、县级人民政府农业技术推广部门业务指导的体制"的规定，目前乡镇农业技术推广站已经归属于农业技术推广部门管理，但相关工作队伍基本没有变化。这一点稍后将作详细分析。农户是农业技术使用的当然主体，也是超级稻技术扩散网络的关键行动者。农业科学家需要进入生产实践现场积累技术经验，为撰写论文和开展科学研究搜集素材，因此他们也关心超级稻技术使用过程中的问题。

在拉图尔所做的研究中，他强调要跟随科学家和工程师，因为他所关注的科学活动是以科学家为发起行动者建立的强大网络。对超级稻技术扩散来说，科学家把技术成果转化以后，科学家已不再是这个超级稻的代理人，他们对这个超级稻的关注主要限于科技成果应用情况以及对他们新的技术研发的启示。在 T 县示范田行动者网络中，其发起行动者是县农业主管部门（具体为县农技站）。因此，追随科学家已经难以描述网络的组建过程，而应该通过跟随县农技站推广人员，了解超级稻扩散行动者网络如何组建以及技术知识如何开始一个地方化的议程。

4.2.2 "免费"：实践中的招募和动员手段

界定行动者之后，接下来就是要跟随发起行动者（县农技站工作人员），讨论超级稻示范田行动者网络的组建及其转译机制。

T 县 1995 年即被确定为全国商品粮基地县，粮食良种覆盖率达 90.02%；2011 年被授予"全国农业（蔬菜）标准化示范县"；超级稻种植推广由 2005 年的 7.6 万亩增加到 2013 年的 13 万亩，每个乡镇都建有百亩核心示范区。[1] 根据工作职责，水稻高产示范田的建设由农业技术推广部门主要实施。在超级稻示范田行动者网络的组建中，T 县农业局农技站是发起行动者；这也是我们要追随农技站工作人员去考察这个行动者网络，而不是追随科学家的原因。

本研究所考察的示范田位于 T 县 NM 镇 S 村，2015 年开始建设，属于 T 县的三个"农业部水稻万亩高产创建示范片"之一。在示范片路边的显著位置设有项目标牌，从上面可以看出，T 县整个示范片面积规模为 10000 亩，其中核心示范面积 200 亩。主要种植品种为 Y 两优 2 号、丰两优香 1 号和两优 1 号等。200 亩核心示范片平均亩产 650 公斤。指导专家为广西壮族自治区推广总站站长，技术负责人为 T 县农业局总农艺师，实施单位为 T 县农业局，工作责任人为 T 县农业局局长 E2。实际上，具体的工作是由县农技站组织实施的。

工作人员 E3 是县农业局农技站的副站长，也是 T 县实施超级稻高产创建示范片的实际工作负责人。他介绍了这片示范田的选址依据：

> 这块地：一是面积较大，较为平整，这在山多的 T 县是很难得的；二是土地肥沃，既然做示范田，要出效果，土地不肥沃是不行的；三是灌溉配套比较齐全，稻谷都是水田作业的，要有好的排灌设施；四是当地群众比较配合，比较容易开展工作；还有一点，即第五点，示范田位置不能偏僻，要位于路边，方便领导检查、开现场会，让大家都能看到。我们农业局局长以前就在 NM 镇做书记，对这个地

---

[1] 摘自 T 县农业局《2007—2013 年粮食生产情况汇报》（内部资料）。

方比较有感情，也比较了解这边的情况。（访谈记录，E3）

　　NM 镇 S 村的这块田正好符合这些标准。该地块整片 200 亩左右，土地平整，土壤肥沃，以前做过水稻制种的生产基地。田地周边为近年新修的水渠，旁边有一条新修的宽阔的混凝土公路，朝西 300 米即是 NM 镇政府的所在地，朝东北方向一直通往 T 县县城。当地村民主要经营农业，一年两季，一季水稻一季西红柿。西红柿种植在当地已有 20 多年的历史传统，种植西红柿也成为村民的主要收入来源。因为种植西红柿需要较高的栽培和管理技术，所以当地的农业技术服务比较发达，几乎每个村屯都有一两家农资店，售卖村民需要的种子、化肥、农药、地膜等。因为农业种植技术与产量和收入直接相关，村民比较相信科学技术，经过多年的实践，也具备了较高的科学素质。对于他们来说，农业新技术就是增产、增收，因而他们不缺乏技术学习的兴趣和热情。

　　在调研中，本研究曾对 S 村 184 位农户开展问卷调查，其中，78.8%的农户愿意在村里第一个尝试新技术；85.9% 的农户都"愿意"在专家的指导下，多投入时间、资金和精力，"把自己的稻田变成高产示范田"，这显示了该村村民具有较高的农业科学素养。❶

　　确定好示范田位置以后，县农技站副站长 E3 和他的工作团队要设法告诉示范田地块承包地的村民们，争取他们的一致同意。因为如果在同一品种的超级稻示范田中间，出现一块其他品种的水稻田，势必会影响整个示范片的水稻纯正度和效果。E3 和他的工作团队首先通知了 NM 镇农技站。NM 镇农技站最近刚刚从镇政府的下属部门变身为县农业局的直属部门，虽然工作人员进行了微调，但基本上还是原班人马。目前的工作队伍只有三个人：一个快要退休的站长，一个口齿不太清楚的负责农技推广的技术员，一个从计划生育服务站调整过来的女职工。该女职工之所以愿意来到农业局推广站，主要是被"县管干部"的身份所吸引，而且上调到县城的可能性要大得多。据她介绍，过去她经常随计生工作组半夜三更到村里抓那些不按规定怀孕的妇女；现在摇身一变成了农业技术员，经常要去

---

❶　关于本次调查问卷的统计结果详见附录 D。

农田里进行农产品检测。"有一次操作时，我忘了戴手套，试剂弄到手上，皮肤都烧烂了。"她说。虽然农技站已经成为县农业局的直属部门，但是他们依然没有办公经费，几年前分下来的两辆摩托车，没怎么用过，就已经坏了。因为没有钱修，就堆在一间杂物房内。农技站没有自己的办公场所，他们现在借用了 NM 镇政府农业服务中心的一间办公室。县里曾经为他们划拨 10 万元经费，计划让他们修缮乡镇小学旁边的一处建筑作为办公场所，可这笔钱一下来就被镇政府挪用了。

2015 年 1 月，县农技站和镇农技站的工作人员，首先召集 S 村两个村组的村组长和农户协商示范田建设的事情。之所以时间选在 1 月份，是因为县农业技术推广站一般在 1 月份进行上一个年度的示范田工作总结和本年度工作部署。1 月份之后，紧接着是传统的春节。县农技站要利用春节前后这一段时间，完成示范田建设所需的种子、化肥、农药等农资产品的政府采购工作。春节之后，农户就要买当年的新稻种，一般在 3 月中旬进行早稻育秧，清明前后插秧。会议协商的地点选在村委办公楼的会议室。因为村组长更了解农户的具体情况，而且有他们和农户的参与就足够了，所以示范田建设的协商会议并不邀请村两委的干部参加。

农技站工作人员与农户（包括村组长）的协商会议，更像是工作部署会议。因为县农技站代表了县农业局，乡镇农技站代表了乡镇政府。农技站工作人员告诉村组长和农户，政府打算在这块地上开展示范田建设，引进高产的新品种，只种早稻，不影响大家第二季种西红柿。种早稻的种子、化肥、农药，还有育秧苗的地膜都是免费提供的。新品种一般需要新技术，技术有专门的技术专家来统一指导，而且这个技术很容易掌握。既然是新品种的示范，引进的种子都是最先进的，无论产量、品质、抗性都会比目前的品种要好。只有一个要求，要统一时间育秧、插秧，统一时间收割，因为上级会有检查，要开现场会等，大家要配合。

会议时间很短，也很成功。虽然会后仍有不少村民追着问一些细节，但基本上都赞同加入示范项目。担任村组长的一般为两类人，一类是村子中较大宗族的代表，另一类是靠着农业技术比较早发家致富的人。这两类人在村子中都比较有权威。S 村示范田建设涉及本村 7、8 两个村组，共有 65 户。其中两户虽然有承包地，但家中没有劳动力，村组就帮着他们把土地转租给其他的农户。

在卡龙的研究中，转译分为四个环节（moments）❶：问题化（problematization）、利益化（interessement）、招募（enrollment）、动员（mobilization）。而在S村示范田行动者网络的组建中，这些环节在一场会议之后基本上得到了解决。整个过程几乎没有遇到什么阻碍。本研究认为，E3和他的农技站工作团队使用了多层次内容的转译。也就是说，他们并不是笼统地说"加入示范田对你们有好处"，而是从兴趣、利益、手段、文化四个层面逐条劝服农户。只要这四个层面中的一个打动了农户，转译就很容易实现了。在兴趣层面，这是一个新品种的示范田，而且是高产示范田。在对稻米的品质难有定量的感知之前，农户对于"高产示范"是有兴趣的，不要忘了这可是一批经过调查问卷证实了的对新技术既敏感又乐观的农户。在利益层面，种早稻是S村的传统，而种稻总要有种子、化肥、农药等的投入，随着近年来农资价格的不断上涨，农户已经感觉到农资投入是一笔较大的成本。而加入示范田，就可以免费地获取这些。至于获取目标的手段，种稻所需的技术，他们本身已很自信，再说还有专家的专门指导。从文化和观念层面上说，种好地，过好日子，是农户最朴素的观念，何况他们本身也要依靠自己种的稻谷进行生活消费。当自己田里的超级稻新品种长势超过非示范田表现的时候，可以想象他们内心和脸庞上同时洋溢出来的自豪感。

在上述四个层面的转译内容里，其中"利益"层面的力量最为关键。实际上，"免费"农资成为转译过程中一种有效的招募和动员手段。经过对多位农户的访谈，农户也承认"免费"最能打动他们，最终促使他们与政府合作。

　　算一算，稻种在商店买，最少40~50元一斤，一亩地2斤多，就有100多元了。发了300多斤有机肥，半袋复合肥，这又要300多元；还有农药、薄膜啊；一亩地总共有500多元的东西。你想想，如果他们不发这些，田地还是要种的，都要自己买的。这就算做节省了成

---

❶ 国内学者赵万里把moments译为"契机"。（赵万里，2002）[287]

本，而且产量还有提高，就相当于又多赚了一点。（访谈记录，G5）

对于这些配套的免费农资物品发放，县农技站副站长 E3 解释说，这是农业部高产创建项目建设的要求，文件指明 70% 以上的项目建设经费要以物化补助的形式发放，农资物品也是通过政府招标采购过来的。在这里，种子、化肥、农药、薄膜等构成了 Teece（1986）所说的"互补性资产"（complementary assets）或者 Hughes（1983）的"技术系统"（Technological System）。这里的技术系统组成中不仅含有技术人工物，也包含组织、管理法规等其他人工物（Bijker et al.，1987）。基于这个道理，一些种子企业往往会与相关农资企业合作，生产专用肥料、专用农药（生长素）。T 县农技站就是利用"免费"方式，为农资企业构建了产品互补性资产或技术系统的平台。

除了提供免费农资产品，政府还会给参加技术培训的农民 20～50 元的"误餐补助"费用。

说实在话，农民参加超级稻技术培训积极性不高。如果不发些补助给他们，他们根本不愿意过来。他们时常会说，我如果不去参加这个培训，随便找个工做，一天也有 80 元、100 元的（收入）。我们请的技术专家虽然经验都很丰富，但因为种水稻得（赚）不了多少钱，农民对于水稻技术也不怎么重视。但是，不培训也不行，一方面要让农民多少了解一点新技术，再一个上面也有要求。（访谈记录，E3）

当然，这种"免费"模式也带来了问题。尽管作为耐用商品，科学技术知识（Scientific knowledge）被用得越多，其增值（value increases）也越多（Callon，1994）；但是，物化的科学技术产品是需要生产成本的。由于这些免费农资产品只提供给示范田的农户，一些田地紧靠着示范田、一些没有被纳入示范田的其他村组农户就很愤愤不平。

为什么只有 7、8 两个组可以得到免费的种子和化肥？我们为什么不能得？搞示范田的时候没有开会，也没有征求意见，就这样做了。

政府从来不考虑公平。建议下次搞示范田到我们村组来搞。是不是？大家都公平一次。（访谈记录，G7）

这说明，农户在超级稻农业生产中已经非常重视成本和效益的关系，对这种关系的认识，使得他们的决策呈现明显的经济利益倾向；同时一些村民的质问，也反映了示范田建设引起的公平问题以及农民对乡村事务民主的诉求。

4.2.3　两类技术知识系统的冲突与协调

从技术知识的层面来看，超级稻技术扩散展现了专家技术知识系统与农户技术知识系统从冲突、协调到逐步融合的过程。在调研中，本研究发现超级稻是复杂的技术系统，它包括种子技术和配套种植技术。

袁隆平（2006）[297-302]主编的《超级杂交稻研究》一书指出，水稻的超高产一般来源于以下几个生育特性：较大的叶片，发达的根系，茎秆粗壮，大穗优势，结实率高，营养生长期相对较短而灌浆至成熟期相对延长。而要使超级稻实现上述生育特性，就要采用超高产栽培的技术策略，如适期播种，合理配置株行距，施足基肥，调节水利，防止病虫害等。

针对 T 县等桂南区域的超级稻推广种植，农业部技术专家组曾专门制定了"粤桂南亚区早稻亩产 550 公斤高产创建技术规范"。农业技术专家也基本上以此规范对农户进行培训和讲解。对于专家来说，这个超级稻的配套栽培技术已经成为他们的技术知识系统。只要提到超级稻栽培技术，他们都会自然地想到如何抛秧、株距多大、怎样施肥、怎样灌溉、怎样用药和防止病虫害等一整套技术。之所以说是专家的技术知识系统，还有一点，这些知识对超级稻技术专家来说，是确定的，不需要质疑的，也是专家内部公共的知识。

那么，这套专家技术知识系统与农户传统的水稻种植技术有何冲突呢？事实上，从 20 世纪 80 年代算起，杂交水稻推广也已经过了 30 多年，农户在这 30 多年里也形成了自己的一套技术经验和操作知识，我们可以称之为农户传统的技术知识系统（indigenous technology）。但是超级稻与一般的杂交稻是不同的，也就是说，专家培训和传递给农户的是超级稻的技术知识系统，而农户的头脑中是已经掌握30多年的一直使用的技术知识。这两套技术知识系统有何不同呢？

通过对示范田农户的大量访谈，我们总结了农户在接受超级稻的配套栽培技术之前所拥有的一般杂交稻种植技术知识系统，同时把农业技术专家的超级稻技术知识系统一起放入表4.3，作为对照和比较。

表4.3　农户技术知识系统与专家技术知识系统的比较

	农户传统技术知识系统	专家技术知识系统
对超级稻高产来源的认识	超级稻的高产来源于高肥和高投入	超级稻的高产来源于品种、土、肥、水和配套的管理技术
技术适用性	不管哪个品种，其种植技术都是一样的	不同品种其种植技术会有区别
秧苗移栽技术	插秧，密集、整齐，依靠植株数量提高产量	抛身，节省人力，合理稀植，依靠植株个体优势提高产量
株距	10～20cm，每亩4000株	20～30cm，每亩2800～3000株
施肥技术	以化学肥料为主。专家的技术太麻烦，一般撒用复合肥，2～3次	一季稻大约施肥8次。以有机肥为主，化学肥料为辅 培肥苗床：起畦后每平方米放入充分腐熟的优质农家肥2.5公斤左右，复合肥（氮磷钾总量30%）0.1公斤左右，然后拌匀、糊平 秧田追肥：身苗长到两叶一心期，亩施5公斤悄素作为断奶肥。抛栽前1～2天亩施5～7公斤悄素作为送嫁肥，结合亩用20%氯虫苯甲酰胺10毫升加75%的三环唑60克对水50公斤喷施，使秧苗带肥带药下田 本田基肥：每亩施优质农家肥1000～1500公斤或绿肥1500公斤，过磷酸钙32公斤，氯化钾7.5公斤，碳铵20～25公斤 分蘖肥：分抛后5～7天施促蘖肥，亩施尿素5～6公斤；抛后12～15天施壮蘖肥，亩施尿素7.5公斤左右，钾肥7.5～10公斤，或复合肥（氮磷钾总量30%）12.5～15.0公斤

	农户传统技术知识系统	专家技术知识系统
施肥技术	以化学肥料为主。专家的技术太麻烦，一般撒用复合肥，2~3次	促花肥：一般在幼穗分化始期至五期，亩施5~10公斤的复合肥（氮磷钾总量30%），严防过量 粒肥：如抽穗扬花期，叶色褪淡较快者；或刚出鞘的穗子，颖壳颜色淡绿带白，棱角不清楚者，用磷酸二氢钾0.3%、尿素0.2%溶液喷施根外肥2~3次
灌溉知识要点	旱的时候浇水，淹的时候排水（水田模式）	湿润育秧，薄水抛栽，湿润立苗，浅水分蘖，够苗露田，寸水保胎，干干湿湿至成熟。（以干为主的湿润模式）
用药与预防病虫害技术	一般发现病态的时候打药	除抛秧前统一组织毒杀田鼠外，返青—分蘖期：防治稻瘟病（叶瘟）、稻纹枯病、三化螟、稻纵卷叶螟等，如果田间杂草过多要选用对口农药防治杂草 拔节—抽穗期：防治稻瘟病、细菌性条斑病、纹枯病、白叶枯病、稻飞虱、三化螟、稻纵卷叶螟等；抽穗—成熟期：防治穗瘟，若长期阴雨，应在灌浆期再喷药1次 另外，加强对细菌性条斑病、纹枯病和稻飞虱的监测和防治

注：农户技术知识系统主要是在对农户调研访谈基础上的总结；技术专家知识系统参考了一些专家意见以及农业部种植业管理司、农业部水稻专家指导组（2011）编写的《水稻高产创建技术规范模式图》"粤桂南亚区早稻亩产550公斤高产创建技术规范模式图"部分。

如表4.3所示，在对超级稻高产的原因探究方面，S村示范田的农户认为高产来自高肥，这一点他们可以说是深有体会。

> 我觉得示范田就是在田上堆肥料。每亩地有机肥就要600多斤，100斤复合肥，还有尿素，等等。如果不是示范田，我们自己谁会用

这么多肥料？用这么多肥料哪能不高产？不过，想想这些肥料得多少钱？即使增产了一两百斤，按照一块三一斤卖稻谷，还是亏得多啊。（访谈记录，G5）

然而专家似乎没有考虑这些成本的问题，他们认为，超级稻的高产来源于品种、土、肥、水和配套的管理技术。其实这一点，专家的说法也并无新意。因为早在1959年，毛泽东就提倡科学种田，强调要因地因时制宜，抓好土、肥、水、种、密、保、管、工八个方面，被称为农业"八字宪法"。❶（中共中央文献研究室，2003）相比较而言，毛泽东的说法似乎还全面一些。

在技术的适用范围方面，农户认为水稻都是一样的种法，都是育秧、插秧，施肥、打药，没有什么不同。而专家特别不认同这个说法。

不同的品种生长期不一样，耐肥也不一样，抗性也会有差别，种植技术肯定要针对这些作相应调整。不能用一个技术标准，套在不同的品种上。如果什么品种都可以用这个技术，那还要培育那么多的品种干吗？（访谈记录，F1）

在插秧还是抛秧、株距是疏一点还是密一点的问题上，农户和专家的冲突更加明显。

农民H是一位具有创新思想和经营头脑的新型农民，他通过与其他村民协商，承包了其他农户的50亩田和100多亩坡地。在当地，"田地"一词的意思是分开的。"田"指的是水田，"地"指的是旱地。在秧苗移栽和株距的问题方面，H农民的观点可以作为一个代表。

要想产量高，就要多栽苗。这是肯定的。专家说要20～30公分一

---

❶ 关于农业"八字宪法"，最早出自毛泽东1959年1月23日关于宣传工作问题的谈话（参见：中央文献研究室. 毛泽东著作专题摘编［M］. 北京：中央文献出版社，2003：1014－1015）；在公开出版的《毛泽东文集》中尚没有发现这一谈话。毛泽东农业"八字宪法"，另参见：郭圣福. 农业"八字宪法"评析［J］. 党史研究与教学，2008（6）：34－39.

株，那样一亩地能栽几棵苗？3000（棵）都没有。抛秧看起来省事，但是它有要求，要求苗长一点，不然抛下去，在水里也立不住，也不整齐，宽了窄了也难把握，还要后面再调整、补苗，更麻烦。我们插秧，株距小一些，每亩4000多棵，人工做总比机器做得好。我们的办法比按照专家说的产量还高。（访谈记录，G8）

在施肥技术、灌溉和用药等方面，农户传统的技术知识系统与专家传授的内容也存在争议。那么，这些技术知识的"争议"最终是通过什么途径解决的呢？

超级稻高产的原因属于观念的层面，这个无法依靠争论让农户信服，只能靠事实，让事实说话。比如，一些农民不按照我们的配方施肥，复合肥上多了，烧死了（肥料过多使青苗干枯），就知道高肥并不直接（导致）高产，就会相信我们。以后他们就会按照我们说的做。是插秧，还是抛秧，我们提倡抛秧，这个可以节约劳动，农户认为抛得不均匀，还要补种，就比较抵制，这个不强制。超级稻的施肥次数我们一般要求8次左右，这个（农户）很难做到。我们就分三次，一次基肥，一次分蘖肥，一次促花肥，直接把肥料拉到示范田地头上，分给农民，直接撒下去。如果一次性把肥料放到农户家里，他们到底用不用，用多少，都不好监管。至于灌溉，我们和水管所联系好，什么时候放水，什么时候停水，当然这个也要和老百姓说清楚，集中哪几天供水，不能有的没有水，有的涝了。每个时期可能会有什么病虫害，我们都提前和农户通知，发药给他们，提前预防。因为水稻和其他作物一样，一旦得了病再打药，效果就难说了。总的来说，这几个方面农户做得还不错。（访谈记录，E2）

从E2专家的话语中，可以感受到农户传统的技术知识系统与专家传授的新的技术知识系统，有一个冲突、协调，到逐渐融合的过程。

虽然在以上的讨论中，本研究采用了传统的"农户"与"专家"的说法。但是，本研究并不认为在超级稻种植方面，农户是完全的"外行"。这里需要对专家和农户的概念进行重新定位。在一般意义上，"专家"（Expert）是指在特定领域有广泛的技能或知识的人；与之相对的被称为"外行"（Layman or laywoman），是指不具备一个学科的专门化和专业知识的人（Evan et al.，2008）。事实上，专业知识往往是局部的，专家们可能成为决定事实的某些方面最优秀的人，但他们未必是对知识的利用作出价值判断的最优秀的人。相反，外行虽然不适合回答有关深奥的专家共同体（expert communities）的问题，但他们最有能力在如何利用这些知识方面作出关键判断。因此，要打破专家和公众之间的边界（Evans et al.，2008）。除了难以对利用知识作出有效的判断，专家的领域知识还可能会产生心理定式，妨碍他们创造性地解决问题（Wiley，1998）。上述研究作出了大致趋向的判断，即在科学技术决策与技术实践中专家与外行各有自己的优势。在打破专家与外行的界限方面，可以首先尝试改变专家与外行的简单二分法。比如，在本研究中，农业技术专家可以称之为"专家"，却不能简单地把农民划为"外行"一类，因为他们绝大部分种了几十年的水稻，拥有较丰富的水稻种植技术经验。如果把专家看作理论和经验水平的优秀集合体的话，在纯粹的专家和外行之外还存着两类过渡性的角色：一类是单纯理论水平较高，实践经验很少的"理论型专家"；另一类是技能经验丰富，理论知识较少的"经验型专家"。而外行也并非一定是没有任何理论知识和实践基础的人，他们有可能懂一点理论，也可能有一点实践，也可能理论和实践都有些经验，只不过水平都不高。

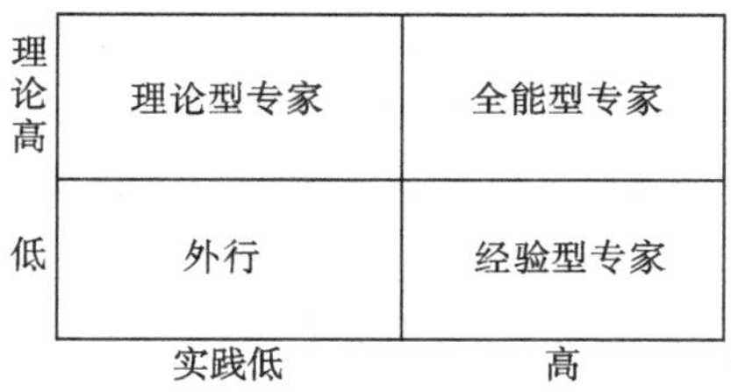

	实践低	高
理论高	理论型专家	全能型专家
低	外行	经验型专家

图4.1 专家与外行的分类

本研究案例中的农民大体上属于"经验型专家"一类。他们虽然没有接受过系统的水稻科学知识教育，也没有接受过规范的职业技能培训，但是，他们以"干中学"为技能养成方式，逐渐积累了自己独特的经验型知识和技能（刘磊，2015a）。然而，作为"经验型专家"，他们的技术知识系统与农业专家的技术知识系统产生了冲突。在这种情况下，政府依靠"免费"农资和行政权力，强力推动农户应用专家技术知识。因为物化补助被设定为分期进行，农户不得不按照要求分次施肥；因为灌溉时间被严格限制，农户不得不及时浇水；因为专家定期的病虫害预警，农户愿意在水稻还健康的时候就喷洒农药。正是通过这种方式，T 县农业局农技站组建了比较强势的超级稻技术扩散行动者网络。

4.3　"强制通行点"转译机制的局限

4.3.1　"强制通行点"及其特征

在经典的行动者网络理论研究中，核心是组网的转译机制及其实现。因而卡龙（1986）[196-233]在他的一篇关于行动者网络理论的论文标题中，就指明这个研究路径是"转译社会学"（Sociology of Translation）。现在的问题是，当发起行动者从兴趣、利益、手段、文化多个层面向其他行动者——"转译"之后，这些行动者就自然地进入网络了吗？事实上这里还需要一个转译实现的机制。按照卡龙和拉图尔的分析，这个机制就是"强制通行点"（obligatory passage points，OPP）。

所谓"强制通行点"，卡龙解释说，各行动者（actors）在实现自身利益（interests）的过程中，仅依靠他们自己不能得到他们想要的东西，他们必须以打造（forged）联盟的方式解决问题。

为了充分说明这一情况，卡龙在《转译社会学的要素：圣布鲁克湾的渔民和扇贝养殖》论文中，以实例分析了三位科学家通过"强制通行点"建立行动者网络的过程。

法国人喜欢在圣诞节前后享用扇贝，尽管价格很高，扇贝还是供不应求。1970 年，由于渔民过度捕捞，加上海星对扇贝的破坏，圣布鲁克湾的扇贝储量严重不足。1972 年，科学家和渔民社团的代表们集中在一起商讨通过人工养殖增加扇贝产量的可能性。国家海洋开发中心（Centre National d'Exploitation des Oceans，CNEXO）的三位研究人员，在日本学到集中养殖（intensively cultivated）幼扇贝的技术流程，现在他们要带着这项技术在圣布鲁克湾进行实践。三位研究人员的使命使得他们要建立一个行动者网络，这个网络包括扇贝幼苗、渔民和当地科学界的同行（scientific colleagues）。

怎么样才能使这些行动者加入这个网络呢？卡龙引入了"强制通行点"的概念，他分析道：

如果扇贝要生存（survive）（无论什么样的机制解释了这种冲动），如果他们的科学界同行希望能推动关于这一问题的知识（不论其动机如何），如果渔民希望保持其长期的经济利益（long-term economic interests）（不管其原因），那么他们必须（must）：

（1）知道这一问题的答案——扇贝幼体是怎么附着下去的？

（2）认识到围绕解决这一问题的联盟（alliance）对他们均有益。❶

如图4.2所示，扇贝、渔民、科学界同行通过"强制通行点"被捆绑（fettered）在一起：仅凭他们自己不能得到他们想要的。他们通常的道路被一系列的阻碍问题堵塞了。扇贝幼体的装置（The fixture of Pecten maximus）一直遭受着随时准备消灭它们的危害者（predators）的威胁；渔民贪图眼前利益，不得不冒着长期忍耐的风险；科学界同行们想要进一步了解扇贝知识，不得不承认他们缺乏扇贝幼体的基本必要知识。而对于三位研究人员，他们的项目将使扇贝幼体附着（anchorage）的问题彻底解决。对于行动者来说，这一替代者（alternative）是明确的；它要么提供了改变的方向，要么认识到研究和获取有关扇贝幼体自己附着的知识的必要性。由此，通过问题化（problematizations），一个实体间的联盟（alliances），或者是说联合（associations）就被描述和建立起来了。

---

❶ 本小节译自：CALLON，MICHEL. Some Elements of a Sociology of Translation：Domestication of the Scallops and the Fishermen of St Brieuc Bay ［A］//JOHN LAW. Power，Action and Belief：A New Sociology of Knowledge. London：Routledge & Kegan Paul，1986：196－233.

卡龙的论文案例，很生动地阐释了"强制通行点"转译机制的应用。行动者要想达成自己的目标，别无选择，只能和其他行动者组成联盟。这也是"obligatory passage points"中的"obligatory"被翻译为"强制"意思更确切的原因。

"强制通行点"的转译机制不仅在上述案例中有代表性体现，在卡龙的另一篇文章《行动者网络的社会学——电动车案例》中，卡龙主张科学研究的意义在于发现新的行动者，而行动者网络则有助于我们描述行动者世界的内部结构与动力机制。在这篇文章中，作者同样认为"转译"（translation）的关键是找到"强制通行点"（obligatory passage points, OPP）❶，"转译"就是"强制通行点的地理学"（a geography of obligatory points of passage）（Callon，1986）[26]。

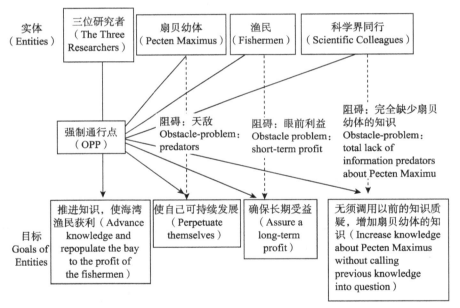

图 4.2　圣布鲁克湾扇贝养殖行动者网络的转译机制❷

---

❶　原文为：To translate，then，is to oblige entity to consent to detour.

❷　资料来源：CALLON，MICHEL. Some Elements of a Sociology of Translation：Domestication of the Scallops and the Fishermen of St Brieuc Bay ［A］//JOHN LAW. Power，Action and Belief：A New Sociology of Knowledge. London：Routledge & Kegan Paul，1986：196–233. 本研究在原图基础上添加了中文译文。

在行动者网络理论另一位代表人物拉图尔的论著中，"强制通行点"也是网络组建的关键。在《给我一个实验室，我将举起世界》（Latour，1983）一文中，他使用了法国生物学家巴斯德发明炭疽病疫苗的案例。炭疽病菌对法国的牛群造成了严重的危害，引起了法国官方、兽医、农民的极大关注，却毫无办法。这个时候，巴斯德把自己的实验室和实验科学与现实的炭疽病结合起来，但没有人关注他们。等到他们从农场带回了培养的炭疽病菌，并在巴黎的实验室里复制了炭疽病菌杀死牛的事实后，弱势的"巴斯德"获得了广泛的注意力，从而赋予他强大的"转译"能力，农民不仅愿意加入这一联盟，还在后来的田野试验中极力配合，最终使炭疽病疫苗实验取得成功。但是，农民凭什么要相信巴斯德并配合他的实验？拉图尔指出，当人们在实验室里学到了比以往任何人知道的都丰富的培养炭疽病菌的知识之后，巴斯德就可以以一种新的方式界定农民的利益：如果你们想解决炭疽病菌的问题，就"必须首先经过我的实验室"❶（Latour，1983）。这是唯一的选择，也是他们的"强制通行点"。

从上述两个论文中的案例，可以看出"强制通行点"转译机制的特点，其一是选择的唯一性，就是说，能够解决问题和达成目标的通常的道路要么断了，要么被堵，而只有迂回的这一条路可以选择。拉图尔（1993）[44]认为，"强制通行点"是"唯一的答案"（only one answer）；卡龙指出，尽管"转译"可以描画出必要通行点（necessary points of passage）的地理学，但是一个战略性的点是行动者必须（must）要经过的，而这也是强制通行点的强制"权力"的来源（Callon，1986）[27]。其二是选择的被动性，意味着行动者作出这个决策是"必须"的（must）和"不得不"（have to）的，行动者"必须"接受这些迂回路径，"必须"同意组成联盟（Callon，1999）[70]。拉图尔把这种强制力量称为"一个好的杠杆"，依靠这个"杠杆"，最弱的可以变得最强，以至于可以改变整个世界（Latour，1983）[159-168]。

"强制通行点"在对于上述案例的解释中发挥了重要作用，这也为许

---

❶ 本句原文为：if you wish to solve your anthrax problem, you have to pass through my laboratory first.

多学者所接受。如 Rodge 等（2009）使用强制通行点理论，分析了澳大利亚南极局（Australian Antarctic Division，AAD）的科学家 1995—2004 年期间组建野生动物旅游研究行动者网络的案例；Gregory（2014）应用强制通行点讨论了组建新型烹饪炉灶行动者网络适应低碳社会要求的案例；John（2013）讨论了工作中的隐性知识（tacit knowledge）向显性知识（explicit knowledge）转化时存在强制通行点的情况。但是，目前的研究多是对理论的应用，尚没有见到对强制通行点本身更进一步的拓展和讨论。本研究将指出这种转译机制的局限性，并讨论一种新的转译机制。

4.3.2 "适宜通行点"（APP）的提出及其分析

"强制通行点"转译机制虽然给予许多科学实践新的阐释，增加了我们对科学事实活动的理解力。但是，这种转译机制有其局限性和不足。

其一，这种转移机制夸大了发起行动者构建事实的能力。"强制通行点"存在的一个前提是，发起行动者必须处于一个他能够解决别人都解决不了的难题的位置上。我们不否认，发起行动者具有强大的能动性，但是要想在现实生活中构造一个近乎"垄断"优势的解决机制，还是比较难的。

其二，"强制通行点"的转译机制，忽视或者弱化了现实中可能存在的竞争性行动者或竞争性网络的存在，科学史上的诸多案例表明，通往一个科学事实的通道往往是多元的，也就是说，在巴斯德做实验的时候，其他科学家或者乡村的兽医也在寻求答案，也在试图赢得一些农民的信任；这个时候对某个农民来说，是相信巴斯德，还是相信自己的兽医邻居，他面前的通道就不再是唯一的了。

其三，"强制通行点"的转译机制，体现了在给定条件下行动者的被动性选择，强调了行动者的服从而不是能动性，与行动者网络理论中"行动者"的本意有所违拗。

综上所述，"强制通行点"转译机制虽然对许多案例具有较好的解释效果，但是结合新的案例分析，我们也应该进一步发展它，提出更好的解释角度。本研究结合 S 村示范田行动者网络的实践，尝试提出"适宜通行点"（appropriate passage points，APP）转译机制。

所谓"适宜通行点"，就是行动者对两种以上的实现目标路径进行权衡，从而找到最理想化的那个路径。与强制通行点的唯一性、强制性特点相比，适宜通行点更多地表现为主动性、动态性、个性化，而且充满了博弈。所谓主动性，是指行动者寻找适宜通行点是一个主观能动性的过程，在此过程中行动者根据经验和形势作出自己的判断和选择。所谓动态性，是指行动者的利益目标是伴随着环境不断发展变化的，适宜通行点不是固定不变的。对于 T 县的农民来说，水稻的预期亩产量在 20 世纪 80 年代能达到 400 公斤就已经很好了，而现在的目标要超过 600 公斤。所谓个性化，是指每个行动者的适宜通行点都可能不同，比如劳动力丰富的农户会选择种植大面积的西红柿，劳动力匮乏的农户则少种或者不种西红柿，还有些农户会把田地转租给别人耕种。至于博弈，则是指在适宜通行点确定的过程中，农户面临着对多种选择进行权衡和盘算，同时也是行动者为追求自身利益最大化与其他行动者所采用的更好的实践（better practice）。

S 村示范田行动者网络的组建，其实就是不同行动者选择并确定自己"适宜通行点"的过程。

首先，政府发起行动者确定示范田位置、组建示范田网络以及推动行动者网络运行，都是寻找和明确自己的"适宜通行点"的过程。

"位置"（Sites）是科学实践中持续重要（Enduring Importance）的因素（Christopher et al, 2008）。从示范田位置的确定来说，2014 年 T 县共下辖 10 个乡镇，而该县"农业部水稻万亩高产创建示范片"只在 3 个乡镇实施，从一般意义上讲，10 个乡镇中每一个乡镇都可以成为被选择的对象；而同时期 NM 镇共有 13 个行政村、142 个自然屯、201 个村民小组，如果从这里选择两个村民组的话，其可能性更多；因此，NM 镇 S 村示范田绝非是农业局农技站创建示范田的"强制通行点"，只能被当作一个"备选通行点"。那么，为什么 NM 镇 S 村最终被选作示范田了呢？在前面一节，我们曾分析了几个原因：面积较大，较为平整；土地肥沃；灌溉配套比较齐全；交通便利。需要注意的是，这几个方面都是定性的模糊的界定，没有具体指标的限制，因此不存在唯一对象。而最后之所以被选为示范田建设的地址，应该是多方面考虑的结果。比如，农业局局长以前在 NM 镇任职的经历在决策中就成为一个难以明说的重要因素。综合以上，对农业局农技站来说，NM镇S村是示范田建设选址的"适宜通行点"。

从超级稻行动者的招募来说，适合T县种植的超级稻有很多种，在那么多品种中选择哪一个，就是一种权衡和对适宜通行点的确定。再如，与村民签不签协议，也要经过权衡（事实上都没有签）。但是，这种权衡对行动者网络的组建效率和运行效果都会有影响。比如，选择的超级稻品种在电视里做过广告，口碑好，农民就会很期待，很主动地加入联盟。再如，如果与农民签署包产协议和包收协议，农户的积极性会更高，但农业局就会受到更多的约束。前文说过，"免费"是本行动者网络转译机制的有效方式。尽管农业部粮食高产创建管理办法中规定了物化补助在项目总经费中的比例，但是物化内容、物化形式并没有统一的规定。比如，种子、化肥、农药的比重要怎么斟酌，三次化肥运送和分配的具体时间确定，物化产品采用哪种领用方式等，这些都有若干不同的选择组合。而最后实施的那一个组合只是农业局农技站权衡之后的"适宜通行点"。

其次，农民加入示范田网络的过程也是寻求"适宜通行点"的过程。作为农民，他们的种地目标很简单，多种粮食多卖钱。也就是说，只要不违法（事实上违法也是一种权衡和选择），能够实现这个目标的都可以选择。据了解，S村农民种早稻要实现的目标有三个：一是满足一家人的口粮消费，本地以稻米为主食，除了米饭，还有自制的米粉等食物，因为自己要吃，所以当地的村民比较重视米质。他们往往用一块地种米质较好的品种，留作自己消费；其他的地块，用来种高产品种，作为余粮出售。二是出售余粮，获得经济利益。在口粮消费方面，本地村民平均每人每年200公斤左右；人均水田0.8亩，按照一般杂交稻产量保守计算亩产500公斤，三口之家可以卖余粮600公斤。因为国家的稻米收购价在米质方面区别不大，所以在满足了自己消费以外，村民热衷于种植纯高产的品种。三是满足西红柿—水稻轮作模式的需要。当地从20世纪80年代就开始栽种西红柿，是T县西红柿基地的发源地之一。然而西红柿的生长特点是不能连茬种植，否则容易生病虫害。在水稻轮作以后，土壤经历了较好的休养生息，多余的肥力也被水稻吸收，对后一季西红柿的生长有促进作用，本季的水稻产量也较高，于是就形成了早造水稻晚造西红柿的"稻菜"轮作模式。

从上述可知，加入示范田的农民种水稻有三个目标，其实最根本的目标就一个，那就是更大的经济利益。因为在市场经济条件下，有钱可以换来好吃的稻米，而种西红柿无非也是为了赚钱。如果把农民的目标设定为赚钱，我们发现加入示范田并不是农民的"强制通行点"。第一，可以全年栽培生长期较短的经济作物，如西葫芦、大葱、豆角等，因为这里是亚热带气候，所以常年都比较适宜作物生长；但是这种做法需要大量的劳动力，当然还有市场和极端气候的风险。第二，可以全部两季种水稻，由留守在家的妇女老人管理，收多收少无所谓，主要是外出务工收入。第三，可以采用一季水稻一季蔬菜的模式，第一季种水稻，主要提供口粮，第二季种西红柿，主要提供家庭经济收入。第四，把承包地转租给其他人，全家外出务工，老人孩子在家，凭借在外务工赚取收益。至少来说，农民实现赚钱的方法有以上四种，而且这四种也是在S村调研中遇到的各种典型。由此说明，农民拥有实现自己目标的多种途径，他们通常的道路并没有被切断（比如没有限制有地的人外出务工，或者田地上必须种植指定农作物等）；他们之所以选择加入示范田网络，也是经过权衡利弊后的"理想选择"。

> 我们这里世世代代都种水稻，以前两季水稻，现在一季水稻一季西红柿。如果连一季水稻都不种，感觉做农民不合格了吧？况且自己家还要吃。反正都是要种水稻，都是要投入，种子、化肥、农药，等等，现在给免费的使用，当然是好事啊。省了几百块呢，对不对？（访谈记录，G6）

从该农民的话语中发现，不仅是有免费的种子、化肥、农药的转译起了作用，其作为农民就应"种粮食"的文化观念也发挥了重要作用。

再次，从农业科学家来说，对农业生产实践进行技术指导，既是农业科学家的职责所在，也是他们获取农业作物研究新知识的重要途径。但是，他们是否选择示范田，以及是否选择NM镇S村的示范田，都需要一个综合的权衡。一开始，这块示范田只是他们的一个选项。

我们下乡技术指导尽量选附近又不是太近的地方。像 Y 镇那边，坐车都两个多小时，到那里连个吃饭的地方都没有。再说，现在公车改革，下来一趟有时派车都困难。路远的话，一来一回一天就过去了。NM 镇这儿就比较好，你说远，20 多分钟就到了，中午都不耽搁回县城吃午饭。你说不远，这儿也算下乡啊。既然是下乡技术指导，哪儿都算是指导啊。（访谈记录，E4）

事实上，无须举更多的例子，就可以大致得出这样的结论：在超级稻示范田行动者网络的组建过程中，促使行动者加入行动者网络的不是"唯一"的"强制通行点"，而是有着多种选择的可能的"适宜通行点"（如图 4.3 所示）。

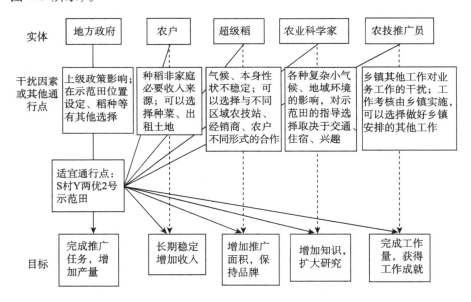

图 4.3 示范田行动者网络的"适宜通行点"转译机制

在图 4.3 中，组成行动者网络的实体（行动者）主要有政府部门、农户、超级稻、农业科学家、农技推广员；最下边的方框表示他们要实现的目标。在实现目标的过程中，他们会受到各种干扰或影响，因此在这些干扰影响下，他们也拥有其他的可能通行点。此时，加入"S 村 Y 两优 2 号示范田行动者网络"只是他们几种可能的选项之一。最后，他们之所以同意加入网络，并非代表这是他们唯一的选择，而是行动者经过利弊权衡之后的决策。这个决策就是他们的"适宜通行点"。因为在行动者看来，自己选择的总是最优的。因此，可以说，示范田行动者的组建是充满了博弈、权衡和不断选择的结果，是"适宜通行点"发挥作用的转译机制。

依据图4.3，可以更进一步说，即便是卡龙和拉图尔分析过的行动者网络案例，严格说来，也是"适宜通行点"转译机制发挥作用的结果。"适宜通行点"不仅可以很好地解释本研究中分析的中国本土案例，也能够较好地说明卡龙和拉图尔所分析过的行动者网络案例。

比如，在卡龙的扇贝养殖的案例中，三位研究者立志结合自己的项目，改变圣布鲁克湾的扇贝生产状况。扇贝在法国的集中捕捞地点（Locations）有三个：沿诺曼底海岸、布雷斯特停泊地（the roadstead of Brest）以及圣布鲁克湾（St. Brieuc Bay）。因此，在圣布鲁克湾做这个研究与试验，就不是必然的选择。尽管文中也交代布雷斯特的扇贝存量（stock）比圣布鲁克湾下降得要厉害，但这依然不能证明圣布鲁克湾是研究扇贝养殖的"强制通行点"。

最后，对于渔民来说，渔民的长期目标是获取利益，要实现目标也只能加入研究者的网络。如果像卡龙分析的那样，这就是"强制通行点"；为什么渔民还会不遵守双方的约定私自捕获扇贝呢？事实上渔民可能不会这么思考问题，不然他们也不会在圣诞节来临之前将扇贝全部捕获并卖出去的。渔民的确想获取利益，但是他们有自己的利益计算方式，只要按照他们自己的计算获利最大，他们就要采取行动。比如，某渔民可能认为，自己生活困难，所以要选择先捕获扇贝渡过难关；也可能某渔民推测，圣诞节来临，扇贝价格走高，等到后面扇贝长大了，价格反而可能下跌；等等。对于靠着捕获扇贝来养家糊口的渔民来说，他们的决定不能说不是理性的，他们的选择必然是在考虑了其他可能性之后所作出的选择。因此，他们的选择正如当初答应那三位研究者"养殖扇贝"的选择一样，都属于"适宜通行点"。

至于巴斯德实验室的案例，前述已经提及，在巴斯德做实验的时候，其他科学家和乡村兽医也在急于寻求炭疽病的根源，也在试图赢得一些农民的信任；只不过这些竞争者（competitors）因为设备不够精良，难以反驳他的观点；当然也有例外如当时的科赫（Koch）就有比较好的装备，因而也具有较强的反驳的能力。❶ 在当时，法国医学研究院（Academie de Medecine）里巴斯德的对手很多，其中主要有两个：一个是传统派的（old-fashioned）法国医生 Peter，一个是现代派的德国医生科赫。尽管他们二人信念（belief）是对立的，但对巴斯德却提出了同样的批评：他仅仅依靠几个不充足的案例就推广，过于草率了（Latour，1993）。因此，这个时候对法国的某个农民来说，是相信巴斯德，还是相信科赫，还是相信自己的兽医邻居，他面前的通道就已经不再是唯一的了。

4.4 示范田行动者网络的表现及其示范性

4.4.1 示范田行动者网络的表现

NM 镇 S 村的超级稻示范田行动者网络，从发起行动者确定实施方案，到农民同意加入网络，只有不到一个星期的时间。整个实施的过程还是比较高效率的。在示范田网络运行的过程中，政府与农户关系和谐，专家与农户沟通比较顺畅，示范田品种的表现也明显超过周围自发种植的其他品种。经省级部门组织的测产验收，本示范田的超级稻亩均产量达到727公斤，比周围水稻品种亩均产量高出 100 ~ 150 公斤。本研究前面已引述过，超级稻的高产是除了良种以外，还需要一系列配套栽培技术支持的结果。也就是说，单单从某个超级稻品种本身出发，如果没有强有力的政府支持，没有专家的指导，没有农民的配合实践，即便是能够组成扩散的行动者网络，也是一个弱势的网络，也不可能取得这样的产量。因此，可以说，是示范田使得一个超级稻品种的行动者网络由弱网络变成强网络。

政府发起的示范田行动者网络呈现了一种紧密型"强网络"的表现

---

❶ 本句原文为：This concentration of forces makes him so much stronger than his competitors that they cannot even think of a counter-argument except in the few cases，where，like Koch，they are equipped as well as he is.（LATOUR. Give me a laboratory and I will raise the world［A］. //KNORR – CETINA K D，MULKAY. Science Observed. London：Sage，1983：164）

特征。这里的"紧密"指的是发起行动者、技术专家、超级稻、农民、技术推广员等各类行动者之间的紧密互动和密切合作，是这些异质行动者共同建构的结果；这里的"强网络"，是指这个行动者网络对于其他行动者网络具有较强的竞争力，包括本行动者网络的稳定性以及对于其他行动者网络的替代力。

具体来说，示范田行动者网络表现为以下几个方面：

一是政府作为发起行动者具有的强势。虽然农村社会的市场经济改革已启动多年，但是正如城市一样，政府的角色和影响力仍然非其他社会组织可以比拟。在农民的认知模式里，政府依然是最大的权威和最可靠的信赖。因此，在政府部门与农民这两个行动者的关系上，一开始就处于不对等的地位；而农民对这种不对等的关系尚没有表现出明显的不适应，因而他们对于政府的决策还是比较支持的。不仅是对农民行动者，对农业科学家来说，政府也处于强势的地位；固然指导农业生产是科学家巩固原有知识、开拓新知识的重要手段，即便不是如此，政府也可以通过制定科学家的工作考核办法，引导他们参加农业技术社会实践。对于乡镇农技站和乡镇政府来说，虽然乡镇农技站已经划归县农业局直属管理，但是乡镇农技站的农业工作成绩，仍然是乡镇政绩的重要组成部分，乡镇政府对于上级政府部门的工作安排自然不敢怠慢。事实上，国家推广超级稻的任务就是这样从农业部到省、市、县、乡镇，层层分解任务，层层下达指标，通过乡镇具体实施完成的。多年的计划体制思维，使得政府更愿意把本来应该依靠协商和市场就可以解决的问题，变为政府的政令通过行政手段强制推动。发起行动者即政府正是依靠这种与其他行动者之间不对等的势能，比较高效地完成了行动者网络的组建。

二是农民被动参与和缺少技术识别能力的弱势。如第一章所述，超级稻从20世纪90年代开始列入国家研发项目，2005年作为国家战略开始推广，并通过行政体制层层落实。既然超级稻的发展与推广成为国家大计，超级稻技术在农业技术扩散中也就表现得比较强势。2005—2014年，全国经农业部认定的超级稻品种有111个（不计因种植面积不达标被取消冠名的品种）。❶ 尽管各品种在通过审定时都会公告其生育期表现、栽培技术要点和适宜种植区域，但是，这些公告的内容只有农业管理部门（更确切说是种子管理部门）、申请审定的单位认真查阅，这些信息对于农民来说就是"黑箱"。而政府的强势地位，则会使这一情况出现"政府说了算"的结果。从近五年 T 县推广种植的超级稻品种来看，可以分为三类：一是经农业部认定的省外超级稻品种，如 Y 两优 1 号、Y 两优 2 号等；二是经过农业部认定的本省超级稻品种；三是没有认定为超级稻，由于产量较高而推广的普通杂交水稻品种，如原香 99、柳丰香占等。这三类总共有二三十种。面对这么多的水稻品种，不要说农民，即便是农技推广员也感觉眼花缭乱、说不清楚。（见表 4.4）

表 4.4　T 县近 5 年推广种植的超级稻品种

Y 两优 1 号	桂两优 2 号	丰两优 4 号
Y 两优 2 号	H 两优 991	丰两优香 1 号
Y 两优 6 号	Q 优 6 号	新两优 6 号
Y 两优 302	天优 998	天优华占
Y 两优 3218	新两优 6380	宜香系列
Y 两优 8188	元丰优 401	丰两优系列
Y 两优 900	深两优 5814	原香 99
中浙优 1 号	特优 582	柳丰香占
中浙优 8 号	C 两优 639	

数据来源：T 县农业局农业技术推广站。

有的时候，我们根据叶片、穗形、植株状态，可以作一些判断，不过也说不准。反正这都是各种育种材料配对杂交出来的。说实在话，感觉差不多。有时候，我们发现几种水稻没什么差别，它们只是名字不同。水稻品种太多了。这一批还没记住，新的一批品种又来了。索性不记了，都是超级稻，都是高产优质杂交稻，就这样对农民讲。（访谈记录，F1）

---

❶　数据来源：《农业部办公厅关于发布 2011 年超级稻确认品种的通知》（农办科〔2011〕10 号）。

至于杂交稻和超级稻到底有什么区别，县农技站 E2 副站长说：

在农村，农民种水稻一般不会要求哪个品种，他们一般会问，这个产量高吗？这个好吃吗？这个抗倒伏吗？你要问农民种的是不是超级稻，他不清楚；你要问是不是袁隆平搞的那个，他就会说是的。实际上有不少种子不是袁隆平搞出来的，因为他的名气太大了，一些种子经销商就借用他的名气推销各种超级稻，到了群众那儿，就变成了"袁隆平的水稻"。在这里，超级稻就叫杂交稻；一般杂交稻就叫常规稻，因为毕竟种 30 多年了，种久了，就成常规了；传统的水稻几乎绝迹了。（访谈记录，E2）

面对这么多的超级稻种，农民该如何选择呢？通过对多名农民进行访谈，其中一位农民的观点比较全面，也代表了大多数农民的想法。

我觉得我们选水稻，第一个是抗倒伏，我们前一季都是种西红柿的，肥料用了很多，如果超级稻品种不耐肥，就容易倒伏。一旦倒伏，减产不说，用收割机每亩地要多收 50～100 元，人家（收割机操作者）还不乐意。如果倒伏厉害，机器都进不了地，一亩地要找 3 个帮手，一个人一天 100（块），就 300 块了。现在的问题是，就算你愿意给钱，还没有人愿意出这个苦力呢。所以，抗倒伏最重要。第二个是米质，就是好吃，我们种稻子是要首先喂饱自己的，肯定要种些适合自己家口味的稻米。第三才是产量，一般情况下，家家都够吃，吃不完就会拿出去卖余粮。但是，市场价才一块二毛多一斤，好的也才一块三、四（毛），所以种稻子是不得（赚）什么钱的。不过，我们还是要种。自己有田地总不能买米吃吧。再说，买的米也不好吃。总的来说，对于选稻种来说，如果不倒伏，又好吃，产量越高越好。（访谈记录，G6）

就这个话题，县农技站副站长 E2 解释了明星稻种——广西首个超级稻"桂两优2号"为何在T县难以推广的原因。

> "桂两优2号"以前我们也推广过，农民反映不好，倒伏厉害。原因就在于我们这边农户上一季种西红柿用了很多肥料，现在种了"桂两优2号"，它不耐肥，株秆细，容易倒伏。像中浙优1号、Y两优2号，就没有这种情况，产量表现还要高。所以，农民就不种"桂两优2号"了。不过今年还有零星的种植，是上级部门作为赈灾的种子，发下来给农民种的。（访谈记录，E2）

在农业部《超级稻品种确认办法》中，超级稻的首要指标是产量，其次是米质，再次是抗性；而到了S村的农民这儿，他们关注的指标依次为抗性、米质和产量（见表4.5）。农业部的《超级稻品种确认办法》从保障粮食安全的角度出发，兼顾米质和抗性；而农户的要求，基于现实中农业成本的控制和劳动力情况。但是，当把国家的战略利益与农户的具体利益对接的时候，矛盾就产生了。而育种科研机构的技术路线和目标主要遵循了国家的需求目标，这样一来，作为最终应用技术的农民行动者的利益就被忽略了，事实上农民根本就没有被纳入超级稻技术研发行动者网络，这不能不说是这种行动者网络的缺陷。

表4.5　国家战略层面与农民现实需要对超级稻特性排序的异同

排序	国家战略层面对超级稻特性的排序	农民现实需要对超级稻特性的排序
1	产量	抗性
2	品质	品质
3	抗性	产量

三是"免费"方式与持续的转译能力。可以说，超级稻示范田行动者网络之所以能够保持较强的表现，其根本在于"免费"农资对于农民具有极强的吸引力。一旦政府的"免费"措施撤出，该行动者网络将因为农民的脱逃而难以维系。这在与农民的访谈中也已经得到印证。在示范田行动者网络中，发起行动者具有较强的转译能力，这个能力来自政府部门调动社会资源的便利性。免费农资成为发起行动者与农民行动者之间的一个媒

介。"你想要这些免费的种子、化肥、农药吗？那就要听我说，按照我说的去做。"这是政府行动者能力表现的一般形式。当然，在服务型政府建设理念的影响下，政府人员也会懂得在示范田技术服务的细节方面照顾农民的需求，从而增强自己的转译能力，强化转译效果。

超级稻的生长期一般要120天以上，这也注定示范田行动者网络中的转译是一个持续的过程。在长达四个月的时间里，在确定耕地日期、发放种子、育秧、移栽、施肥、喷药、收割等各个环节，要针对不同时期的不同目标对农户进行多次转译。在技术指导环节里，农业技术专家以政府行动者代理人的身份，把超级稻栽培的专家技术知识传播给农户，而农户则不断地把这些技术知识结合实际转译为自己的本土知识，并试图与原来的传统技术知识系统相容。

四是更加简洁化的行动者网络组织结构。农业局农技站确定示范田以后，通过乡镇农技站直接与村组长和农户代表协商，而不再是像往常那样建立"县—乡镇—行政村—自然村—村民组—村民"冗长的关系网络。冗长的网络，一是增加了层级，容易导致信息的失真；二是增加了多余的行动者，如行政村干部。其实，政府发起行动者在组网之时，也考虑过是否要把行政村干部列为行动者。

> 一般而言，多一些人帮忙，事情就会快一些，就会好办一些。但是，有的时候人多了反而误事。比如，我们要做超级稻示范田的意义、措施，我们直接和农民说，直接对话，没有经过转述，就比较好沟通。如果增加一个行政村干部的环节，让他们代替我们去布置，不知道他们能理解多少，又能说出来多少，又能反映农户多少真实的意见。如果这样，我们反而没有把握做什么事情了。（访谈记录，E2）

政府发起行动者的想法，也正如拉图尔在《科学在行动》（Latour，1987）[206-207]书中表述的"事实建构者的困境"（quandary of factor-builder）。作为构建科学事实者，不得不招募更多的人；但是他又不得不控制每一个人，而不至于把这个断言再转换成其他断言或其他人的断言。因为每一个潜在的帮手，都可能以各种各样的形式，把他们不感兴趣的话题转换成其他不相干的话题（unrelated topic），把最初的断言转换为另外的东西。

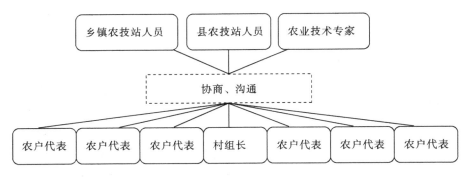

图 4.4　S 村示范田行动者网络的组织结构

如图 4.4 所示，县农技站通过减少层级，去除多余行动者，实现了 NM 镇 S 村示范田行动者网络的结构简洁化，使行动者之间能够近距离的沟通与协商。这一方面增强了发起行动者的转译能力，另一方面也显著提升了转译的效率。

4.4.2　示范田的示范性及评价

首先，政府推动建设的示范田具有公共政策的特性，因此要侧重于从公共政策的效用方面对示范田进行评价。其次，要把示范田这样的公益性项目置于市场经济的框架下考虑，讲求其效率和效益（刘磊，2013）。基于这两点，就需要定位三个问题。一是示范什么，即确定示范的内容，包括技术性、商业性目标；二是对谁示范，即确定示范的对象；三是示范的具体效果，即是否达到了预想的规模或程度。

关于第一个问题，"示范什么"。NM 镇 S 村超级稻示范田属于"农业部水稻万亩高产创建示范片"之一，这一项目来源于"全国粮棉油高产创建项目"。NM 镇 S 村超级稻示范田创建于 2014 年，应用的是 2013 年的创建文件（实际上每年差别不大）。《2013 年粮棉油糖高产创建项目实施指导意见》指出，高产创建项目的总体要求是，"以促进粮食稳定发展和农民持续增收为目标，以粮食主产省和非主产省的主产区为重点，以主要粮食作物和重要紧缺品种为重点，强化行政推动，依靠科技进步，加大资金投入，集成推广成熟技术模式，促进农机农艺结合、良种良法配套，示范带动大面积均衡增产，持续提升我国粮棉油糖综合生产能力"（中华人民共和国农业部等，2013）。

从这里，可以看出示范的内容有两大方面：一是新的种田模式示范，包括农机农艺的结合和良种良法的配套；二是农业生产效果的示范，即不仅要实现超级稻在产量上的增产，还要实现农民在经济利益上的增收。

关于第二个问题，"对谁示范"。在《2013年粮棉油糖高产创建项目实施指导意见》中，只是宏观地提到"示范带动大面积均衡增产"，语意不是特别明确。本研究认为，这里的示范对象可以分为两种：一是作为人的对象，即示范田农户对非示范田农户的示范；二是作为物的对象，示范田对非示范田的示范。无论是人还是物，这里必须是能够呈现出来的东西，包括看得见的技术活动和看得见的技术结果。

最后，关于示范效果定量评价的问题。经梳理国家有关超级稻示范田创建文件，发现三个具备指标性的内容：①东北、长江中下游单季稻区水稻高产创建万亩示范片亩产700公斤以上，双季稻区两季亩产900公斤以上，其他地区亩产600公斤以上；②新建示范片单产水平力争比上年提高2%以上，续建示范片在保持上年高水平上力争再提高；③每个万亩示范片培训农民100人左右（农业部办公厅等，2014）。

虽然明确了以上三个问题，本研究发现，还是无法对NM镇S村示范田的示范效果进行针对性评价。因为如果仅仅套这些"指标"，那么，根据T县农业局农技站提供的资料显示，该示范田2014年测产亩产达到727公斤，超过农业部规定的600公斤，作为新建示范片比上年提高了100公斤；2014年全年举办超级稻高产创建各类技术培训4次，参加农民200多人。如果按照这些指标当作示范性评价，那么这块示范田的示范性就达到了100%。而事实上示范田的示范性并没有达到这样的效果，因而这种评价是不全面的。

本研究无意于建立一个严谨的指标体系来评价示范田工作，但是示范田的示范性情况又与后面的分析有一定关联，因此可以从示范田创建的文件中，寻求一些政策设计的依据和目标。根据农业部、财政部相关文件内容，本研究尝试把示范田创建的内容、示范效果和培训情况等综合成一个具有三个一级指标、6个二级指标、8个三级指标的综合评价体系。通过对 28 位示范田农户与 17 位非示范田农户多轮访谈后的评价进行汇总，得到以下总体评价结果（见表4.6）。

表4.6　对 NM 镇 S 村超级稻示范田的示范效果评价

一级指标	二级指标	三级指标	示范田农户评价	非示范田农户评价
1. 生产示范	生产技术表现	插秧、收获等生产过程中农机的应用	好	好
		种、土、肥、水、药等配套	好	中
	生产效果表现	增产满意度	好	好
		增收满意度	中	中
2. 辐射带动	对人的带动辐射	示范田农户对非示范田农户的示范	中	差
	对非示范田的带动辐射	示范田对非示范田的示范	好	中
3. 培训效果	培训次数和机会	培训次数满意度	中	差
	培训效果	培训效果满意度	中	—

　　虽然表格呈现的仍是定性评价，但这是通过多人多轮访谈后获得的综合信息，因此这一形式上的问题不妨碍相关指标总体判断的正确性。同时，这个表格呈现的结果也得到了当地农业主管部门的负责人和一些农业技术专家的认可。

　　从表4.6中可以看出，示范田农户对示范效果的总体评价优于非示范田的农户，特别是在"生产技术表现"的两个方面，大多数示范田农户评价都很高。这说明，县农业局农技站在示范田的运行过程中严格遵循高产示范创建的要求，认真按照超级稻配套栽培技术的新的知识系统指导农民，取得了良好的反馈效果。而非示范田农户对于"农机运用"评价甚高，但对于配套栽培技术则评价为中等。其中一位农户的观点很有代表性：

　　　　现在基本上都是机械化了，家家户户都不用水牛了。我们的田与示范田不远，机器在那儿跑来跑去，耕地啦，耙地啦，收割啦，机器都很高大的，离得远一点也看得见。像怎么用种子、怎样用肥、用水、用药的，我觉得没有什么技术，也没有到他们那边看过。村里也没有通知过我们。我们这边一直以来都是种水稻的，都会种。（访谈记录，G8）

示范田农户之所以对超级稻配套栽培技术的评价较高，是因为他们的原有技术知识系统已经被专家转译为超级稻所需要的新的知识系统，这种技术知识系统的核心就是配套栽培技术的应用；同时示范田超级稻的生长形势和高产结果也加固了他们的这一新的知识系统。相比他们，非示范田农户因为缺少和农业技术专家沟通的机会，所以他们依然按照和示范田农户之前一样的技术知识系统耕作，而这一系统认为"种水稻没什么技术"。由此可以看到，如果不针对性地对非示范田的农户做技术培训，改变他们固有的观念和传统，即便是示范田周围的非示范田的农户，也难以被示范田影响。

在辐射带动作用方面，示范田农户认为自己对非示范田农户发挥了一定作用，但是非示范田的农户不这么认为。

他们的产量是高一些，但是他们用了更多的化肥。我们没有免费的化肥。如果说他们的技术高一点，就是化肥多一点。一亩地几百斤的化肥。我们自己肯定不会这么做。（访谈记录，G7）

在培训效果方面，两者的评价差异更加明显。示范田创建过程中至少在插秧（抛秧）、催花、灌浆、测产验收等几个环节召开三次以上现场技术培训会。示范田农户接受培训的机会还是比较多的，因此评价较好；但是他们反映，去其他地方的现场培训机会很少。而且他们认为，培训的效果一般，"专家讲的是书上的，我们是要在田里做的。"一位农户这样解释。这说明，专家技术培训的方式非常重要。对于非示范田农户，他们表示很少接受过超级稻技术的培训，所以他们也没法评价培训的效果；不过他们认为也不怎么需要，因为他们最需要的是西红柿技术与芒果技术培训。

NM 镇农技站站长解释道：

主要还是种水稻不得（赚）钱。算算一亩田的投入与收成，加上人工费，怎么算都是亏。农民种水稻，觉得够吃就行了。所以对怎么提高产量的技术不是太感兴趣。西红柿、芒果就不一样了。一亩西红柿，大的那种，一亩地平常讲也有七八千斤，总投入四千来块，如果行情好，两块多一斤，种地还是不错的。前几年西红柿行情好，我们这儿的农民也好过了几年。芒果也是啊。这两年西红柿不太好，但芒果价格上去了，从这儿出去都五六块一斤。农民当然需要西红柿和芒果技术了。所以啊，我们找专家去培训西红柿和芒果技术，农民就愿意听，也听得认真；如果去培训水稻，喊他们都不来。培训半天，还要发他们 20 块钱到 50 块钱补助。培训完了，再领钱，不然他们不来啊。（访谈记录，F1）

S 村村支书 G1 也不满意农民对于技术培训的态度：

现在想找农民开会都需要钱。我们村委开展工作，找个晚上开会（白天大家都在田地忙），来了就给 10 块钱。开村组长会也是这样。开完会就发钱，不能赊欠，不然下次他们就不来了。搞水稻技术培训也是这样。农民不感兴趣，专家讲得好与讲得不好一个样。因为农民是冲着补助去的。而且很多家庭都派了老人、稍大一些的孩子过去，主要是等培训结束拿钱。（访谈记录，G1）

农技员 E3 和村支书 G1 的说法在表 4.6 中"生产效果表现"的评价上得到了印证。无论是示范田农户，还是非示范田农户，这一次他们的评价倒是出奇的一致。他们对增产情况表示很满意，但是对增收情况都不太满意。的确，每亩地增产 100 公斤稻谷，按照国家收购价，也就 280 元左右；这与动辄可以赚取近万元的西红柿怎么比呢？正是因为水稻种植的经济效益较低，使得农民对于这一技术缺乏学习的热情。也是这一原因，使得示范田周围的非示范田农户都懒得到示范田走一趟。这说明，行动者网络组建过程中的转译在市场经济条件下是以经济利益为基础的，而且预期较高的经济利益可以明显增强行动者的转译能力，提高转译的效率。

综上所述，NM 镇 S 村示范田行动者网络在示范田本身建设方面取得了成功。这种成功可以从示范田的平均产量、农民知识系统的进化以及示范田农户对示范田自身的评价可以看出。示范田农民获得了增产的期望，农业局农技站、技术专家、技术推广员、超级稻等也因参与行动者网络而获益。从这个意义上说，示范田本身的建设取得了成功。但是，示范田更大的意义是"示范"，即要发挥辐射带动作用，促进"示范"的农业生产技术和生产模式向周边有效扩散。从非示范田农户的评价来看，示范田对超级稻技术的辐射扩散作用有限。总之，从示范田的示范效果来评价，NM 镇 S 村示范田的成功是不全面的。

NM 镇 S 村示范田的情况揭示了当代中国农村示范田建设的一个问题，即重视示范田本身的建设，忽视示范田的辐射效果。这将可能导致以下两种后果：其一，政府为示范田农户提供全面免费农资的做法，虽然在一定程度上提升了示范田农民采用新品种的积极性，但是这种做法容易使示范田农民产生对免费农资的路径依赖，反而使他们忽略了对相关配套技术的重视；一旦缺乏免费农资补助的支持，他们就可能会对新的技术推广采取冷漠的态度。其二，对非示范田农民来说，政府指定示范田位置及提供免费农资补助的做法，在农村中营造了"不公平"的现象。一些得不到补助的人很容易在心理上排斥示范田种植技术，从而可能阻碍农业技术的扩散。从 T 县农业局的统计数据来看，近 5 年来，在 T 县开展技术推广的超级稻品种有差不多 30 个，除了政府主推的品种以外，其他品种均没有占据明显的优势。这说明，超级稻在品种的推广方面取得了较好的成绩。但是，正如前面的访谈内容显示，农民对采用超级稻配套技术的态度则比较消极。品种采用和配套技术采用本是紧密联系的组合，而在 S 村的非示范田农民这里，农作物新品种采用与配套种植新技术采用形成了选择的割裂。而这种割裂也是自发田超级稻产量明显低于示范田的主要原因。这似乎可以解释本研究开始所提到的一个问题，即为什么某些超级稻示范田单产已突破 1000 公斤，而 2014 年全国水稻生产平均亩产仅为 454 公斤（龙军，2015）。

上述分析说明，示范田技术向自发田的扩散，不是想象中"有榜样，就有力量"的自发机制，而是现实中"有榜样和利益引导，才有力量"的触发机制。因此，政府行动者需要对这种示范田免费模式进行反思和调整，一方面，应该考虑降低示范田农资产品的免费提供比例，给予周围非示范田一定的免费农资补偿等，充分调动两部分农民技术采用和技术学习的积极性。另一方面，要适当改进示范田选址工作，如推行示范田位置轮换的做法，不断扩大示范田辐射的范围，提高示范田的示范效果；再如尝试选用一般田地而不是只选用最肥沃地块，从而提升新技术效用的说服力和示范效果。此外，因为许多条件的限制，新的技术知识能否从示范田完全落实到一般自发田，也是一个问题。比如，示范田的测土配方施肥技术，一般自发田就难以做到。S镇农技站没有与测土配方相关的专业人员和设备，县农业局农技站虽然有设备也缺乏服务力量。而增加力量，又要牵涉专业技术人员培养、培训，农业局人员编制等。全国农技推广服务中心的专家A1承认，"事实上，这个不可能每一块田都做到，它就是一个理念，起方向引导的作用"。（访谈记录，A1）

在S村，除了政府发起的示范田，还有农资公司发起的示范田和种粮大户示范田。作为农村技术推广多元主体的重要一方，农资公司分设的各类农资商店已经遍布乡村，并对农村技术创新起到了重要的促进作用。为了获取农民对本公司独家经营的种子或化肥类商品的信任，提升商品竞争力，作为营销手段，公司也会在他们划定的重点区域，采用小块示范田的方式，宣传和推广他们产品的使用效果。在T县的BY镇就存在过兆和公司设立的"桂两优2号"的示范田。虽然能够以"政科企合作"的兆和模式开展研发和技术成果转化，但是在公司自己设立示范田方面，困难还是不少。

农民是最单纯的，他们也是理性的。比如，我们看中了一块田，想做示范田。农民就说我自己种，我不给你。所以这个就要做思想工作，我们通过当地政府、村委里面的主要骨干，利用他们的力量，告诉农民做示范田，会给他们带来好处。第二个，在种植示范的过程中，种子肯定要免费，肥料也免费，甚至农药也免费。在这个过程中，还要帮他们，修路、修水渠、修桥，等等，结合一些项目去做，这个才能做成。所以这些都是必要的方式。每个企业的做法可能有所不同，但是大致的方向都是相同的。（访谈记录，D1）

兆和公司是实力比较雄厚的种业公司，尚且感到有些困难。一般的小公司就更加难以承担示范田的成本。因此，农资公司发起的示范田可以算作农村示范田建设的新现象，而且以获取经济利益为目标的行事方式，使得农资公司招募的专家更有实际经验，管理和监督措施更完善；但是因为数量和规模都很小，并没有发挥很大的影响力。

严格来说，种粮大户示范田不能称为"示范田"，它是种粮大户在自己承包的田地上种植实践，因为其规模相对较大，所以客观上具有示范的效果。种粮大户"示范田"的示范效果还有一个扩散方式，是通过自己的雇用工人，经人际关系向外扩散的。但是，这种示范田主要来自大面积田块规模效益，对于农户小地块种作情况借鉴不多。

4.5　小结

通过对示范田创建文件的梳理及对现实情况的观察，本研究发现，示范田推广模式不仅成为政府部门默认最为有效的技术扩散模式，而且在实际效果中也得到了验证。

示范田行动者网络的行动者既包括县农技站人员、乡镇农技站人员、农户、农业科学家等人类行动者，也包括超级稻、农业机械等非人行动者，是一个异质性网络。

NM 镇 S 村的超级稻示范田行动者网络最主要的转译方式是"免费"，提供免费的种子、化肥、农药、技术培训，还有补助。以"免费"为基础，发起行动者使用了包括兴趣、利益、手段和文化多层次的内容转译。在超级稻示范行动者网络运行的过程中，农户传统的技术知识系统与专家传授的新的技术知识系统经历了从冲突、协调到逐渐融合的一个过程。

超级稻示范田行动者网络的转译机制是"适宜通行点"的选择。卡龙、拉图尔等人的"强制通行点"转译机制虽然对他们的论文案例具有较好的解释效果，但是，在本案例中，每个行动者并不存在唯一的"强制通行点"，而是存在不同的"可能通行点"，加入网络只是他们的"适宜通行点"。而且，用"适宜通行点"的转译机制也可以解释卡龙、拉图尔等人的经典案例。

政府发起的示范田行动者网络呈现了一种紧密型"强网络"的特征，它表现为：政府作为发起行动者的强势，不对称信息条件下技术的强势，较强与可持续的转译能力和更加简洁化的行动者网络组织结构。

总的来说，NM 镇 S 村示范田行动者网络在示范田本身建设方面取得了成功。农业局农技站、技术专家、技术推广员、超级稻等也因参与行动者网络而获益。但是，从示范田农户和非示范田农户的综合评价来看，NM 镇 S 村示范田没有能够很好地发挥辐射带动作用。示范田政策设计虽然包含了广大的非示范田农户，但是在组建行动者网络时，发起行动者并没有考虑对非示范田农户进行招募，因而这些农户事实上游离在行动者网络之外。除此之外，技术经济效益决定农户的技术需求和学习态度。示范田的示范性往往不是想象中"有榜样，就有力量"的自发机制，而是现实中"有榜样，需要利益引导，才有力量"的触发机制。农业领域行动者网络中的问题，可能要引进更多的非农业领域的新的相关行动者加入网络，才能更好地解决问题。

此外，本章对人类行动者和非人行动者关系的处理上，改进了经典行动者网络理论"强对称"的思路，换之以"弱对称"的处理，认为人类行动者与非人行动者虽然同等重要，但在能动性方面存在着不容忽视的差异性。

第5章　超级稻技术扩散行动者网络：自发田考察

示范田行动者网络的稳定性，很大程度上取决于政府提供的免费农资产品。那么，在示范田之外，那些更大范围的自发田是如何进行超级稻技术扩散的？他们又将形成什么样的超级稻扩散行动者网络？

5.1　自发田行动者网络的建立

5.1.1　自发田网络的发起行动者

如何确定超级稻自发田网络的发起行动者，是颇为困难的事。而如果不界定发起行动者，就难以跟随行动者的脚步，就不能发现更多的潜在行动者。但有一点似乎可以确定，政府行动者不再是自发田网络的发起人了。当然，也不会是农业科学家，他们在示范田已经获得了新知识和社会实践经历，此外他们还有自己高标准的试验田，自发田的状况引不起他们的兴趣。那么是农户吗？目前看来，的确是农户在种田，是他们把超级稻种子带回家，育秧，移栽，插秧，施肥，浇水，喷药……但是，他们在种自己的田，并不能说是他们组建了超级稻扩散的网络。而且农户种水稻有自己的目的，那就是获取国家规定的种粮补贴、良种补贴等，满足一家人的口粮需要，同时千百年来的稻作文化也使得他们把种水稻作为一种传统。至于农资店经营者，他们的货架上是各式各样的种子、化肥和农药，对于来到商店里的农民，他们的商品只要有一个品种符合农民的要求并被买下，就是他们的成功。他们本身并不是很关心超级稻扩散的网络，除非对他们有新的激励。而那样的话，发起行动者则又是制定激励措施的人了。

前面提到，根据农业部发布的《超级稻品种确认办法》，某个超级稻品种认定后三年内推广应用达不到30万亩的，就要退出超级稻品种冠名。实际上，从2005年起，我国已有28个超级稻品种退出冠名（李丽颖等，2015）。这时候，作为超级稻品种的代理人——种业公司可能是最不乐意的。

在示范田行动者网络的组建过程中，示范田要求统一品种、统一技术、统一实施。而在本章情况则完全不同了，我们面对的将是一个不同超级稻品种竞相建立网络的场景（见图5.1）。

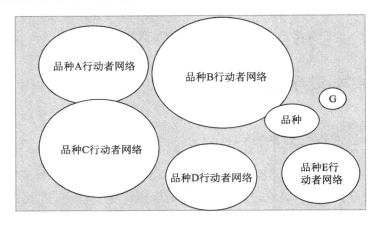

图 5.1　不同超级稻品种在自发田的扩散

因此，本章我们将跟随不同超级稻行动者运动的轨迹，讨论不同超级稻品种建立行动者网络的过程。在此需要指出的是，跟随超级稻的运动轨迹，并非是赋予超级稻一种脱离人之外的能动性，而是围绕着超级稻品种，讨论它的代理人如何与农资店经营者、农户、政府等其他行动者共同组建一个行动者网络，并与其他超级稻品种的行动者网络竞争或者合作的过程。

5.1.2　跟随超级稻行动者的网络建构

根据T县超级稻种植的实际情况，我们在众多的超级稻品种中选择了三个超级稻品种：中浙优1号、Y两优2号、桂两优2号。本研究之所以选择这三个超级稻品种是考虑到它们具有不同的代表性。

中浙优1号是早期超级稻品种，由中国水稻所与浙江种子公司2000年育成，2004年通过超级稻审定（浙审稻2004009），2005年成为农业部首批28个重点推广品种之一，2006年广西引进种植，目前已有10余年。

Y两优2号是新品种，它由湖南杂交水稻研究中心育种专家邓启云领衔选育，2007年试种成功。2008—2009年在海南三亚和湖南长沙参加超级杂交水稻示范评比中均排名第一。2010年Y两优2号被袁隆平院士确定为第三期超级稻攻关首选品种，并于当年首次实现超级稻第三期亩产900公斤的目标（张小军等，2013）。该品种2011年通过湖南省审定（湘审稻2011020），2014年通过农业部超级稻确认。

桂两优2号是广西本土首个超级稻品种，由广西农业科学院水稻研究所培育，2008年通过广西农作物品种审定（桂审稻2008006号），2010年通过农业部超级稻认定。

本研究将以这三个品种作为考察对象，跟随超级稻行动者，了解不同超级稻品种在自发田建立行动者网络的过程。

案例一："中浙优1号"

"中浙优1号"由浙江勿忘农种业股份有限公司经营推广，在广西省级、市级、县级都设有自己的代理经销商。该公司依靠区域代理建立营销网络，并依靠这个网络进行商品的流通。T县代理商把得到的种子商品批发给各乡镇、村屯的农资零售店，其中包括S村的农资店。在S村，大大小小的农资店有8家，而一般的村子只有1~2家，而且规模也要小得多。这与S村处于贯穿T县境内一条大河的河湾有关，历史上这里是繁忙的渡口，因而形成了传统的集市。有集市就会聚拢人，人多店铺也会更多。S村的农资店共有6家售卖稻种，其中2家卖有中浙优1号。本研究选择了较大的一个店铺作为重点访谈和深入了解的对象。

这家店挂着"NM镇农技推广站技术服务部"的牌子，店主是一个六七十岁的老人。他自述以前曾经在NM镇做农技推广员，退休后开了这家店。"其实，这家店与推广站没有关系，（推广站）他们硬要挂上这个，挂就挂了。"

至于"中浙优 1 号"的销售情况，店主介绍说：

> 这个品种在这儿蛮受欢迎。它的生育期 130 多天，作为单季稻，比较适合。我们这里主要作早造（早季稻）。（该品种）穗大粒多，结实率高，高产，吃起来好吃，很合我们这边偏软的口味。我们向他们介绍过了，很多农户种过一季，第二年就会接着种。这个产品也不用宣传，直接卖给农民。（访谈记录，G10）

从店主的介绍，可以看到"中浙优 1 号"到了农资店以后，店主就立刻成为它的代理人。同时，尽量发挥自己农资店主的优势地位，吸引农户的兴趣，转译农户行动者，把他们纳入"中浙优 1 号"的扩散网络。

实际上，该农资店售卖的稻种有四五种之多。也就是说，店主应该是所有自己售卖水稻品种的代理人。在面向一个农户顾客的时候，他该代表哪个超级稻品种的利益呢？

> 说实在话，一般的商店卖种子，都是哪个种子的利润高就推荐哪个，哪个种子公司返利高就推荐哪个。而往往越是好的种子利润越低。所以，有些店里就忽悠老百姓买差一些的种子。那样赚的多一些嘛。我不一样，我是专卖好的品种，差的不卖。所以，我这儿人（顾客）比较多。如果有人要买种子，有目标的话，他会直接说那个品种，我就给他。如果没有目标，让我推荐，我就说你要好一些的，还是差一些的；好一些的就要贵一点，差一点的就便宜一点。根据农民的需要，分别拿两三种给他选。他们最后要么凭着感觉选。或者还是让我们推荐。于是，我就给他们推荐这个。（访谈记录，G10）

当农资店主成为多个超级稻品种代理人的时候，就会有多种代理带来的冲突。店主面临一个选择：要么为了自己眼前的利益，临时搁置较好品种的代理身份，化身为较差品种的代理人；要么为了自己的声望和长久利益，临时搁置较差品种的代理身份，转而为较好品种的超级稻代言。

经过梳理和分析访谈内容，可以得出"中浙优 1 号"在 T 县的运动轨迹和扩散网络如下：

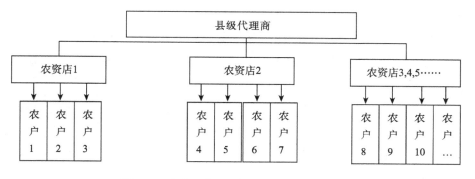

图 5.2 "中浙优 1 号"在 T 县的扩散网络

如图 5.2 中所显示，"中浙优 1 号"在 T 县的扩散涉及三个层级的行动者，一是县级代理商，二是村镇农资店，三是农户。在这三个层级的行动者中间，发生了两次超级稻技术知识的扩散，第一次是县级代理商向若干村镇农资店的扩散；第二次是村镇农资店向农户的扩散。在第一次扩散中，县级代理商通过较低的进货价格、较大的利润空间、不定期的激励等方式招募农资店行动者，完成了"中浙优 1 号"扩散网络在第一次扩散网络中的转译；在第二次扩散过程中，村镇农资店直接对话农户顾客，通过自己的引导和"转译"方式，尽可能多地招募农户行动者，完成超级稻在田间地头上的扩散。

案例二：Y 两优 2 号

"Y 两优 2 号"在 2014 年被农业部确认为超级稻。在此之前的 2010年，该品种就已经被袁隆平院士推荐并实现了超级杂交稻第三期的亩产目标（900 公斤）；更在此之前，2008 年，"Y 两优 2 号"技术成果以 650 万元价格竞拍给安徽袁禾实业有限公司。安徽袁禾实业有限公司是一家由袁隆平院士直接入股担任董事的农业科技公司。

凭借着袁隆平的名气和安徽袁禾实业有限公司的市场营销技巧，"Y两优 2 号"的推广迅速在全国铺开。"Y 两优 2 号"的推广模式一般分为两步：首先进入当地政府的示范田作示范推广；然后通过种子经销代理商扩散到自发田农户。而且在这一过程中，"Y 两优 2 号"已经尽量挖掘"明星水稻"的优势，在宣传造势上也远超过其他水稻品种。尽管别的品种可能也会作示范推广，但规模和声势都比较小，在各地新闻媒体上的曝光率更少。

与"中浙优 1 号"一样，在自发田条件下，县级代理商同样需要把"Y 两优 2 号"种子批发给村镇农资店，然后由村镇农资店把种子扩散到农户。但是，可能因为营销和技术成果转化成本较高，"Y 两优 2 号"的种子市场价格比"中浙优 1 号"高出一倍。为此，农资店直接向农户的推广或转译就变得十分困难。这时候，农资店采用了一个"迂回"的办法，即招募"核心农户"，通过核心农户的力量，加快"Y 两优 2 号"品种向农户的扩散。

一位售卖"Y 两优 2 号"种子的农资店主，讲述了他们通常的做法：

> "Y 两优 2 号"属于大穗形，粒多，结实率高，试验田能达到 900 公斤。它茎秆粗壮，耐肥抗倒，适合我们种西红柿以后的土壤；它也耐高温，也适合亚热带气候。就是进价就比较高。农民想种这个，又担心成本。我们就想办法，对一些种粮大户、重点户，送他们一些自己种；或者低价批发一些给他们，让他们再帮着推销；再或者他们带领一些人到我这儿买，过季节给他们算提成。这种办法还是有效果的。今年一季卖这个品种卖了 2000 斤。（访谈记录，G10）

明星新品种"Y 两优 2 号"与"中浙优 1 号"的扩散网络存在一个层级上的不同，它在农资店与农户之间又加进了一个"核心农户"的层级。也就是说，在这种网络模式中，农资店更多的是向核心农户做"转译"工作，而核心农户则要负责向其他农户做"转译"工作，组建自己小范围的行动者网络。这对核心农户来说也是一个挑战。NP 镇 H7 种粮大户作为一位核心农户，讲到了自己这方面的经历。

> 现在种田技术没有太多的秘密。我觉得关键是品种，但也不全在品种。我现在承包别人的土地有 100 多亩，每亩承包费都要 1000 块钱。所以要找些好的品种才行。周围的村民，看我种什么，就过来问，我就告诉他什么品种，到哪个店里去买；或者我帮他们买回来。

有时候，他们就说，为什么我的稻子没有你家的长得靓（好）？为什么我家的达不到那个产量？我就说，你来我们家田看看，我是怎么施肥的，什么时候打药的，就知道了。（访谈记录，H7）

"Y两优2号"的扩散网络的形成，说明了在市场经济不断发展的农村社会，商业形式也更加丰富和具有创新性。据此，我们可以得出"Y两优2号"的扩散网络（见图5.3）。

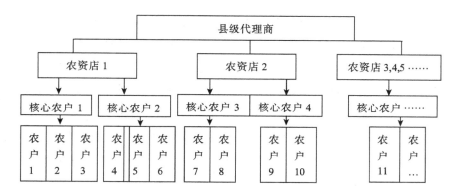

图5.3　"Y两优2号"在T县的扩散网络结构

案例三：桂两优2号

"桂两优2号"是跟随超级稻行动者考察的第三个案例。由于该品种是广西的首个超级稻品种而在广西壮族自治区内备受关注。该品种在通过超级稻审定时，曾明确适用于包含T县在内的桂南区域，但是，它的推广却遭遇了问题。

县农业局的技术专家解释说，第一，"桂两优2号"全生育期只有124天左右，属于早熟品种，生育期短，产量就不可能高；第二，这个品种不耐肥，而T县流行"稻菜轮作"，前一季西红柿会施肥很多，水稻不耐肥，容易干枯、倒伏；第三，它的米质有些硬，不太适合T县人的需求。基于这三个原因，"桂两优2号"一直没有能够深入推广。

前面说过，"桂两优2号"是兆和公司花费150万元买过来的技术，又有着"政科企"合作模式的帮衬，作为"桂两优2号"的代理人，兆和公司自然不愿意放弃这个商品粮基地县的推广阵地。可是，现实中超级稻品种如此之多，竞争又如此激烈，而"桂两优2号"的前期推广效果又不理想。对于农户来说，"广西首个超级稻"的名分是没有任何意义的。这种情况下，"政科企"合作模式的确发挥了作用。因为广西山区气候多变，每年都有不同的小环境灾情。自治区层面每年会通过政府采购一些种子、化肥等作为赈灾农资发放到各县。T县作为下辖县之一，每年也会分到这种赈灾农资产品。"桂两优2号"正是通过赈灾这个途径，再次进入了T县。

在NP镇的一处田地里，农户H6指着自己的半亩"桂两优2号"对县农技站工作人员直摇头。虽然没怎么倒伏，但这片稻田的水稻比周围其他品种明显秆茎要细，稻穗小，米粒不紧凑。"估计亩产达不到450公斤。要不是赈灾的免费种子，我可不会种的。"随后他又补了一句："明年的话，再发这个（品种），我就不种了。"（访谈记录，H6）

然而，在T镇的一个村庄的田地里，"桂两优2号"的表现则大不相同。村民H8感谢政府发下的这批种子。"这个种子不错，稻穗又长又大，估计可以达到600公斤。明年我们要自己买这个种子。"（访谈记录，H8）

县农技站专家E3指出，T县小生态环境特别复杂，从NP镇到T镇，中间隔了几座山，在NP镇还很炎热，在T镇就有些凉了。的确，刚刚NP镇的"桂两优2号"差不多快要收割了，而这边还有些泛青。"看这情形，至少一周时间才能成熟。"L说。

无论是NP镇，还是T镇，总之，"桂两优2号"在T县的扩散形成了另外一种网络模式。这种模式把政府行动者重新引入自发田的视野，并以发放"赈灾农资"的方式拓展着网络（见图5.4）。

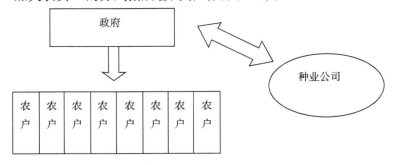

图5.4   "桂两优2号"在T县的扩散网络

通过对以上三个超级稻品种案例的追踪，本研究展示了不同超级稻品种在自发田的扩散模式。这些不同模式的形成也是不同行动者网络构建的过程，由此可见，自发田网络中的行动者联结比示范田网络更加复杂和富有层次。

在行动者网络理论中，社会科学家们总预想社会能够提供一个三维地图，使得行动者的互动总能在图中找到一个对应地点；为此，将不得不把社会领域（social domain）进行完全扁平化（completely flat）处理，就像模仿某些奇妙的书（marvelous book），试图让3D动物生活在线条构成的2D世界里一样（Latour，2005）[171-172]。通过对他们的扁平化处理（flatten them），多么令人绝望的复杂纹路（hopelessly crinkled）都能充分地展开（fully deployed），社会的每一个联结也能够便于追踪（tracing）和衡量（measure）（Latour，2005）[172]。这在理论上似乎是可行的，而在实践中，现实世界总是有层次和结构的。本研究的分析告诉我们，层次与结构并非是追踪行动者之间互动联结的关键阻碍，跟随一个关键行动者，并以一个关键行动者为核心追踪主要的互动联结，才是描述行动者网络构建的可行方法。

此外，本研究还发现，自发田的超级稻扩散从宏观上来看是松散的，但是这种自发并不意味着杂乱和无组织，只是这种组织性表现在不同的网络中显得有些模糊。自发田农民的水稻种植动力，来自政府种粮补贴的引导，同时配合农民自身的口粮需求以及农户的种粮传统；自发田水稻品种的扩散，是超级稻品种的代理人发起的行动者网络。在这一网络中，一部分核心农户可以由一般行动者转化为小范围行动者网络的发起行动者，并能够有效开展"转译"工作，为超级稻品种在农村的扩散作出了独特贡献。这从而说明，在农村技术扩散的实践中，发现、培育并发挥核心农户的力量，是值得认真研究的工作。

5.2 不稳固的转译机制

与示范田相比，T县超级稻扩散的自发田行动者网络是一个松散的、表现为弱势的网络。本节将剖析自发田行动者网络的转译机制及其表现。

123

5.2.1　不断游移的适宜通行点

在示范田行动者网络中，发起行动者通过自己的努力，为自己和潜在的行动者规划"适宜通行点"，并依靠多层次内容转译策略转译行动者，完成一个网络的建构。在自发田行动者网络中，无论是"代理商—农资店—农户"这样的三层级行动者网络，还是"代理商—农资店—核心农户—农户"这样的四层级行动者网络，发起行动者的力量都难以与强大的政府相比。对于代理商来说，它可以凭借 A 品种或者 B 品种来获利，或者利用 C 地或 D 地的优势来获利，它的适宜通行点是游移的；对于农资店来说，除了 Y 两优 2 号，还有中浙优 1 号、深两优等，甚至除了稻种，还有化肥、农药，店主也不会在某个指定的品种上花太多精力；对于核心农户来说，最主要的是种好自己的地，劝服别的农户虽说能带来一定好处，但是这种利益毕竟太少，只有在顺手顺路顺口的时候可以做做。但是，对于农户来说，他们的适宜通行点似乎确定，种更好的水稻品种，获取更多的收益。

现在问题来了，农户的适宜通行点大致可以确定，而处于发起行动者的适宜通行点难以定位。所以，代理商会对农资店主说："如果你觉得这个品种不好卖，试试另外一个。"农资店主也会对核心农户或者直接和农户说："左边的这个品种产量高，右边的这个更好吃，还有，下面这个耐肥好一些。你想要哪一个啊？"核心农户则会试探着对他周围的农户说："我觉得这个种子还不错，应该比你去年种的那个好。如果你想要，我一块儿说说，搞个批发价。"

游移的适宜通行点让代理商认为，只要赚钱就行，不管这个农资店来进货，还是那个农资店来进货；不管是出售这个水稻品种，还是出售那个水稻品种。而农资店则认为只要农户买我的东西就行了，不管是买什么水稻种子还是化肥农药。核心农户觉得，自己并非要靠着劝别人种什么买什么来过日子，听不听我的关系不大。这时候的农户紧跟着也会变得游移，如果别人有强硬的指导意见，就会有逆反心理，"我爱种什么就种什么，你管得着吗？"如果是协商语气太重，农户就会认为，这些人并没有提供货真价实的意见，还是要靠自己想办法和做决定才行。

游移的适宜通行点给农民的行为带来了矛盾。一方面，他们愿意选择超级稻品种，事实上一般的常规稻品种已经越来越少，而且超级稻品种的确比一般的常规稻产量高；当水稻产量大大超过他们的生活需要时，他们就倾向于选择更高产的品种了。另一方面，由于规范的超级稻种植技术在施肥、灌溉等方面不仅费力费时，还要花费更多的成本，而这种做法得到的效益难以抵消他们的付出，因此，农民一般不愿意选择规范的超级稻种植技术。从表面上看，超级稻种子产品获得了较充分的扩散，而实际上其相应的技术并没有跟随扩散。

T 县农业局的统计数据表明，近 5 年来，在 T 县开展技术推广的超级稻品种有差不多 30 个，除了政府主推的品种以外，其他品种在自发田的扩散规模都较小，没有形成具有明显优势的品种。这说明，在适宜通行点游移不定的状态下，发起行动者有可能在自发田建立行动者网络，但仅限于小规模的网络。

5.2.2　参差不齐的转译能力

除了不坚定的适宜通行点，自发田网络中发起行动者的转译能力参差不齐。在示范田行动者网络里，政府作为发起行动者，农业局农技站作为专业的技术推广机构，其工作人员具有较高的转译能力，他们能够准确地转译水稻种子的特性和配套栽培技术的实施要点。但是，在自发田网络模式下，种业公司、农资店主与核心农户缺乏统一的技术培训，在工作理念和方式上也各有其独特性，这导致他们分别具有参差不齐的转译能力，在他们向自己的潜在同盟者介绍水稻种子和种植技术知识的时候，就可能出现三种情况的转译：①转译得不充分；②夸大转译；③虚假或错误转译（见图 5.5）。

从种业公司来说，虽然其营销手段在市场环境下锤炼得日益丰富，但是县级的代理商则主要是依靠独家的代理权来获利生存。庞大的农村市场和县级唯一的代理资格，使他们处于一种垄断的优势，因而他们很少会耐心地执行兴趣、利益、手段和文化多层次内容的转译。在对水稻种子特性和配套栽培技术实施要点讲解时，他们只会采取模糊的战术。更多的时候，他们只是会说："这个种子的确好。某某镇的某农资店一次就在我这

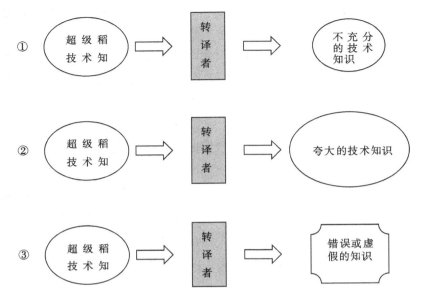

图 5.5　自发田行动者网络中转译的三种可能情况

调了 1000 公斤的货。"

与县级种子代理商相比，农资店主与农户距离更近，但是据了解，对农资店经营者并无专业的培训要求，开店者只要到农业部门办理相关经营许可即可。因此，他们的转译充满了虚夸。他们往往会作出"专家"的表情，随着农户的兴趣走动，一会儿推荐这个，一会儿推荐那个；一旦农户有进一步了解的欲望，他们便从一些"技术知识"的层面给予"转译"。"你想要产量高的？那好，这个生育期长，穗大粒多，种的好可以达到 800 公斤，一般也能到 700 公斤。你想要好吃的米啊。这个淀粉含量少，口感软一些。"

一位农资店主承认：

> 我们农业技术的知识懂得不多。就是想多卖些东西。反正水稻种子，根据我们的经验，这么多年来卖出去的种子，产量太高的没有，太低的也没有。买了好的种子，也未必一定高产，还要配化肥，还要不生病，没有虫害，天气也要配合，对吧？娶媳妇也不一定就能抱

娃。和这个是一样的道理。只要不卖假货就行了。（访谈记录，G9）

除了农资店主承认的夸大其词，核心农户对周围农户的转译则显得诚实一些。毕竟他们要在乡村社会中生活，而周围的农户又有可能是他的邻居或者亲戚。"我们都是说实在的。又不是靠这个养家。如果乱说一通的话，没法在村里待了。"一位村里的核心农户说。去年他帮着一个农资店把一种西红柿种子推销给了周围的 8 个农户。他认为这是他的诚实换取了别人的信任。尽管如此，他也承认，他的新"技术知识"来自个人经验和农资店主的陈述，他能做到的是保证自己忠实于个人经验和农资店主的介绍。

当然，村民买到假种子、假苗的情况还是有的。NM 镇 Z 村的一位农民总结说，现在农民对于那些打着各种公司名号骑着摩托车下乡的人，已经不信了。这种人卖的种子是要便宜一些，但是卖完后，他就走了。种子能不能长穗，也找不到他。相比之下，还是固定的农资店保险。

但是即便是这样，也会出现问题。在 NM 镇 D 村几乎全村的香蕉苗购自邻县的一个苗圃场，说是香蕉新品种，结果长出来的香蕉虽然不难吃，可是果皮上有斑斑的铁锈色，特别不美观；其他村的香蕉一块钱一斤，这里的香蕉五角钱一斤都没有人收购。现在苗圃倒闭了，老板也跑了。现在整村人欲哭无泪，政府也束手无策。"怎么办？没有办法呗。人家都倒闭了。明年砍掉（香蕉），重新再买苗。"

卖假货的人，往往是具有较高转译能力的人。但是，他们把自己的转译能力应用到了不正确的方向上。而售卖真种子的代理商、农资店主、核心农户正需要提升和规范自己的转译能力。

当然，与之前一样，本研究要继续强调技术经济效益对技术知识转译效果的影响。水稻的种植效益低，使得农户在学习超级稻配套栽培技术知识时缺少热情和耐心，这无疑将减损转译的效果。与此相比，同样是具有多年芒果种植经验的 T 县农民，他们对于芒果技术培训的热情非比寻常。

H9 是中国农业大学与 T 县联合创建的"科技小院"项目的农业科技研究人员。该项目一方面为中国农业大学的农学研究生提供社会实践平台，另一方面为 T 县农民提供蔬菜、水果种植方面的专业技术服务。目前

"科技小院"项目主要针对西红柿和芒果的种植。H9 和他的团队主要致力于对 T 县这一芒果种植面积最大、历史最悠久、种植技术比较成熟的区域，开展芒果生产技术创新、试验示范、培训推广以及技术服务工作。在两年多的时间里，H9 和他的同事建立了 15 亩芒果试验示范基地，成功推广了"热农一号"芒果优势品种，引入了山地芒果水肥一体化技术，开展了农民技术培训 36 场，培训人数达到 900 余人，同时还撰写《广西芒果优质生产 100 问》专著一本。

现在芒果种植最主要的问题就是农业技术没有真正传播到农民手中，或是说农民朋友们没有真正理解技术，在技术的应用能力上还是比较薄弱。我们调查发现，大部分农民朋友们的生产技术来源于农资经销商，技术的到位率和准确性都比较低。因此，我们特别重视技术培训这一块。一般我们是在晚上通过 PPT 的方式开展培训，但农民朋友们都坚持要我到外面芒果树下讲解，虽然是漆黑的夜晚，打着手电筒给大家讲解，但我能够感觉到农民对生产技术的渴望。

当理论技术与农民经验产生冲突时，我会向农民朋友们解释其中的道理。比如，农户习惯在冬季秋梢停止生长后施肥，理由是促进树体对养分的积累，有利于早春的开花，而且这时间没有其他农活，有时间去施肥。但是在秋梢停止生长进入花芽分化期后，树体需要养分极少，营养过多会导致芒果营养生长过旺，成花率低，影响产量。当农民听到不施冬肥时，他们心存怀疑，但是也想知道其中的道理。我就从芒果生长特性和营养需求特性上给大家讲解。农民朋友们虽然有种植经验，但是芒果怎么生长，什么时期吸收什么营养、多少营养，这些知识还比较欠缺。讲完了之后，很多农民朋友们都恍然大悟，原来自己果园里每年出现冬梢，影响开花的原因就是在年前多给芒果树撒了一把尿素，之后他们会尝试在冬季不施肥。

我们与农民经验结合的例子也很多。比如芒果采后施肥和早春施花肥，施肥方式是不一样的。在技术材料里大部分都是说穴施，但是很少提到怎么去挖坑。农民朋友们知道在芒果采后果树根系会大量生长，挖坑时可以直接下锄，甚至断根有利于根系的生长。但是到了花期到结果期时，根系基本不生长的，如果这时再断根会破坏根系。所以在挖穴时，要从远树端向近树端挖，尽量不要破坏根系。这是农民的经验。在我培训的时候，我也把农民经验与我的理论知识结合起来，一并传授给大家。有生产经验和理论知识的结合，农民朋友们听得更认真，对我讲解的技术更加信服。（访谈记录，H9）

从 H9 声情并茂的讲述中，我们可以得知农民学习芒果技术的积极性和主动性。没有培训补助，黑夜里在手电筒光线中学习，从听讲到互动，显示了农民对学习技术的渴望和认真程度。而这些情景，都没有在超级稻技术培训专家的描述中出现过。因此，超级稻技术扩散的问题不仅仅是技术的问题，更是一个经济和社会问题。

5.2.3 被区隔化的农户技术知识系统

农村实行家庭联产承包责任制以后，农户成为农业生产和农业技术实践的最基本单位。许多集体制下的技术竞赛、技术讨论、技术合作等优良传统，随着集体制的瓦解逐渐消失。原来的农业技术知识逐渐实现了农户化，即在自己家庭承包地里使用的农业生产技术，逐渐与别人有所区别。尽管一些农户也可能会了解别人的农业生产经验，但是由于制约农业技术效果的因素太多，如种子、土壤、肥料、灌溉、气候等，单靠农户之间的交流已经难以得到清晰的结论。在不求甚解和个人觉悟差异性的双重影响下，农户之间形成了大致相似又彼此区隔的技术知识系统。

这些区隔化的农户技术知识系统阻碍了自发田行动者网络的组建。在示范田网络里，农户的田地同属于一个地块，在政府权威和免费农资的诱导下，农业技术专家和农业技术推广员被赋予强大的转译能力，新的知识技术系统被当作一个黑箱传递给农户。农户们一般不需要想为什么这样做，而不那样做。这既反映了农户在免费农资模式下对技术采用自主权的部分丧失，也反映了他们对于政府以及政府所认可的专家的信任。在自发田网络里，农户没有必要的理由把这份绝对的信任给予核心农户、农资店，所以当新的技术知识系统传递过来时，他们往往会想为什么，会产生怀疑；而这时候如果农资店、核心农户的转译能力跟不上（事实上就没有跟上），他们就可能退回自己原来的技术知识系统。

被区隔化的技术知识系统还严重阻碍了农户之间的技术信息交流。一个农户讲述了自己经历的真实的事情：

> 我们这边的水稻容易挨（患）干叶病，西红柿容易挨（患）青枯病。一般只要得病，就没救了。有的村民技术是好一点，他们可以治一下这个。但是他不会给你说怎么治。你要问他，他甚至可以帮你打药，但要把那个药瓶上的标签给撕掉了。你根本不知道什么药。有时候，连亲戚之间也不给讲。（访谈记录，G3）

在主观上，这种保守思想加深了农户技术知识系统之间的区隔化。在客观上，有时候不是在故意的情况下，农户之间的技术转译也变得比较难。比如，虽然是相邻的农户，但有的农户希望科技种田，采用更先进的技术，提高自己的收益；有的农户则认为够吃就行，不想为此费神费力。由于他们的工作目标不同，他们所关心的问题也不同。即便双方有面对面的机会，也很少会发生农业技术知识交流和转译的情况。再比如，一个核心农户满怀希望，想把自己先进的技术知识传递给在外务工刚刚回来的年轻人邻居，这种情况下，他也很可能会失败。因为外出务工已经使农村的许多年轻人具有了"城市化"的思维，而对于如何种田他们既没有兴趣，也缺乏应有的知识和技术基础。即便这个年轻人有学习的意愿，双方的技术知识系统的转译也会很不容易。

5.3 缺位的农技服务行动者

在示范田行动者网络中，农业技术专家在政府行动者一系列措施的支持下，把超级稻技术知识"转译"给示范田的农户，完成了这部分农户技术知识系统的更新。在前文中，我们还得知，示范田的示范效果并不尽如人意，即便是示范田周边的非示范田农户也没有采用更先进的超级稻栽培技术；这部分自发田的农户的技术知识来自不规范的县级种子代理商、农资店主和核心农户的转译。那么，在自发田行动者网络中，代表政府的农业技术推广部门除了协助发放种粮补贴，引导农民积极种粮，在自发田的技术服务方面起到了什么作用呢？

5.3.1　农技服务的优先方向

2012 年新修订的《中华人民共和国农业技术推广法》第十一条指出，农业技术推广部门的性质是公共服务机构，履行七项公益性职能❶。在所列的七项职能里，"关键农业技术的引进、试验、示范"只是其中一项。但是，在现实工作中，县和乡镇农技推广部门、机构几乎把所有的资源和精力都用在这一项职能上，而较少顾及其他职能。虽然七项职能都非常重要而且必要，但农技站的工作人员说，能够做好法律规定的第一项已实属不易。

> 人手少，工作多，就要抓重点做。什么是重点呢？肯定是示范田。因为各级领导下来看农业，看什么呢？还是看示范片。说实在的，示范片整齐、统一，有气势，也好看。一般的农田种什么都有，高高矮矮，杂乱无章，不好看。为什么示范片大多选在公路边，也是方便领导看嘛。领导看的是示范片，国家项目经费也是拨给示范片的，肯定要重点建设。从领导检查工作来说，示范片做好了，农业工作就做好了。（访谈记录，F1）

从访谈内容得知，农技部门之所以全力以赴建设示范田，首先，国家的农业政策设计就是示范田导向的，无论是高标准农田建设示范工程、全国粮棉油高产创建项目，还是超级稻新品种选育与示范项目、全国超级稻"双增一百"工作方案等，都是以示范田为依托层层落实开展工作的。当然，各级政府获得的农业发展支持经费也是以示范田项目名义申请的。这

---

❶ 《中华人民共和国农业技术推广法》（2012 年修订）中规定，国家农业技术推广机构的七项职能为：（一）各级人民政府确定的关键农业技术的引进、试验、示范；（二）植物病虫害、动物疫病及农业灾害的监测、预报和预防；（三）农产品生产过程中的检验、检测、监测咨询技术服务；（四）农业资源、森林资源、农业生态安全和农业投入品使用的监测服务；（五）水资源管理、防汛抗旱和农田水利建设技术服务；（六）农业公共信息和农业技术宣传教育、培训服务；（七）法律、法规规定的其他职责。

就自然形成了"领导检查要看示范田，下级部门努力建示范田"的效应。其次，随着示范田工作效应而来的是各级政府对示范田形象的打造，最便利的位置，最肥沃的田地，最好的品种，最出色的技术服务队伍，使得示范田已经成为政府政绩的重要组成部分和工作亮点。在当地政府的如此强调和重视之下，农技推广部门所要做的就是把各类资源都用在示范田上面，争取更好地完成任务。再次，虽然示范带动的总体思路并没有问题，但是这项政策隐含了一个可能的误区，即认为示范田建好了就一定有示范效果，示范田的技术知识就一定会顺势流动传播到非示范田，从而形成整个农田现代农业技术的革新。从第3章的示范田网络分析，我们已经得知，示范田本身的建设与示范田示范效果的建设不是一回事，如果没有利益的驱动，缺少必要的技术知识转译环节，示范田的技术只会在示范田的层面上停留和自我发展。然而，这些情况是政府和农技部门需要认真考虑的。

综合以上几点，农技推广部门把示范田建设作为工作的中心来开展，是可以理解的事情。但是这种对示范田建设重要性的强调，势必会影响到农技部门对自发田农业技术的服务。

5.3.2 农技服务的"不能"与"不为"

从《中华人民共和国农业技术推广法》对于农业技术推广机构职责的规定（见上文）可以看出，并没有特别指出专门负责示范田建设，也没有提到示范田工作会排斥自发田工作，相反，示范田的工作目标要和自发田的一起统筹协调，共同实现农业技术的现代化。然而，在实际中，自发田的农民大多没有接受过农技站人员的技术指导，而农技站也没有谈论过他们到自发田进行技术指导的案例。

在NM镇D村，一位农民是这样说的：

> 我们这儿没有示范田，也没见到农技站的人来我们这儿。其实，他们来了，也不需要指导种水稻，种水稻都会，给我们好种子就行了。要指导的话，就指导怎样种香蕉。今年我们这儿的香蕉就买了假苗，都亏了。（访谈记录，H1）

乡镇农技推广站站长 F1 似乎明白了农民的想法，但是他也很无奈：

> 我们的确很少到一般的农田里跑。当然，有时候也会过去。农民的确对种水稻的技术，不怎么感兴趣，不管是什么超级稻。因为种水稻不赚钱。另外，我们觉得，示范田种好了，周围的农民就会过来学，什么技术啊，管理啊，都容易学会的，所以我们很少去。像种芒果啊、西红柿啊、香蕉啊，也是这边农业的特色，我们都很重视，政府也很重视。这个也主要在示范片指导，开现场会。不可能每个村每块田都照顾到，我们就三个人，我快退休了，身体还不好，人手经费都不够……（访谈记录，F1）

如果说，农户因为种水稻收益低不重视水稻技术的改善，农技站人员因为农户不感兴趣而不开展水稻技术的服务，这算是双方的默契的话，那么，农技站站长的无奈既有各方面条件受限于客观上的"不能"因素，也有各方面原因造就的主观上"不为"的因素。

这里简单回顾一下我国农业技术推广机构坎坷的发展过程。新中国成立后，农业技术推广工作同其他事业一样百废待兴。但是，无论是 1954 年《农业技术推广站工作条例》的颁布，还是 1974 年提出农科所、农科站、农科队、实验小组的"四级农科网"，农业技术推广体系都是以政府为主导的和带有鲜明的计划经济特征。因此可以说，当时的农技推广机构不只是专业技术服务组织，还是一种政治组织，兼有经济和政治的双重功能（扈映，2009）。随着 1983 年中央对家庭联产承包制的正式确认，农业推广体系失去了其原来的政治和经济基础。在市场的冲击之下，农业技术推广机构开始进行"去计划特征"的努力。1984 年全国农技推广总站颁布《农业技术承包责任制试行条例》，尝试把乡镇推广机构办成民办公助的集体经济组织。1991 年国务院在《关于加强农业社会化服务体系建设的通知》中，明确乡级技术推广机构为国家的基层事业单位。2000 年开始的农村税费制度改革引发了对乡镇机构的调整，包括农技站在内的一些站所或被合并或被转制为经营实体。2003 年，农业部、科技部等四部委明确要求对农业技术推广的职能进行分离，公益性职能由国家设立的农技推广机构承担，经营性职能按照市场机制进行（李晓鹏，2013）。与此同时，一个由国家、省、市、县、乡农业技术推广总站或服务中心组成的"新五级农业技术推广网"在行政力量干预下重新建立了起来（扈映，2009）[61]。截至2007年年底，全国共有各级农业技术推广机构约13万个，农技人员91.29万人（全国农技推广服务中心，2008）。

从上述回顾可以看出，乡镇农业技术推广机构经历了从行政单位到公办民助经济组织到事业单位，从公营性职能与经营性职能分开到专注公益性职能的一个曲折过程。在这个过程中，基层农技推广机构一度被裁撤、合并、推向市场和拉回体制，成为乡镇政府部门最不稳定的单位。可以想象，这种频繁的改革与变动，对基层农技人员及其工作环境造成了多大的伤害。也正因如此，农技推广机构成为乡镇政府部门中的最弱势部门，也是乡镇工作人员最不愿选择的工作部门。即便是现在，这种情况也并没有实质的改变。

以广西为例，在2011年启动的新一轮乡镇机构改革中，乡镇原有行政机构、事业单位职责和人员编制被整合到新设立的"一办三中心"，即党政综合办公室、社会服务中心、农业（产业）服务中心、综治信访维稳中心。按照这个原则，农业技术推广站被整合到乡镇农业服务中心。而实际情况是，无论单独设立农业技术推广服务站，还是被整合进农业服务中心，农业技术推广人员都严重不足，农业技术推广工作也一直处于疲于应付的状态。2014年广西《农业技术推广法》规定，把乡镇农技推广站从当地的农业服务中心脱离出来，由县农业局农技站直接管理，然而工作设施和工作人员短缺的局面并没有得到改善。再以NM镇农技站为例，目前的工作人员状况是这样的：一个接近退休、身体不太好的站长，一个说话口齿不清的农技员，一个从计划生育服务站调整过来的女工作人员。从乡镇政府管理为主到县农技站管理为主的改变，也没有给农技站带来新的气象。

NM镇农技推广站站长谈起工作，显得特别无奈：

　　全县的乡镇推广站情况大同小异：经费少，没有什么设备。现在的办公室还是借农业服务中心的。县里面曾经给我们拨了一笔经费，让我们把小学旁边以前的房子装修一下，搬到那儿办公，结果镇政府挪用了。不知道哪年哪月能够给我们装修。我们就两辆摩托车，还是上面发下来做农产品检测用的，没有钱加油；其中一辆坏了，也没有钱修。我们就骑自己的摩托车下乡，没什么办法。反正我也快退休了。（访谈记录，F1）

在 NM 镇政府办公楼上，农业技术推广站目前只借用了一间办公室。在十二三平方米的办公室内，摆了三个办公桌，其中一个办公桌上放着一台电脑、一部电话，另一个办公桌上有一台扫描仪似的设备，工作人员说是农产品检测的仪器。还有一个办公桌上只有两份当天的报纸。在墙角有一个半透明的文件柜，里面塞满了各种小册子、文件资料，几本空白的科技示范户的手册掉落在地板上。

其实，NM 镇的情况并非个例，而是乡镇农技推广机构较普遍的情况。我国中部地区的山西省 2010 年曾进行一项该省种植业基层农技推广体系的普查统计，结果发现，在编制紧张的乡镇政府，农技推广站的空编率在 28.4%；30 岁以下人员仅占 8.9%，农技站技术人员中专业与农业相关的不足 60%。在经费与设备方面，年人均工作经费最多 100 元，少者 1.2 元，还有相当一部分地区没有经费；全省 1309 个乡镇农技站平均每个站拥有电话 0.08 部，电脑 0.09 台，照相机 0.005 部，土壤养分速测仪 0.005 台，农药残留速测仪 0.01 台（王海滨等，2012）。对比山西的调查结果，NM 镇的情况竟然还不算太差。

除了无经费、无设备、无办公场所，乡镇农技站履行职责的工作时间也无法得到保证。这是因为在乡镇政府部门，工作分为两类：一类称之为中心工作，即乡镇一个时期内的重要工作，每个部门的人员要无条件服从安排，参与完成，像企业登记、人口普查、迎接大检查等；另外一类称之为业务工作，即按照本部门职责应该完成的工作。

为真实地考察乡镇农技站工作人员的工作情况，笔者选取了一份较为完整的《国家机关、事业单位工作人员考绩记实手册》作为说明。该记录为广西壮族自治区统一印制，作为对行政和事业单位工作人员的年度考核依据。而因为有这样一个功能，工作人员都会尽量把更多的工作填写上去，以反映自己的工作量。为了科研规范的要求，本研究在引用时把一些可能透漏访谈人信息的内容已经做了适当处理。

NM 镇农技站某工作人员 2014 年 3 月份的工作记录

3 月 1 日双休日

3 月 2 日双休日

3 月 3 日 N 村、L 村打扫卫生

3 月 4 日正常上班

3 月 5 日在 B 烈士纪念碑参加爱国主义教育实践活动

3 月 6 日正常上班，到 D 村、N 村检查冬菜生产

3 月 7 日正常上班

3 月 8 日双休日

3 月 9 日双休日

3 月 10 日 X 村 Z 屯参加植树造林活动

3 月 11 日正常上班

3 月 12 日正常上班

3 月 13 日正常上班

3 月 14 日正常上班

3 月 15 日双休日

3 月 16 日双休日

3 月 17 日正常上班

3 月 18 日正常上班

3 月 19 日正常上班

3 月 20 日正常上班

3 月 21 日正常上班

3 月 22 日双休日

3 月 23 日双休日

3 月 24 日上午参加干部职工大会，下午正常上班

3 月 25 日上午到街上打扫卫生，下午观看《焦裕禄》电影

3 月 26 日上午正常上班，下午到 Z 屯打扫卫生

3 月 27 日正常上班

3 月 28 日正常上班

3 月 29 日参与 NM 镇旅游节

3 月 30 日开党代会

3 月 31 日参加人大例会后勤工作

2014 年 3 月份共 31 天，除去 8 个休息日（双休日），需上班 23 天。在这 23 天里，该工作人员只有 14 天标明"正常上班"，有 9 天时间从事"打扫卫生、植树造林、旅游节、开会"等与业务无关的工作。工作人员证实，这些就是乡镇那个月的中心工作。从这个月的工作记录可以看到，农技站人员只有一半多一点的时间从事自己的业务工作，而另外的时间用于做乡镇所谓的"中心工作"。

仅把上述材料作为论据还不够，可能还需要其他的佐证，因为仅仅一个月的工作记录会被人斥以"特殊性"而减少说服力。下面我们再引用一份该农技站某农艺师的年终考核"个人述职报告"。之所以选取这份报告，是因为纸质的文字记录比语言的访谈更为可靠。一则，述职报告是由本人填写完成并经上级部门审核鉴定过的文字材料，具有一定权威性；二则，作为证明个人工作业绩的文字材料，一般本人都会充分地并有重点地列出，具有较高的可信度。

NM 镇农技站某农艺师 2013 年度工作考核
个人述职

2013 年在镇党委、政府和农业局的正确领导下，本人以邓小平理论、"三个代表"重要思想、科学发展观为指导……深入农村第一线，在工作中认真履行岗位职责，完成上级、镇党委、政府下达的各项工作任务。

主要工作总结如下：

一、积极参加我镇乡村清洁工程。（本研究注：乡村清洁工程：是广西壮族自治区党委在全区发起的"美丽广西·清洁乡村"活动，活动时间从 2013 年 4 月到 2014 年 12 月，活动目的是改善全区乡村群众生活生产条件、创造良好人居环境，主要任务是清洁家园、清洁水源、清洁田园。）

二、参加 L（村）新农村建设，主要做好产业生产工作，协助村民分地，村屯环境卫生整治等工作。

三、挂 S 同村（参加 S 村工作组）的主要工作：

1. 在新型农村养老保险收缴工作中与村两委同志和挂村工作组一起，通过进一步宣传发动，完成了任务。

2. 在新型合作医疗收缴工作中，通过大家的共同努力和群众的自觉性高，也完成了任务。

3. 在完成以上工作的同时，平时经常下到村屯与村两委及驻村指导员共同研究村里的各项工作，了解民情、解决民生，如危房的改造、民政工作、解决各种纠纷、社会稳定、安全生产、搞好农业生产、搞好农村清洁卫生，等等。

四、积极配合协助县农业局搞好各期芒果、秋冬菜的科技培训班，并下到村屯进行技术跟踪指导。

五、参加实施我镇土壤有机质提升项目。

六、参加搞好我镇农产品质量安全检测工作。

（余下省略）

个人述职的写作思路，通常把最重要的工作列在前面，次重要的紧随其后，以此类推。在该工作人员列出的 2013 年主要开展的工作中，前三项基本上都与农业技术推广工作无关，应属于乡镇政府的"中心工作"；只是在最后三项里，才轻描淡写地概括了一下业务工作。在这样的工作状态中，乡镇农业技术推广人员自然无法完成自己的业务工作。

如果说以上种种客观因素限制了农业技术推广人员能力的发挥，使得基层农业技术推广工作"不能"深入开展；那么，农技人员自身的素质和工作环境也已经使他们渐渐习惯于一种"不作为"的状态。比如，NM 镇农技站因为没有车辆，其工作人员就尽量待在办公室"上班"，上班的内容主要是聊聊社会事件；实际上从镇政府走出 100 米，就是农田和村庄。此外，镇政府其他部门的工作人员透露，农技站一些人员的所谓"下乡"，很多时候就是骑着摩托绕绕路回家或者串亲戚去了。

对此，全国农业技术推广服务中心的专家 A2 在访谈中指出：

> 农业技术包括超级稻技术，从国家到县级层面的传播都是顺畅的，关键是从乡镇农技站到农户之间的"最后一公里"，而这"最后一公里"决定着农业技术及其政策的能否"落地"。农村改革之前，农技站兼有公益性与经营性，改革之后，只剩下了公益性。缺乏激励的农技推广人员难以具备自主学习的内生动力，难以耐心地深入浅出地把复杂的农业技术传播给农民。目前各地开展的技术推广创新试点，基本上是在强调"一主多元"推广模式和强化经营性的思路。但这种模式能否解决农民所需和多大程度上有效，还需要进一步验证。（访谈记录，A2）

本研究认为，正如前述所展示的，制约乡镇农业技术推广员的工作状态的因素有主观和客观两个方面，如果只解决了主观的原因，而没有解决客观的原因，一样于事无补；反过来也一样。而且本研究认为，客观原因是造成这一后果的更深层次原因。

总而言之，在超级稻扩散的自发田网络里，农技站行动者的缺位使得超级稻技术知识无法准确地在农资店、核心农户与一般农户之间转译。正是这种不稳固与不准确的转译，使超级稻在自发田扩散的行动者网络中呈现了松散和弱势的特征。因此，如果想建立更强大的超级稻自发田扩散行动者网络，农业技术推广机构的参与不可或缺，而农业推广机构的自身建设也将是一个充满挑战和任重而道远的过程。

5.4 与示范田网络比较——行动者的反思

5.4.1 农民行动者的分层及其流动性

自发田超级稻扩散行动者网络的特点是松散性。这种松散很大一部分来自网络结构的基座——农民的分层及其不断的流动。

社会分层的实质是社会资源（财富、收入、声望、教育机会）在社会中的不均等分配。在中国，农民既是从事农业生产劳动的一种职业，又是与城镇居民有区别的一种身份。因此，仅仅从职业（从业类别）角度研究农村社会分层，就难以描述农村社会中纵横交错的分化结构，具有局限性（刘豪兴，2008）[322]。本研究认为，尽管农村的市场经济已经得到了较好的培育，土地流转等新的改革也在推进，但是人地关系仍是农村中最重要的关系；同时，农民从业类型反映了新时期政策环境中农民对自身生存与发展模式的不同思考和尝试。结合这两个方面，根据土地资源占用和现实从业经营形式的不同，本研究把农民划分为八个类型（见图5.6）。

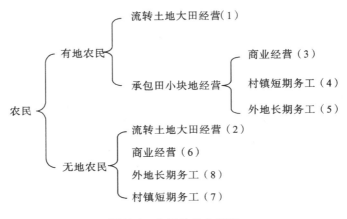

图5.6 农民的八个类型

这八种类型基本涵盖了当前农民生存与发展的主要模式。虽然类型大致有这八种，但每一位农民对于某一个类型都不是固化的，而是不停地流动变化的。在T县，因为西红柿种植带来的收入较高，农户之间土地转租行为发生较早，而西红柿的市场价格波动又比较大，这样围绕种地预期效益的变化，一些农民随时都可能在有地和无地之间自主选择，同时也可以在种田和外出务工之间自愿转换。也正因为如此，自发田超级稻扩散网络的发起行动者总是要面对一些新拥有土地而又随时可能离开的农民行动者，由此可见这种网络结构的松散和转译基础的薄弱。

当然，农民流转土地的行为和从业类型的转换，取决于不同模式中具有较大差异的收益。在农村社会转型发展的进程中，农民在各种类型之间的切换和游走，是正常的。因而，在这个流动频繁背景下，固然可以讨论和实施新型职业农民培育、农村商业人才培育、农村剩余劳动力的转移，但是因为农民的利益和兴趣点一直处于游动之中，农民缺乏清醒的自我定位，许多培育、培训计划出发点虽好，却难以打动农民，难以发挥实际效应。如果在有地和无地状态下、种地与务工的从业模式上形成了大致均衡的利益，农民在各个类型之间的流动就会减弱，就会逐渐固定下来。这个时候，农民的结构和类型大致简洁清晰，每个类型的数量也比较容易把握，政府就可以针对这八个不同的农民发展类型，进行针对性的新型职业农民培育、农村商业人才培育和农村剩余劳动力的转移。

在上述对农民八种类型的划分中，其中流转土地大田经营的有（1）和（2）类，这两类农民如果能够以稳定的形式流转土地进行大田经营，他一定热爱农业，有一定的农业技术创新能力，只要对这两类人稍加引导和支持，他们就可以成长为新型职业农民。因此，这两类农民就是新型职业农民的培育对象。类型（3）和（6）是有志于从事农村商业经营的农民，他们一般具备经营理念和较好的社会关系，他们理当成为农村商业人才的培育对象。类型（4）和（7）是热爱农村、不愿意远离家乡的农民，他们更乐于在农村附近务工，这些人将来是乡村农场工人的主要来源。类型（5）和（8），他们对于种田没有多大兴趣，他们进城务工，除了要获取更多的收入，还向往在城市的生活。这部分农民将是真正的农村剩余劳动力，也是城市需要接纳的对象。一旦农民的类型和结构趋于大致稳定，（1）型和（2）型农民将成为超级稻技术的坚定实践者和行动者，超级稻包括其他农村新技术扩散行动者网络将会更高效地组建和发挥作用。

当然，以上分类是一种简单化处理，没有结合农民的情感心理以及农村社会文化因素进行更细致的分析，目前只能算提供一种解决问题的思路而已。

5.4.2　多重功能的农资店和代理商

农资店和代理商是自发田超级稻扩散网络的重要行动者，事实上承担着组建各自层面网络的发起行动者角色。代理商与农资店转译能力和转译效率不高，是造成行动者网络表现较弱的原因。代理商与农资店转译能力

第 5 章　超级稻技术扩散行动者网络·自发田考察

和转译效率不高，除了前述的原因之外，代理商与农资店在行动者网络中所担负的多重功能也是其无法胜任的原因。鉴于代理商和农资店的实质区别不大，而只是所处的层级和服务范围不同，本研究将用农资店一词指代这两种或者与之类似的经济组织形式。

牛桂芹（2014）曾经指出农资店在中国农村科技传播中发挥了重要的补充作用，反映了农村科技传播模式发展的新趋向。尽管这种情形在学术上没有引起足够的重视，但是在实践的层面上已经进行了很多创新，形成了比较成熟的经验。如河南省濮阳县通过对农资农家店店主进行农业技术培训，让店老板成为农业技术员，不仅销售农资产品，还为农民提供有关农业技术和项目的信息，让农资农家店变成了农业科技推广站（张静河，2008）。在天津市静海县，农资店除了销售农资产品，还聘请农业技术人员为农民提供问题咨询、测土施肥、开方配药、虫情测报等技术服务，把农资店办成了"庄稼医院"（杜洋洋等，2013）。由此，农村专家建议，农资店不仅要在农业技术试验与推广中发挥促进作用，还要在农村科技传播中发挥引领作用（孔凡红，2010）。

由此可以看出，农资店在农业技术应用中担负着多重功能，首先，作为销售单位，它承担产业经营的责任；其次，作为技术商品的经营者，它承担着科普或科学传播的功能。也正是在这个意义上，农资店在农村新技术的采用和扩散方面意义重大。2013 年，中国农业大学曾经对河北省棉农农药过量使用行为开展跟踪调查，发现该问题主要产生在乡镇或村级农资店面向农民的环节。作为农药使用最为核心的信息，农药用量或稀释倍数在这一环节被农资店销售者放大。例如，某种农药说明书清楚指出用量为10cc/mu，但乡镇和村级农资店在销售给农民时，通常会将推荐用量放大到 1.5~2 倍；而农户为保证杀虫效果，将农资店推荐的用量往往再扩大1.5~2 倍，即 22~40cc/mu。两个环节下来，这已经是最初用药推荐量的2.2~4 倍（金书秦，2013）。在这个过程中，农药使用量不断被无端放大，最终导致农产品农药超标和环境污染，这反映了提升基层农资店经营人员和农民科学文化素质的必要性及农业科学传播的重要性。

本研究认为，农资店不应当被看作单纯的农村商品销售产业，还应当被视为农村科普产业的发展。像河南濮阳、天津静海的农资店，已经显示了农村科普产业的需求及其蓬勃发展趋向；只是目前农村科普产业仍处于萌芽时期，产业特征不够清晰，也不成体系，同时也缺少足够的从业人员（刘磊，2013）。这需要政府加大创新的力度，尽快形成农村经济组织参与科普活动的基础条件和良好规范。这样，在国家的政策激励和引导下，农村的农资店能够在自身产业经营的同时，开辟第二产业，获取更多的经济利益和社会资源，更好地担负起产业经营和科学普及的功能，从而提升自己面向农户时的转译能力和转译效果。

实际上，我国特别重视各类社会经济组织的技术推广和科学普及功能。在国家制定的《中华人民共和国农业技术推广法》和《中华人民共和国科学技术普及法》中，两者对于技术推广与科学普及的多元主体、支持政策、激励措施等，都有彼此呼应的规定（见表5.1）。

表5.1　《中华人民共和国农业技术推广法》与
《中华人民共和国科学技术普及法》的相关比较

	《中华人民共和国农业技术推广法》相关规定	《中华人民共和国科学技术普及法》相关规定
多元主体	第十条　农业技术推广，实行国家农业技术推广机构与农业科研单位、有关学校、农民专业合作社、涉农企业、群众性科技组织、农民技术人员等相结合的推广体系	第三条　国家机关、武装力量、社会团体、企业事业单位、农村基层组织及其他组织应当开展科普工作。公民有参与科普活动的权利
支持政策	第十条　国家鼓励和支持供销合作社、其他企业事业单位、社会团体以及社会各界的科技人员，开展农业技术推广服务	第六条　国家支持社会力量兴办科普事业。社会力量兴办科普事业可以按照市场机制运行。 第二十五条　国家支持科普工作，依法对科普事业实行税收优惠
激励措施	第八条　对在农业技术推广工作中作出贡献的单位和个人，给予奖励	第二十九条　各级人民政府、科学技术协会和有关单位都应当支持科普工作者开展科普工作，对在科普工作中作出重要贡献的组织和个人，予以表彰和奖励

如表5.1所示，在国家支持政策中，《中华人民共和国科学技术普及法》规定，社会力量兴办科普事业，"可以按照市场机制运行"，依法获得

税收优惠；同样，《中华人民共和国农业技术推广法》也明确了国家对农业技术服务的鼓励和支持。如果说，科普能够取得一种产业发展的形式，科普产业目前在城市发展中已经发挥重要作用，但是这种理念和思路还没有延伸至农村，尚没有把农资店的功能发挥和科学普及活动联系起来。

5.4.3 技术的复杂性与农民的学习能力

约瑟夫·劳斯指出，实验室内外的环境差异很大，科学知识与技能的拓展要求在某种程度上对复杂的环境进行重组。为此，他引入杂交粮食作物技术的案例进行了分析。

> 提高产量的技术，包括引入在实验条件下收成最高的杂交品种，经过慎重计算后大量施用化肥，运用灌溉系统来精确控制农作物水量，以及广泛使用杀虫剂控制病虫害。
>
> 与本地品种相比，杂交品种需要消耗更多的养分，意味着更集约的耕作，它们对土壤的化学平衡更为敏感，因此需要使用更多的化肥。杂交品种还要求更精确的调节灌溉的水量；由于它们是单季种植的，而且不会像普通作物发生遗传变异，因此更容易遭受病虫害。
>
> （约瑟夫·劳斯.知识与权力：走向科学的政治哲学 ［M］.盛晓明，邱慧，孟强，译.北京：北京大学出版社，2014：246.）

约瑟夫·劳斯的分析很好地说明了一项农业技术从实验室条件下迁移到现实农场，所需要克服的诸多障碍。这些障碍的存在正是说明了农业技术的复杂性。约瑟夫·劳斯的分析也可以用于对超级稻技术的理解。在超级稻实际生产应用中，品种只是其中一个重要因素，选择配套栽培技术也是超级稻实现高产的重要因素。尽管当前超级稻品种推广取得了一定成绩，但是超级稻超高产栽培技术还不够成熟，依靠品种基因提高水稻产量的规律还难以把握，各个生长期的指标特点还不清楚，而超级稻高投入与低回报的不协调关系，也直接影响了技术的适用性和经济性。从超级稻技术知识的形成机制来说，在某一个技术知识形成的阶段，它之前的技术知识就会成为黑箱。比如，某个品种育种成功以后，对于栽培技术专家而言，育种技术就成为黑箱；当栽培技术成为一本本说明手册之后，种子公司面对的栽培技术也是一个黑箱；如此多的黑箱，要依靠农户在实践中一点点打开，的确令人为难，但又不得不如此。

除了技术与产量，在现实中农户不采用超级稻的种植技术并非是因为没有掌握它，而是经综合考虑经济效益与技术成本之后的故意放弃。毕竟超级稻所需要的种子、化肥等成本均高于一般常规稻。根据一项对超级稻品种与常规稻经济效益的比较调查，超级稻的单位面积产量、生产成本、纯利润均高于常规稻，但成本利润率低于常规稻（陈庆根，2011）。

超级稻技术的复杂性还体现在现实中社会的复杂性。在 T 县，尽管西红柿种植一度为农户带来较高的收益，但年轻人仍以外出务工为主，留守在农村的主要有两类人：一类是被西红柿种植效益所吸引，转包别人田地，寻求规模种植的新型农户；另一类是文化程度低、年老体弱的人。在数量上比较，前一种人太少，后一种人太多。根据在 NM 镇 S 村的访谈调查，90% 以上的农户"不愿意"把自家的土地租给别人耕种；而 30% 以上的农户表示"愿意"租种别人的土地。但是，这些固守在田地上的农户，因为种植超级稻的比较效益低，对超级稻技术的兴趣和热情不是太高，因而缺乏及时的田间管理，此外不断高涨的农资价格，也使得农户倾向于一般杂交水稻种植。而一旦农户采用了超级稻种子，没有得到相应的高产效果，往往会对超级稻失去信任，造成技术扩散的更大阻碍。

因为农民采用或者拒绝一个技术的关键因素在于技术能够带来多大的效益，所以尽管西红柿生产技术的复杂性大大超过超级稻技术，只要有利益的驱动，农民仍然可以理解掌握。这些情况说明，农民并不缺乏技术学习能力。一个技术能否被农民接受，首先在于技术的效益，而不是科学技术知识的可理解性和可接受性。

5.5　小结

跟随超级稻的运动轨迹，本研究发现自发田是一个由不同超级稻品种竞相建立行动者网络的场所。因此，超级稻自发田扩散网络的组建，也是不同超级稻品种建立行动者网络的过程。

本研究选择了三个超级稻品种：中浙优 1 号，Y 两优 2 号，桂两优 2 号，考察它们组建行动者网络的过程。"中浙优 1 号"在 T 县的扩散分为两个层次，一是县级代理商向若干村镇农资店的扩散；二是村镇农资店向农户的扩散。在第一层级，县级代理商通过较低的进货价格、较大的利润空间、不定期的激励等方式招募农资店行动者，完成了"中浙优 1 号"扩散网络在第一个层级的组建；在第二层级，村镇农资店直接对话农户顾客，通过自己的引导和"转译"方式，尽可能地招募农户行动者，完成超级稻品种在田间地头上的扩散。"Y 两优 2 号"与"中浙优 1 号"的扩散网络存在一个层级上的不同，它在农资店与农户之间又加进了一个"核心农户"的层级。在这种网络模式中，农资店更多的是向核心农户做"转译"工作，而核心农户则要负责向其他农户做"转译"工作，组建自己小范围的行动者网络。"桂两优 2 号"在 T 县的扩散形成了另外一种网络模式。这种模式把政府行动者重新引入自发田的视野，并以发放"赈灾农资"的方式拓展着网络。

自发田不同超级稻品种扩散模式，反映了比示范田行动者网络更加复杂和富有层次。行动者网络理论强调，为了方便追踪社会中的联结，将不得不把社会领域完全扁平化。但本研究的分析揭示，层次与结构并非是追踪行动者之间互动联结的关键阻碍，跟随一个关键行动者，并以一个关键行动者为核心追踪主要的互动联结，才是描述行动者网络构建的便捷方法。

此外，自发田行动者网络体现为一个松散的和弱势的网络。造成这种结果的原因主要有：发起行动者的弱势，适宜通行点难以定位，转译能力参差不齐，以及被区隔的农户化技术知识系统。对于行动者来说，农民的分层及其不断地流动，加剧了转译的难度和效果；代理商与农资店在行动者网络中所担负的产业经营和科学普及的功能也是其目前无法胜任的；超级稻技术本身的复杂性也增加了技术应用的困难。但是，技术的复杂性并非制约农民采用技术的关键，农民对一些农业技术的拒绝主要是因为技术的比较效益太低。

在超级稻扩散的自发田网络里，农技站行动者的缺位使得超级稻技术知识无法准确地在农资店、核心农户与一般农户之间转译。正是这种不稳固与不准确的转译，使超级稻在自发田扩散的行动者网络中呈现了松散和弱势的特征。因此，如果想建立更强大的超级稻自发田扩散行动者网络，农业技术推广机构的参与不可或缺，而农业推广机构的自身建设也将是一个充满挑战和任重而道远的过程。

第6章　超级稻技术扩散行动者网络的稳定性和演化

在超级稻扩散行动者网络组建的过程中，发起行动者实际上面临着激烈的竞争。本章讨论超级稻技术扩散行动者网络的稳定性以及发展演化的问题。

在 T 县，无论是示范田超级稻扩散行动者网络，还是自发田超级稻扩散行动者网络，就稳定性而言，政府发起的示范田行动者网络表现更好，而自发田的行动者网络更具变化性。本章以示范田为重点考察行动者网络的稳定性，同时以自发田为重点考察行动者网络的发展演化。在不同行动者网络之间的竞争方面，本章重点描述 T 县的西红柿行动者如何侵入早稻行动者网络，并一步步取代早稻行动者网络的过程。

6.1　行动者网络的稳定性

行动者网络的稳定性对于实现网络的目标极其重要。劳（1986）在讨论葡萄牙人航海到印度所需要的远程控制方法时，指出文件资料、设备、训练有素的人员这三个要素的组合是航行成功的关键；正因为有了正确的文件资料（the right documents）、正确的设备（the right devices）、正确的训练有素的人员（the right people properly drilled）组合在一起，才构建了一个彼此结构化的箱体，确保行动者网络充满力量、具有耐性和良好的忠诚度。Kate Rodge 等（2009）在分析澳大利亚南极局（Australian Antarctic Division，AAD）的科学家 1995—2004 年期间组建野生动物旅游研究行动者网络的案例时指出，政府制定的南极科学战略（Antarctic Science Strategy）也是一个行动者，当野生动物旅游研究不再是政府战略中的优先事项，原先的网络就难以稳定，就可能会解散。

从之前的讨论可以看出，T 县示范田超级稻行动者网络是一个表现稳定的行动者网络。T 县示范田由县农业局农技站在上级示范创建文件的指导下发起设立，县农技部门代表政府通过业务指导关系调动乡镇农技站，通过招投标调动种业公司提供良种，通过工作考核招募农业技术专家，通过兴趣、利益、手段和文化转译示范田区域的农民，通过农业技术专家把超级稻技术知识传递给农民，从而建构了一个稳定和可持续的行动者网络。这个网络的特点有以下几点（见图 6.1）：

其一，发起行动者的稳定性。

这里包括两个方面，一是发起行动者的具体功能承担者具有稳定性。比如 NM 镇 S 村示范田的选址，是根据示范田建设满足"土地肥沃、田块平整、群众基础好、交通便利"等条件设定的；其中还有一个隐秘而重要的条件是，县农业局局长曾有在 NM 镇工作的经历，所以选取 NM 镇的一块地做示范田，其中也涉及感情的因素。如果在网络运行的过程中，农业局长转任其他部门，新的局长未必还会执行这样的规划。而在中国基层，换领导和换规划是具有很强的因果关系的。二是即便保证是同一个发起行动者，其组网的初衷、思路和措施也要具有稳定性和连续性。比起组建网络来说，维护网络的运行是一个更长期的和艰苦的过程。在此过程中，如果发起行动者对示范田建设有了新的认识，更改了原来的工作目标，调整了旧的工作方案，都会给网络中的其他行动者，甚至整个网络带来影响和波动。比如，为进一步扩大高产创建的示范带动效应，农业部、财政部从 2013 年起，"可对连续 3 年以上承担高产创建任务的万亩示范片进行轮换"，这意味着政府将主动解散原有的示范田行动者网络，另行组建新的行动者网络。

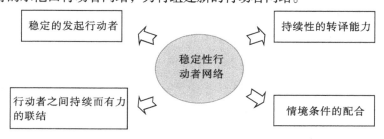

图 6.1　稳定性行动者网络的四个特征

其二，行动者之间持续而有力的联结。

行动者网络是各类异质实体的聚合体。这个聚合不是自然而然的，是要依靠行动者之间的联结完成的。拉图尔（1987）[240]指出，网络的每个联结（each association）要具有"对抗瓦解的抵抗力"（resistance to disruption）。在超级稻示范田扩散的行动者网络中，县农业局农技站与乡镇农技站是业务指导与被指导的关系，依靠行政体制强制规定进行联结；农业局与农业技术专家是单位与员工的关系，依靠人事行政制度进行联结；农业技术专家与农民是指导与被指导的关系，依靠技术知识传递进行联结；农民和超级稻是技术使用主体与技术物的关系，依靠各自的利益发展进行联结。可以设想，这些联结是强有力的和具有持续性的，一旦某一个联结出现问题，将可能导致"全盘皆输"的后果。比如，县农业局农技站与乡镇农技站联结出了问题，示范田将失去乡镇的工作基础；如果农业技术专家与农业局失去了隶属关系，农业局将难以招募他们进入网络；同样，如果农业技术专家与农民缺少联结，农民仍会采用旧式的技术知识系统，示范田建设将无法成功；而农民与超级稻失去联结，这个网络将彻底失去意义，也不可能被组建起来。所以，正如拉图尔所说，每一个联结都要有对抗瓦解的抵抗力；而这种抵抗力，既来自行动者对于整个网络的认同，也来自于发起行动者持续性的转译。

其三，转译能力的持续性。

关于这一点，在"4.4.1 示范田行动者网络的表现"中有较细致的解释。这里引用一个挂职干部到贫困山村工作的经历，从一个侧面说明持续性转译能力的重要。

我们会把上级部门发下来的果树苗作为扶贫物资给农民送过去，让他们栽种，通过卖收获的水果，实现脱贫致富。一开始农民种下了，然后教他们施肥，剪枝，打药……再后来，他们把这些果树苗变成了木柴烧饭用了。问他们，他们说，太麻烦了。后来我们也送过猪娃给他们，喂不了几天，就做了烤乳猪。真不懂他们怎么想的。……为了扶贫，政府可没少下功夫，但见效总不明显。你说，这样搞怎么能见效？（访谈记录，E1）

从本案例看，农民接受果苗，接受猪娃，算是完成了一次转译；教果树施肥，教他们喂猪，又算是完成了一次转译。但是，在后续工作中，农民却感觉种植果树"太麻烦"，而扶贫干部没有及时把他们的想法转译为有效的动力，以致果苗就变成了柴禾。至于养猪娃的事情，到底哪个环节的"转译"出了问题，扶贫干部还没有弄清楚。事实上，经访谈，农户反映在山区里养猪容易卖猪难。由此可见，在行动者网络运行的过程中，有一系列的转译工作，随着运行中联结问题的出现，需要不断地转译，需要发起行动者具有持续的转译能力。一旦网络中某类行动者的兴趣或利益没有实现很好的转译，网络将面临联结失效的危险。

其四，情境条件的配合。

在示范田行动者网络中，有些因素很难把他们列入行动者，但是对网络的稳定性存在重要影响。比如，气候因素，尽管政府行动者可以把气象学家作为气候的代理人招募进网络，但是气象学家未必能够替气候变化准确代言。同样，市场因素也是如此。因为对于市场的预测，即便是经商多年的生意人也难以做到。但是，这两种因素对于超级稻示范田扩散行动者网络的影响不可轻视。假如出现了极端气候，超级稻生长发育必然会受影响，农民的利益必然受损，从而将影响发起行动者的转译能力，进一步影响网络的存续。同样，对于市场因素来说，好的行情可以提振农民种植超级稻的信心，较理想的收益也会掩盖行动者网络中间转译的瑕疵，有利于网络的稳固性能；但是糟糕的市场行情，将会抵消转译的效果，放大超级稻技术知识的缺陷，危害行动者之间的联结和网络稳定性。

与网络稳定性相联系的一个特征，是网络的强弱表现。表6.1展示了行动者、技术、转译能力与网络表现强弱的作用关系。

表6.1 行动者、技术、转译能力与网络表现的作用关系

	行动者	技术	转译能力	网络表现
1	强	强	强	强
2	强	弱	强	强
3	弱	强	强	强
4	弱	弱	强	强

	行动者	技术	转译能力	网络表现
5	强	强	弱	弱
6	强	弱	弱	弱
7	弱	强	弱	弱
8	弱	弱	弱	弱

表6.1初步展示了在不同的维度下行动者网络的强弱表现。从技术维度来说，在同一技术情况下，强势行动者更容易建立强网络，如院士科学家相比一般农业大学教授更容易推广某一个新的超级稻品种；在不同技术情况下，同一个行动者，更强的技术更容易建立强网络，如同样的专家推广超级稻技术比推广一般的常规稻技术更容易。从行动者维度来说，相同的行动者建立网络，其网络强弱取决于技术的强弱；不同的行动者建立网络，取决于行动者的强弱。除了行动者维度和技术维度以外，从超级稻技术扩散的实践得知，转译能力是组建网络的决定性要素。强有力的转译能力可以提升行动者的凝聚力，使网络表现得更为强势；而转译能力差，即便是权威的发起行动者，也容易遭到质疑，使行动者网络随时出现分崩离析的危机。

6.2　行动者网络的演化发展

6.2.1　行动者网络的生命周期

正如任何事情都有两面性一样，稳定性行动者网络也有其两面性。从积极的一面来说，稳定的行动者网络可以使发起行动者利用已经建立的联结开展新的转译，减少转译成本，提升转译的效率；可以使行动者之间更加容易找到对方的适宜通行点，降低重复转译的可能性，使得网络的运行更加顺滑。从消极方面来说，稳定的行动者网络容易在转译模式上形成路径依赖，行动者之间的联结缺乏张力，结构容易老化，本能上会拒斥新的行动者的加入。

（a）产生

（b）发展

（c）衰败

（d）消亡

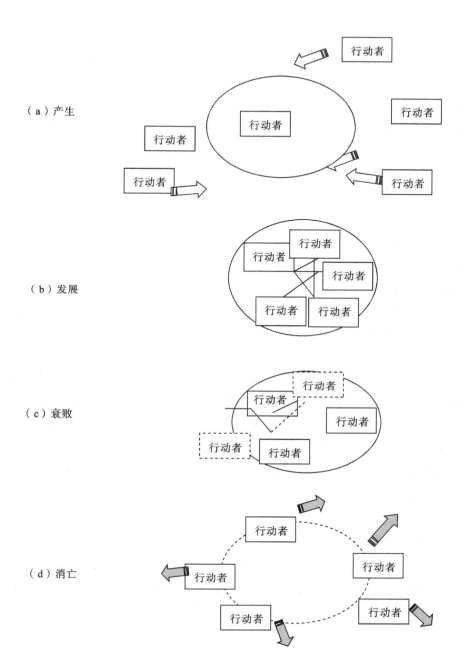

图6.2　行动者网络的生命周期

行动者在任何一个网络中都是短暂的。之所以是这个网络的行动者，是因为具有共同目标的行动者塑造了网络，而网络也塑造了每一位行动者。一旦有新的目标，行动者就会退出，发起或者加入新的网络。因此，行动者网络是有生命周期的。每一个行动者网络都有其产生、发展、衰败、消亡的演化过程，无论我们把发展和衰败的阶段再细分成多少环节，或者再增加多少个阶段，网络存在的起止点是不变的。

图 6.2 展现了一个行动者网络从产生、发展到衰败、消亡四个阶段的演化历程。在行动者网络产生阶段，发起行动者经过转译招募各类行动者进入网络，组成联盟；在发展阶段，行动者之间形成稳定的联结，网络呈现稳定性的特征；当一定时间的发展之后，网络中的一些行动者出现了目标的新变化，在实现新目标方面，出现了新的适宜通行点，在这种情况下，行动者心生退意，行动者之间的转译和联结都出现了阻碍，发起行动者也失去了号召力和凝聚力，网络表现为衰败；随着局势的进一步发展，行动者开始陆续离开当前的行动者网络，并同时寻求加入新的行动者网络，原有的网络也因而消亡。

从生命周期的观点来看技术扩散行动者网络，可以更深刻地理解不断涌现的新技术不断重塑社会，从而不断推动社会发展的过程。行动者网络的衰败和消亡，对于各类行动者和技术本身来说，或许并不是坏事，而是发展演化的必需。但是，对于一个刚刚组建的行动者网络，特别是抱有希望和雄心的发起行动者来说，他当然希望自己的网络越稳固越好，同时能够不断地招募新的行动者，扩展行动者网络，塑造有利于行动者网络发展的社会空间；为此他不得不提防其他网络的竞争与破坏，力图保持自身行动者网络相对其他行动者网络的优势。因此，我们需要讨论行动者网络丧失优势的几种情形，了解一个稳定的行动者网络是如何遭到破坏的，给予行动者网络建设者一定的启发。另外，我们也可以从中发现新网络诞生的萌芽，讨论行动者网络演化的动力来源及动力机制。

6.2.2 行动者网络演化的动力机制

拉图尔认为，科学技术的行动者网络是不断发展变化的，而且在发展变化的背后都有其演化的原因和动力机制。因此，他说："每当你听到科学的成功应用，就等着看网络的快速扩展；每当你听说科学失败，就查找网络的哪个部分被破坏了。我敢保证你总会找到它。"（Latour，1987）[249]。

行动者网络是行动者共同塑造的，在研究其发展演化的时候，我们把行动者网络的演化看作两种力量共同作用的结果。一是联结力，或者叫作凝聚力，可以定义为促进各个行动者紧密联结，利于行动者网络存在和发展的诸多主观的或者客观的要素综合。与此相对的一种力，本研究称之为"瓦解力"，即危害网络存在和发展的诸多主观的或者客观的要素综合。在一个行动者网络中，联结力和瓦解力一直存在而且一直相互作用；不过有的时候联结力大于瓦解力，这时候行动者的凝聚性比较好，转译顺畅，网络稳定而强势；有的时候瓦解力大于联结力，行动者离心倾向明显，网络就受破坏严重，极有可能走向衰败和消亡。

行动者网络存在的联结力与瓦解力是网络演化的动力所在。那么，下面我们分别分析一下联结力与瓦解力的各种要素来源。

首先，分析一下联结力。

行动者网络之所以表现稳定，是因为它具备的四个特征均有助于行动者之间的联结，有利于网络结构的均衡。这四个特征是：发起行动者转译能力的提升，转译的持续有效，行动者之间的持续联结，情境条件的配合。其中发起行动者转译能力的提升，反映了发起行动者解决问题和帮助行动者解决问题能力的进步；转译持续有效，反映了行动者之间能够动态协调目标与利益的关系，对外部与内部的纷扰有一定的辨识力和抵抗力；行动者之间的持续联结，反映了行动者之间在总的目标下对彼此之间适宜通行点的尊重和确认；情境条件的配合，反映了行动者能力的发挥不是完全自由的，他们还需要一定的支持条件。

因为联结力主要是行动者之间形成的，所以在增强联结力方面，有两个要素来源。其一是关键行动者的支持。在行动者网络运行过程中，虽然每个行动者都很重要，但所处的地位并非完全一致。比如，在示范田超级稻扩散网络中，县农技站是发起行动者的角色，非常关键；然而在自发田扩散网络中，它几乎和乡镇农技站一同缺位，而行动者网络也能够组建。也就是说，县农技站行动者在示范田网络中是关键行动者，而在自发田网络就不是。相比较而言，无论在示范田网络，还是在自发田网络，农民行动者的位置都是不可替代和不可缺少的，因此农民在这两个网络中都是关键行动者。关键行动者的配合是行动者联结力的关键，这就如同一个枢纽，一旦关键行动者与一般行动者失去了联结，其他行动者之间的联结再没有意义。其二是新的行动者的加盟。随着行动者网络的组建和进一步扩展，为了增强行动者网络的实力，网络中的行动者会自发地吸引更多的新的行动者加入，这些新的行动者经过转译也成为网络的代言人，在原来的联结上增加新的联结，从而增强了联结力。由此，从六个方面确定了联结力的要素来源。

其次，我们以联结力为对照，讨论行动者网络的瓦解力来源。

第一，发起行动者转译能力的下降。可以设想，发起行动者转译能力下降，网络的整体利益与大家各自的利益将趋于模糊，行动者就会怀疑，行动者之间联结弱化，这势必会增强行动者网络的瓦解倾向。第二，转译的不可持续。当行动者之间的转译难以持续，行动者之间基于转译建立的联结将不复存在，行动者会重新选择有利于自己的集合体，原有网络将瓦解。第三，行动者之间联结不顺畅或者出现阻碍。这种情况和转译互为因果，联结出现问题，则无法实现转译，网络中的行动者将丢失适宜通行点，重新回到加入网络前的个体行动者阶段。第四，不利的情境事件。比如极端气候，稻米的市场动荡，将影响行动者的利益和行动选择，这种选择会影响行动者之间的转译，使得行动者难以形成统一的目标，从而造成网络破裂。第五，关键行动者的背叛。关键行动者的目标并非是一直和网络的总体目标一致，当出现了偏差时，他们为了自己的利益会牺牲其他行动者的利益和网络总体的利益。县农技站工作人员曾讲述过在 T 镇创建示范田失败的例子，其原因是许多农民把发下来的肥料用在了自己别的地块里，结果使得示范田的产量没有如期高产，而别的地块因为土壤成分不同，肥料没有发挥作用，反而导致氮含量超标，出现了减产。农民以此质疑示范田的种子和农药都有问题，从而纷纷要求退出示范田建设（访谈记录，E3）。第六，破坏者的闯入。破坏者是怀有组建新的行动者网络目标的一类行动者，他们的根本利益在当前的行动者网络中无法实现，也无法被有效转译；他们加入当前行动者网络就是要转译其他行动者，建立自己的行动者网络。比如，在 T 县的超级稻扩散行动者网络中，中浙优 1 号因为引入较早，比较快速地建立了"中浙优 1 号"扩散的行动者网络，稍后"Y 两优 2 号"引入，逐渐在"中浙优 1 号"行动者网络内部扩散，形成了新的"Y 两优 2 号"扩散行动者网络。再如在 20 世纪 80 年代中期，T 县的晚稻规模与早稻规模一样，农民的传统种作习惯就是割了早稻种晚稻；由于 20 世纪 80 年代中期西红柿在当地的引种带来了超高效益，许多农户开始放弃晚稻，加入西红柿的种植行列，从而形成了西红柿扩散的行动者网络，而原来的晚稻网络一步步走向衰败，趋于消亡。如今在 T 县晚稻只有零星的种植，西红柿网络几乎扩展到了全县各地。

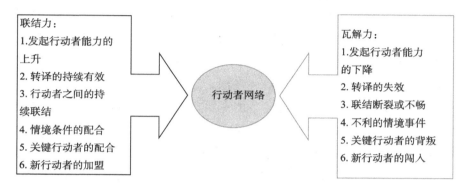

图 6.3　行动者网络演化的动力机制

依据分析，我们可以描画出促使行动者网络不断演化的动力机制示意图（见图 6.3）。位于左边的是促进行动者网络积极发展的联结力，它能够使行动者之间的联结更加紧密而具有张力，实现网络的稳定和发展。位于右边的是对当前行动者网络具有破坏作用的瓦解力，它将使网络中的行动者离心离德，难以实现有效的转译，从而有造成网络瓦解的危险。正是这两种力的消长和不断作用，赋予一个行动者网络不断演化发展的动力。

6.3　行动者网络的竞争、合作与转化

行动者网络是行动者的集合体，不同的行动者网络代表着不同行动者群体的利益和追求。这些利益和追求有的时候可以协调，有的时候冲突很激烈，在行动者网络的外部表现上，常常体现着行动者网络之间的竞争、

合作和转化关系。

6.3.1 同类及异类行动者网络之间的竞争

在技术扩散行动者网络的竞争中，根据技术行动者的载体和目标，可以分为以下几种情况。

首先，在相同的技术行动者网络内部可能存在不同的行动者网络。比如在超级稻技术扩散的网络中，存在着不同品种的行动者网络的竞争。在"自发田的超级稻行动者网络"研究部分，我们已经分析了超级稻品种"中浙优1号""Y两优2号""桂两优2号"在面对T县有限的土地空间时，各自采取的组网模式和竞争策略。同样，在T县，西红柿的品种也多种多样，有红果、黄果、粉果、大果、彩果等区分，这些品种之下又有细分品种，比如红果中就有懒人红、圣丽、红妃8号、耐热1号、红宝石、红金龙等细分品种。这些品种竞争的主要方式是，以市场占有率论英雄，也就是说，哪个品种的种植规模更多，哪个行动者网络的竞争力就越大，哪个网络中的行动者才能够实现自己的利益和目标。

其次，不同的技术行动者网络存在竞争。在T县，最具有代表性的案例就是西红柿行动者网络与晚稻行动者网络的竞争。因为面对的是同一块土地资源，不同农作物网络之间的竞争也就更加激烈，而且这一过程常常还伴随着政府行动者的规划意志，使这一过程更加复杂化。NP镇L村一位农民描述了该村放弃晚稻种植而改种西红柿的经过。

我们村以前都是种晚稻的。一年两季稻，早稻结束了，种晚稻，一直这样。后来，也就是2002年前后，镇政府讲调整结构，讲外镇的人都在种西红柿，效果很好。要求我们晚稻不种了，统一种西红柿。很多人不干哪！有的人家都泡稻种准备育秧了，才通知，这让人家怎么办。大家都不愿意种西红柿，那个时候也不懂好不好种，得不得钱（赚不赚钱）。镇领导也有招数，不给我们的田地供水。我们这边是要通过排灌站进水渠来浇地、来插秧的。现在季节到了，就是不给水。就是要我们种西红柿。我们这边离江河近的，就自己抽水上来种水稻。离得远的，就没有办法了。没有办法，种一季看看吧。结果种了一季还不错，一亩田能得（赚）五六千块，比种那个水稻强多了。慢慢地，第二年不用政府号召，我们就种西红柿了。现在家家户户基本上都不种晚稻了，都种西红柿。不过，这两年西红柿行情不太好。

（访谈记录，H6）

从村民的叙述可以看到，西红柿行动者网络之所以能够战胜晚稻行动者网络，政府行动者在其中也发挥了作用。不过，由于西红柿经济效益的明显，"第二年不用政府号召"，农民加入西红柿行动者网络的态度已经从消极变为积极，从被动变为主动。可以说，发起行动者对农户的"转译"工作在整个第一年都是比较艰辛的，农民行动者虽然被招募进入西红柿行动者网络，显然他们是被动的、消极的行动者，还没有实现对自己行动者身份的完全认同，因而难以做到为联盟代言。这反映了在一些地方政府的强势干预下，现实中农民在农业生产决策中缺乏应有的自主性。而行动者的自主性问题，在拉图尔、卡龙等西方的行动者网络案例分析中很少会当作一个问题。这是中国本土案例的特殊性，也是与西方案例之间较明显的一个差异。

再次，如果不考虑技术行动者的异同，从发起行动者的角度来看，不同行动者网络之间的竞争更多表现为不同的发起行动者之间的竞争。

在S村，A农资店和B农资店都以卖种子、化肥、农药的方式，获取自己的商业利润，因此他们都想增加销售量，而方法只有一个，那就是招募更多农户加入自己的行动者网络，不断扩展网络，从而不断增加销售量。这里不论两个商店销售的农资商品是否同类同种，但是很明显他们建立的行动者网络是不同的，而这个"不同"，是两个不同的发起行动者——农资店造成的。为了建立竞争优势，两个农资店都会采用不同的促销手段，如买种子送育苗，买化肥送农药等，以争取更多的农户行动者加入，形成自己更强大的行动者网络。

最后，不同行动者网络的竞争还可能体现在对同一技术事件的竞争性的解释方面。这些行动者没有以明确的发起行动者身份自居，他们会以技术专家的角色对某一技术作出自己的解释，然后对相信这种解释的农户提供相应的技术服务。T县的西红柿产业很大，农户也因此获取较高的效益，他们常常把种植西红柿作为家庭收入的主要来源。但是西红柿有一种极难防治的病害——青枯病，该病通常在植株开花坐果时发生，初期病株白天萎蔫，傍晚恢复，病程进展迅速时病株5~7天枯死。因枯死时叶片仍保持绿色或浅绿色，故称青枯病（王杏，2011）。农户反映，青枯病在近年来呈多发趋势，有不少农户辛苦数月就因为青枯病而损失惨重。在这种背景下，防治青枯病成为西红柿种植户的头等大事。而对于这一病害的原因和防治措施，不同的专家却给出了不同的答案。

在 NM 镇 S 村有一家规模较大、专门售卖西红柿种子的门店，店老板有 50 多岁，似乎有着丰富的经验。据他说，专门售卖西红柿种子已近 10 年了。对于西红柿种植过程中发生的青枯病，他是这样说的：

> 西红柿得了青枯病，就像人得了癌症，没有办法（治疗）的。哪个（专家）说有办法，都是骗人的。这个（病）只能从根本上预防，从品种选择上预防，比如说，我们卖的一些品种就很少得这种病，像南秀一号等种子，本身就比较抗青枯病。（访谈记录，G11）

而村里的一家肥料店的店主却给出了不同的说法。这个店主虽然年轻，但他的话语里充满了貌似土壤学或生物学里的专业词汇。

> 西红柿青枯病是土壤里的细菌引起的。经常会有农民拿一些得病的西红柿植株给我看，我说不用看的，是土壤的 pH 值有问题。因为等到明年，你换种子，还是这样，甚至还是那个大致地方，青枯病又出现了。主要原因是农民不懂，每年都施大量化肥，而且都是酸性的多，这就容易产生细菌。现在要恢复这个酸碱平衡。此外，土壤中缺乏钙镁硼锌铁铜等微量元素，阶段性缺磷也会加剧青枯病的发生，所以我建议要给土壤补钙补锌，多上营养肥料，而不是化学合成肥料；就能减少土壤里的细菌，减少青枯病的发生率。很多农民一开始不相信我的说法，买了我给配方的微量生物质肥，今年就没有青枯病了。（访谈记录，G9）

L是S村知名的农业技术专家，他自己家种植有三亩多的西红柿，在村庄街道上又开了一家农药店。卖药的同时，他还帮别人维修喷药设备。L自述30多年前，自己就是村里的农业技术员，后来取消了农技员，自己摆摊卖农药，一直到自己开店铺经营。

> 按照我的经验来说，青枯病是病毒引起的。像这种阴雨天，最容易得病。关键是要预防。我这里的农药，农民都是找上门来要的；我告诉他们提前打药，他们打了，就躲过去了。如果不打药，就容易得（青枯病）。问题是，现在大多数农民没有预防意识，好好的你让他打药，他心疼这十几块钱；一旦得了这种病，打再多的药也没有用了，那样损失更大。但是没办法，现在的农民就是这样。（访谈记录，G10）

种子店、肥料店、农药店都给出了青枯病的解释和防治措施，虽然他们都有为自己作商业广告的嫌疑，但至少都带着一种希望。因为他们明白无误地告诉农户，只要按照他们所说的去做，青枯病并非不可战胜。可是，农技站技术专家的回答让人陷入了绝望。

> 说实在话，道高一尺，魔高一丈。病虫害也是不断进化的。这个青枯病治病的机理和防治的办法，包括全国各地都提出了一些办法，有些据说是经实践证明有效的办法，也许在他们那边那个案例的确有效，可是拿过来还是无效。现在这个确实还难以防治。只能说，得了（青枯病），农户就倒霉了。（访谈记录，F1）

关于防治西红柿青枯病的常见防治措施，如抗性砧木嫁接法、药物土壤消毒法、施用生物有机肥法、聚酯纤维布遮根法等，据S村村民反映，他们基本上都试验过了，有的时候好像还行，但有的时候依然会得病。农户反映，用嫁接的办法也许会好一些，但是使用嫁接苗每亩田要多花费2千块钱成本，而且也不保险。因此，大家现在就是"赌博"的心态，如果谁碰到了青枯病就算倒霉，碰不到的话就算又躲过去一季。

其实，不同农资店技术专家的说法，显示出他们尝试以技术解释转译农民行动者，吸引农民购买他们的农资产品，从而可以销售更多商品，构建自己的商品行动者网络的企图。这也反映了在农村社会中不同行动者网络之间竞争形式的丰富性和在实践中的变化。

此外，本研究也发现，农民对于防治西红柿青枯病进行了努力尝试，尽管还存在一定程度的"赌博"心态，但这至少反映他们已经具有一定的技术学习能力以及学习的积极性和主动性，而这一切都是西红柿较高的经济效益带来的结果。T县农民的这一做法，也正在改变传统农民的刻板、保守、短视以及"小富即安""小农意识"形象，展示了一种创新、精明和敢于冒险的新时期农民形象。

6.3.2 同类及异类行动者网络的合作

不同行动者网络之间的合作也存在几种情形，现在以超级稻为主线，对以下两种情况进行分析。

一是超级稻行动者网络之间的合作。

超级稻品种可以从生育期、播种期、生长期和成熟期的不同作大类的区分，即分为早稻、中稻和晚稻。因此，在同一块土地上，分属于早稻、中稻或晚稻的超级稻品种之间，并无实质性的竞争，相反彼此还可以合作。比如在T县B镇，有一些农户继续保持着种植两季稻的传统，他们根据早晚稻生长期和稻米品质，分别选择超级稻具体品种，如早稻一般选择中浙优1号、Y两优2号、深两优5814等品种；晚稻一般选择天优998、天优华占、准两优608等品种。这样同一块土地的早晚稻之间形成一对超级稻组合，实现了不同品种超级稻行动者网络的合作。

除了同一个地块，同一家种业公司的不同超级稻品种也可以形成合作。如广西兆和公司花费150万元购买的超级稻品种"桂两优2号"，和公司自己研发的超级稻品种"特优858"之间，就是合作的关系。因为二者之间，分属不同的类型，它们适用的区域不同。因而对于公司的超级稻推广来说，这两个超级稻品种其实是互补的关系。此外，还有NM镇的种粮大户W与县农技站合作，在自己20多亩的早稻田地上分别种植了Y两优2号、Y两优900等新品种，作为吸引农户的示范与展览。可以说，在示范与展览的功能上，这些不同的超级稻品种实现了合作。

二是超级稻行动者网络与其他行动者网络之间的合作。

在这方面，T县的"稻—菜轮作模式"是两种行动者网络合作的代表案例。前文提到，农民之所以在种稻效益很低的情况下仍然坚持种水稻，除了自己的生活消费以外，还有一个重要的因素，即种水稻可以和种西红柿形成轮作。因为农作物一般不适合连续种植，如果连续在一片土地上种植，西红柿容易高发青枯病、枯萎病，水稻也会减产和发生病虫害。有趣的是，"稻—菜轮作模式"确立以后，西红柿的高发病率得到了遏制。农技站副站长E3认为这是有科学依据的。

> 农户认为肥料越多越好，所以他们种西红柿一般都过量施肥，土壤肥力太厚，庄稼吸收不了，就容易板结，滋生细菌。如果种早稻的话，水稻稍微施一点肥料就够了，而且可以把原来多余的肥料吸收使用。更关键的是，种水稻要灌水，整个田地要浸在水里面几个月，可以杀菌，再种西红柿就不会有那么多的病害了。（访谈记录，E3）

从当地农户普遍采用了这一模式来看，副站长的说法得到了佐证。如果说，超级稻扩散过程中建立的行动者网络稳定性仍然较差，那么，T县超级稻行动者网络与西红柿行动者网络之间通过合作形成的"稻—菜轮作模式"则变得稳固。这是行动者网络之间通过合作激发的新效应。

6.3.3 不同类行动者网络的转化

行动者网络之间的转化要经历一个过程，即便是前面提到的NM镇L村，政府强势主导的水稻行动者网络转换为西红柿行动者网络，也要经过农户对自身的转译、对网络的认同等一系列过程。那么，T县大范围的水稻网络转换为西红柿行动者网络是如何实现的呢？

> 到20世纪80年代初为止，T县还是以种植粮食为主的农业生产大县。该县的粮食生产主要集中在玉米、水稻品种，甘蔗、木薯、花生、烟叶、油菜等经济作物有少量种植，柑、桃、龙眼、香蕉等水果都不成规模。由于T县属于亚热带气候区，在耕作制度方面，主要采

用一年两熟的方式。

20世纪80年代中期，该县T镇X村一位周姓农户在传统双季稻的生产基础上，利用冬季闲田尝试引入西红柿生产并取得了成功，开创了T县"稻—稻—菜"一年三熟的做法，成为本区域冬菜种植生产的先行者。

周姓农户的做法首先在本村扩散。仅1985年，该村种植的西红柿等冬菜规模已达260多亩，总产量达81万公斤，产值40多万元，一时间X村在T县迅速成为富裕村，西红柿也成为农民脱贫致富的"明星"农产品。X村依靠西红柿快速致富的做法引起了县政府的注意，他们对这一做法给予充分肯定和重视，并号召全县各村庄积极发展西红柿等冬菜生产，把西红柿生产作为T县农民增收的重要经济来源和农业的支柱产业。

随着西红柿经济效益越来越明显，加上政府的大力推动，到（20世纪）90年代，T县的西红柿种植面积呈爆发式增长。"稻—菜"耕作模式在全县许多有条件的乡镇大力推行，当地农民在实践中不断创新，并逐渐发展了"菜—稻—菜""稻—菜—菜""菜—菜—菜"等种植模式，T县的蔬菜生产也由原来的单一冬季蔬菜生产为主转向秋冬菜生产并重的局面。T县也因此成为全国闻名的蔬菜生产基地。

随着西红柿种植面积和西红柿产业规模的扩张，T县农业部门于2002年前后相继成立法规股和农业执法大队，加强对种子、化肥、农药、农膜等农资产品质量的控制。在农业技术服务方面，该县通过"农家课堂"加强对农民的技术培训，引进了台蔬11号西红柿、多非亚西红柿、美国甜豆等30多个蔬菜新品种。T县西红柿产量由初期的平均亩产2500公斤已经提高到3500公斤，最高亩产已实现8000公斤。

由于西红柿具有明显的比较效益，T县传统的晚稻种植面积明显减少。（20世纪）80年代早期，该县晚稻种植与早稻种植规模大体相当，基本保持在30万亩左右；到2011年全县晚稻面积总规模不到3万亩，像NM镇、TZ镇等连续多年已不再种晚稻。在这些乡镇，西红柿已经完成了对晚稻的全面取代。

作为 T 县西红柿的最早种植村，2010 年 X 村西红柿种植达 3000 多亩，亩均产量达 5000 公斤，总产量超过 1500 万公斤，总产值超过 3000 万元，平均每户实现西红柿收入约 4.5 万元，人均西红柿收入约 1.2 万元。从全县来看，至 2011 年，T 县种植西红柿面积已达 20 万亩，产值 11 亿元以上。全县农民人均种菜收入达 2500 元以上，占农民人均纯收入总量的 67% 以上。❶

从上述案例可以看出，T 县晚稻行动者网络在西红柿这一新的行动者闯入之前是比较稳定的网络。西红柿作为新的行动者，它能够为农户带来和水稻不一样的利益和目标，因而引起了农户的兴趣。对于政府来说，经济效益与部门权力直接相关。技术经济效益高，技术所代表的作物及其管理部门地位就高，也越容易促进这个作物的发展。反之亦然。超级稻作为 T 县的主要粮食作物，原来与西红柿、芒果等一起由农业局主管。由于西红柿经济效益的显著，县政府专门成立了果菜办，作为"与农业局平级的正科单位"，来推动西红柿产业发展。在政府行动者的加入和强力发起下，一场西红柿扩散行动者网络的组建强势进行。因为政府的支持，加上西红柿具有显著的比较效益，与此相关的种子、专用肥、农药也利润明显，各行动者之间的转译非常顺畅，农户积极主动要求加入，企业行动者迅速以农资店形式在 T 县的乡村遍地开花。于是，在 T 县的同一块大土地上，晚稻行动者网络中的行动者纷纷逃离，转而投向西红柿行动者网络。随着农户行动者的不断加入，西红柿行动者网络以很快的速度进行种植规模的扩张，到了 2011 年除了较冷的山区无法种植西红柿以外，全县的晚稻种植行动者网络基本上已被西红柿行动者网络取代。这个过程可以用图 6.4 表示。

---

❶ 本案例资料内容来自 T 县农业局内部资料《T 县农业 30 年风雨历程》。T 县农业局工作人员 E1 提供了晚稻种植的数据变化情况。

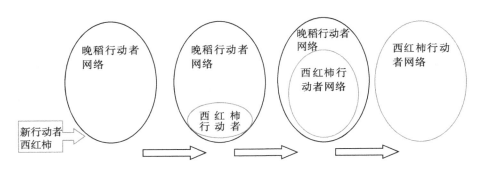

图6.4　T县晚稻行动者网络向西红柿行动者网络的转化

　　T县晚稻行动者网络向西红柿行动者网络的转化，可以进一步表明：农业技术扩散的过程表现为技术扩散与品种扩散两个不同的方面。超级稻技术虽然相比一般的杂交水稻技术具有优势，但仍需政府主导以"免费"农资为主要手段组建示范田行动者网络，但这一模式及种粮效益决定了农民愿意采用新品种而不愿意采用新技术的事实；因为具有明显经济效益，西红柿行动者能够以市场的方式迅速组建行动者网络，而农民也愿意主动学习技术，使得品种采用和技术采用有机结合，从而取代了该县的晚稻行动者网络。

　　这里要指出的是，行动者网络之间大规模的转化很难评价为进步还是退步。比如，T县西红柿行动者网络对晚稻行动者网络的取代，给政府带来了较明显的政绩，给农户带来了较高的收入，给农资企业带来了较高的利润，给农业技术专家带来了更丰富的科研成果。但是，大量肥料、农药和其他激素的使用，也给农村带来了土壤的高肥化、高污染。与此同时，西红柿行动者网络的迅速扩大带来的更多产量，也使得产品供给超过了市场需求。

　　因为西红柿比较来钱（赚钱），只要听说哪个品种好，村民们就一哄而上，都去种植这个品种；结果产品的同质化很厉害，造成大量过剩。在这方面政府没有事先规划，也没有办法规划。市场经济社会，老百姓不听政府的，我们也难做。另外，我们这儿的西红柿与山东大棚的和海南的产品上市时间拉不开距离，竞争压力大。我们在宣传方面力度也不够，以至于销售渠道不通。像1996年那一年，全县西红柿价格大跌，一担西红柿才卖1元钱。这两年行情也不好。东西太多了，价格肯定不好。（访谈记录，E1）

尽管县政府为拓展西红柿销路，也做了很多工作。但是在不稳定的市场行情下，超大规模的单一种植模式时刻都可能会面临危机。本案例带来的另一个启发是，尽管西红柿技术复杂程度远超过水稻，T县农民却愿意积极主动地放弃熟悉的水稻种作，而重新学习复杂的西红柿种植技术，这说明，技术经济效益决定技术扩散成效。农民自身并不缺乏技术学习能力，只要能够保证技术带来明显的效益，农民自然会主动学习、理解和接受新的科学技术知识。

6.4 行动者网络重组社会以及对农村技术扩散的影响

在行动者网络理论看来，社会不是特殊的疆域，不是特异的领地，也不是特有的某种事物，它仅仅是重新联结（re-association）和重新组装（reassembling）的特别运动（Latour，2005）[6]。而科学实践和科学成果就是重构世界的强大力量。所以，巴斯德实验室的疫苗一旦被应用于所有的法国农场后，整个社会就会以新的方式重组，"包括整个社会在内的每一个成员都改变了"。[1] 这可能是拉图尔所说的"给我一个实验室，我将举起全世界"的深意。

本研究认为，拉图尔所说的"重组"，并非是指行动者及其行动者网络本身具备某种能动性的力量，而是一种推动社会变化的方式。同样，在中国T县的农村，超级稻以及其他技术行动者网络也正在以自己的方式"重组"乡村社会。

---

[1] 本句原文为：Everyone has changed, including the "whole society".

6.4.1　新行动者和新经济组织的出现

行动者网络重组社会不仅表现在对招募进来的行动者给予新的身份界定，同时也对行动者之间的关系作出新界定。这种行动者之间关系的亲近或者疏远，如果反映在行动者网络的层面上，则可能导致新的行动者及其网络的出现；如果反映在社会层面上，就可能发生格奥尔格·齐美尔（2002）所说的"社会空间及秩序"的变化，导致一些新职业和新型经济组织的产生。

首先，农业技术行动者网络对农村社会的重组，表现为原有行动者新身份定位与新职业的变化。

以农民行动者为例，根据各自的利益和兴趣，他们会加入不同的行动者网络，具有不同的行动者角色。如有的农民行动者继续从事种植业，有的则可能成为服务种植业的专业农机户，还有的可能成为提供农产品买卖中介服务的经纪人。

专业农机户是农村近年来才出现的新职业群体。在农业发展的历史上，农民行动者一直是农业工具的操作者。在最早期的简单农具时期，镰刀、锄头等工具的金属部分和木料部分分别由铁匠和木匠提供，由农民组装而成，因此农民对这些劳动工具很有感情，也非常珍爱。有了成套的犁、耙农具以后，农民往往需要驯养牛马等，依靠畜力的协助，才能充分发挥农具的作用。这时候除了农具，农民还要努力和牛马培养亲密的感情，期望牛马能够认同这个人和动物的联盟，而不仅仅是接受指令工作。这一时期农业劳动质量的高低，更多取决于人与牛马感情的深浅与默契程度。随着手扶拖拉机、四轮拖拉机等中小型农机的出现，为农机加注燃油代替了饲养牛马的行为，机械操作代替了人对牛马的指令，而机械对指令的准确反馈和永不疲倦的特性，使得农民只要学会操控就可进行农业劳动，几乎不需要额外的交流。但是，因为农机服务难以延伸至乡村，且维修费用高昂，农民往往需要了解机器的性能和结构，甚至要懂得简单的故障处理方法。随着劳动生产率的迅速提高，中小型农机的生产能力已经大大超出了一家一户的生产需求，使得农民的中小型农机经常被搁置。为了提高农机利用率，一批农民在这个时候分流出来，一种专门操纵农机为农民服务的职业应运而生。逐渐地，农民习惯了把主要生产环节如整理土地、播种、收获等工作交给专业化的大型农机操作手来完成。整个过程中，农民根本不再需要懂得新农机的构造和如何操控大型农机，只要监督、管理和付酬金就可以了。

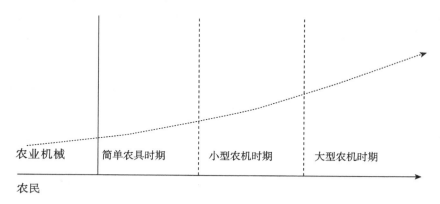

农业机械

农民

图6.5　农民与农业机械关系的历史变迁

图6.5反映了农民行动者与农业机械关系的历史变迁。在不同时期，农民与农业机械的关系经历了一个从紧密联盟到松散联盟的过程。在此过程中，随着农民与农机关系的疏远，大型农机知识已经成为农民不再了解的黑箱，而农民行动者与农机行动者的联盟虽然在形式上表现得比较松散，但是农民对农机行动者的联结和依赖却不断提高。因而，农机操作手作为一种新的职业角色和农机一样，逐渐成为农业技术行动者网络中不可缺少的行动者。

在行动者网络促进乡村职业重组的过程中，专业农机服务者的出现，首先是基于农业专业化发展的要求和农机知识的不断丰富与复杂化。在早期的耕作方式中，农民用犁翻土，用锄松土和除草，用手插秧，用镰收获。随着农业技术的发展，"面朝黄土背朝天"的农民与土地的关系也不如以往亲密，犁地有专用的农机，插秧有插秧机，松土有松土机，收获有收割机；在犁地和耙地的结合上，产生了犁耙合一的新农机；在粮食作物收割和脱粒的结合上，产生了二者功能兼有的联合收割机。在农机行动者不断被塑造、重组的同时，农民行动者实际上已经成为一系列农作制度的决策者和实施监督者。

除了农机服务人员，新的行动者网络也造就了其他新的职业，如农业产品经纪人。在专业化的行动者网络出现之前，农民都是由自己销售自己的农业产品的，随着行动者网络对农民专业生产农产品的新界定，从农民中又分化出一支专门协助农民销售产品的经纪人队伍。2011年全国农村从事农、林、牧、渔、运、批、销等各个涉农行业的经纪人达600万人以上（彭瑶，2011）。而在T县，2012年仅本地果蔬销售经纪人规模已超过3000人。❶

S村的西红柿种植大户和芒果大户H先生就是这样的经纪人。他认为自己的起步和发家致富就来源于做农产品经纪人，自己现在的种植事业也得益于做经纪人。

> 那时候我家里就一亩多田，也没有芒果地。我就想着把周围农民的西红柿收起来，拉到县城，到南宁去，卖。一开始自己村的人还不相信我，我就从旁边的村子收西红柿。因为我是整车走货的，提前做好品种分类，可以给外地来的老板节省很多时间，所以他们给我的价格也高；而分散的农户都不过是200斤、300斤的卖，只能卖给城里的摊贩，价格压得低。而且他们自己送过去还要油费和其他成本，如果卖给我，我直接在地头上收购。而且我给的价格比他们自己送到县城的还高。慢慢大家都把西红柿送到我这里，我再转到外地卖。通过这种办法，赚了不少钱。因为自己经常收果卖果，对于什么样的果子产量高、价格好，都掌握得清楚。所以，我就自己承包了50多亩田种西红柿，在N村承包了100多亩坡地种芒果。一到农忙时要请100多个工人帮忙呢。很热闹的。我主要在一边指导和监督他们。（访谈记录，G4）

其次，农业技术行动者网络对农村社会的重组，表现为新型经济组织的不断产生。

T县西红柿产业的蓬勃发展，吸引了一些原本只在县城和乡镇街道提

---

❶ T县农业局内部资料。

供服务的农资店。如今在该县大部分村庄的田间地头、村路旁边，很容易就可以找到一家农资店。农资店行动者的加入，对于农民使用现代农业技术及其产品提供了便利，也为农资店的发展提供了更广阔的增长空间。关于这一点，前述已有很多讨论，此处不再赘述。

除了农资店，一些现代企业家作为新的行动者，也开始走进农村，一些涉农企业纷纷成立。在 T 县，规模较大的涉农企业有金穗米业、壮乡一品农业科技有限公司、壮乡河谷集团、三雷老韦物流有限公司等。❶

T 县金穗米业有限责任公司是一家集粮食收购、储运、加工、销售等业务为一体的国有控股企业。公司生产销售的布洛陀香米、养生米系列产品，以"米质优、口感好、营养高"特点，荣获"2011 年广西第一届名特优农产品交易会银奖""2012 年第十二届中国国际粮油产品及设备技术展览会金奖"；公司荣获市级农业产业化重点龙头企业、国家农业标准化示范区实施企业等称号。

广西壮乡一品农业科技有限公司成立于 2013 年 1 月，主要经营果树、花卉种植，农副产品（不含粮油）购销、冷冻冷藏服务等。2014 年公司在 T 县 NM 镇某村流转土地 4125 亩，其中 550 亩种植红心火龙果，年产火龙果 200 万斤。同时对火龙果进行育种，年培育果苗 300 万株以上。2015 年种植香蕉 3800 亩，日均安排周边农民在公司地间劳作人数达 300 余人。

壮乡河谷集团是一家发展特色农业经营项目的集团化公司，是广西百色国家农业科技园区入园企业、市级农业龙头企业。该企业与当地蔬菜协会合作建立了圣女果（小西红柿）种植基地，带动农户约 1100 多户。2009 年公司推出"壮乡河谷"品牌的圣女果，取得了良好的经济效益和社会效益。

三雷老韦物流有限公司成立于 2002 年，主营道路货物运输业、果蔬种植业、畜牧养殖业及农产品销售。公司在 T 县各乡镇建立了 30 多个惠农收购网点，凭借物流优势，全县 1/6 的圣女果、1/3 的芒果经过该公司运往全国各地。每年芒果成熟的季节，公司发往国内外市场的芒果每天达 300 吨以上，仅从事摘果、选果、包装、装车等工人达 1000 多人。

---

❶ 以下有关企业的资料来源于公司宣传资料及公司负责人的访谈记录。

对于农民行动者来说，农村就是他们的生活和工作空间。在不同行动者网络的竞争和演化中，他们也组成了各具特色的经济组织。其中农民专业合作社是突出的代表。据 T 县农业部门统计，该县至 2014 年共培育了西红柿、芒果等农民专业合作社 13 个，通过统一生产、销售、注册产品商标等形式，创立具有本地特色的优质果蔬产品品牌，提高果蔬生产的集约化程度，降低了市场风险。此外，在农机领域，BY 镇还由农民自发形成了农机专业合作社，为附近各县农业生产提供农机服务。

最后，农业技术行动者网络对农村社会的重组，还表现在新型经济组织带来的不同行动者之间的新的联结。

由于农资店在乡村的扩散，农资店主必须熟练掌握与农民沟通与交往的技巧，而农民也要尽快适应这一身边技术服务的新变化。

> 我们这里的种子、化肥、农药，就是要卖给农民的。农户如果去县城买这些东西，肯定要现钱，因为全县村庄那么多，不可能再下去讨账要账。现在我们来到村里，村里的农民天天见面多了，基本都认识，农民就可以赊账，过几个月，过半年都可以。农民感觉很方便，就乐意在我们这儿买。（访谈记录，G11）

随着现代化农业企业在农村的占地发展，一些农户通过流转土地成为"无地农户"。无地农户的出路只有两种：要么出去进城务工，要么在村庄附近的农业企业务工。这样，这部分农民与农业企业家就演化成了员工与企业家的雇用关系；企业家成为雇用者，农民成为被雇用者。在这种新型的雇用关系中，由雇用者制定报酬发放规则和工作评价标准，被雇用者只能在这一框架内得到相关评价和获取工作报酬。

壮乡一品农业科技有限公司总经理介绍说：

> 在我们这里干活的农民分两种：一是常年的工人，一是临时工。常年工作的，我们都和他们签订协议，比如承包 100 亩香蕉地，除了每月基本工资 2000 块，收获的时候按照产量每多出一斤增加 5 分钱。一般都是夫妻俩在这儿。我们在地里给他们建了房屋，装有空调。条

件还是不错的。一年下来他们也有五六万的收入。如果打短工，比如在香蕉采摘季节，我们需要把香蕉从地里挑到路边，平均也就是100多米的距离，每斤7分钱，一挂香蕉70斤，一趟挑两挂，差不多10块钱；一天下来，多的可以拿到五六百块，比他们出去打工要强多了。（访谈记录，E6）

然而事实上，附近农民在这儿务工的情况却并不普遍。该总经理解释说，因为农业是阶段性工作，往往是季节来了，气候到了，才需要那么多劳动力；另外，周围的村民比较懒，文化水平不高，工作的质量很多不符合要求。而周围的农民则在调研中抱怨，企业规矩太多，经常会扣钱，表面上说报酬挺多，实际上得不到那么多；而且为了让工人能够在下一个季节继续过来干活，企业往往也会扣押一部分工钱。

在企业与种植基地农户的关系方面，壮乡河谷集团宣称本公司拥有自己的生产基地，并已与多个西红柿、芒果种植专业合作社合作，带动农户1000多户。实际上，他们的这一做法很难开展。

据我所知，T县的其他几家农产品企业，根本没有自己的生产基地，它们都是在市场上收购，然后进行品质分拣，归入不同的等级，贴上标签、装箱，就成了他们的产品了。因为企业和农户的关系很难处理，即便是你签了保证价格协议也没有用。如果行情不好，农户才会卖给你；如果蔬果行情好了，农户偷着也会按照更高的价卖给别人。对于我们企业来说，行情不好，我们也不想收购；行情好了，又收不到。所以，企业和农户都不想被协议捆绑住。随行就市，双方还自由些。（访谈记录，E6）

作为农户之间联结的专业合作社在T县开展得也并不顺利。在某村的西红柿专业合作社办公室里，合作社章程、机构与工作制度都按照要求整齐地贴在墙壁上。但是一提到合作社的运行情况，该合作社副理事长表现得非常苦恼：

我们虽然2013年11月份就成立了，也有50多户的规模，但一直没有找到工作的头绪。目前对我们也没有支持的政策。我们也想组织大家种植更高品质的西红柿，但农户的意见很难统一，工作很难做通。去年我联系一个公司，在村里做了50亩的西红柿示范田，除了种子之外，化肥、农药都免费了，当初说好的包销。结果公司没有来收，也伤了农户的心了。我们也想搞一个连片种植，但是有些不是我们合作社成员的田地，他们不同意，结果也没有搞成。去年，我们也尝试搞了一小块，偏偏又撞上天灾虫害。我们都有些心灰意冷了。我们的专业合作社很松散，没有什么优势，所以农户很多都退出了。（访谈记录，H10）

其实，这一情况在某农机专业合作社也有表现。据该农机专业合作社负责人介绍，他们的合作社是极其松散的，只要农户有机械就可以加入，不想加入就可以自由退出。所谓合作社，他们的理解就是把这些农机集合起来，一起干活，一起分钱。而成立合作社，也是农机局的意思，相关材料、手续也是农机局帮忙操办的。成立合作社以后，并没有接受过相关的指导和培训。

从上述可知，T县的农民专业合作社虽然取得了一定的进展，但是农户行动者之间缺乏有效的组织性与有效联结，合作社在组织运行与规范性方面缺乏必要的培训和指导。作为技术行动者网络新的组织形式，行动者之间的联结也呈现了新的形式。因此，在新的形势下，如何进一步加强农村新型经济组织的建设，保护新型行动者之间不断涌现的新的"联结"，政府部门还有更多的工作要做。

6.4.2 社会"群体"的流动

关于中国乡村社会结构，费孝通有一个著名的观点。他指出，中国乡土社会的基层结构属于"差序格局"，即每个人都有一个以亲属关系布出去的网，每个人与别人的社会关系，不像团体中的成员大致平等，而是像水的波纹一样，一圈圈推出去，愈推愈远，也愈推愈薄；这样每个人与自己所发生社会关系的那一群人就形成了一轮轮波纹的差序。与此相区别，西方社会就像在田里捆柴，几根稻草束成一把，几把束成一扎，几扎束成一捆，几捆束成一挑；每根柴都可以找到自己同把、同扎、同捆、同挑的柴。这里的把、扎、捆、挑，在社会中就是不同的团体，每个人都有自己的团体。这种社会关系的格局被称为"团体格局"。中国乡土社会之所以采取"差序格局"，是因为农民只要依靠土地，自己就可以丰衣足食，只是在偶尔或临时状态下才需要伙伴，没有必要形成彼此间经常联系的团体（费孝通，2012）[163-168]。

在上一章，本研究依据占有土地资源状况和经营形式，把当前中国农民分为8个类型，并指出不同类型农民处于不断的流动之中，显示了乡村社会结构的新变化。拉图尔在《重组社会——行动者网络理论导论》一书指出，划分群体并非仅仅是社会科学家们的工作，也是行动者自身一贯的任务（Latour，2005）[31-32]。行动者组建群体的工作会一直进行，群体总是不断地被创建或再创建中，因此没有固定的群体（Latour，2005）[34]。他认为描述社会的第一个不确定性来源，就是行动者没有固定的群体，只有不断变化的群体的形式（no group，only group formation）（Latour，2005）[27]。

在T县，大多数农民行动者一直处于种植业群体和外出务工群体的流动之中。流动的规模和频率取决于农业种植效益的好坏。在NM镇，农民种植西红柿还是超级稻，主要取决于种植哪个品种带来的经济效益更高。事实上，综合来看，如果农户种植超级稻，直接收益虽然很低，但这意味着他们可以更多地采用机械，可以更多地节约人力和时间，从而把这些人力和时间腾挪到城市务工领域；如果种植西红柿，直接收益虽然明显很高，但这意味着要花费更多的成本、人力和时间。总的来说，农户选择种植超级稻，还是西红柿，最后的综合经济效益大抵是相似的。由于农民进入城市的工作、生活成本较高，对于很多农民来说，技术品种直接收益的高低往往影响这个技术行动者网络的发展。

从T县近5年的西红柿市场行情（如表6.2所示）来看，2011年平均价格为1.78元/公斤，相比2010年的平均价格1.66元/公斤增长0.12元/公斤；2012年平均价格为2.92元/公斤，比2011年增长了1.14元/公斤。也正是2012年前后，NM镇外出务工人员大量回流。据S村村支书介绍，全村近2000名村民，长期外出务工人员不超过20人。与此同时，村民之间田地转租价格由 2010 年的每亩 600 元涨到 2013 年的每亩 1200 元。然而，从 2013 年起，西红柿市场行情进入下跌通道，本年平均价格维持在 2.45 元/公斤，比 2012 年减少 16%；2014 年全年平均价格在 2.75 元/公斤，比 2013 年增长了 0.3 元/公斤，但仍没有回归到 2012 年水平，而且有 4 个月价格低于 2013 年的同期价格。而这几个月正是 T 县西红柿上市的旺季。事实上，西红柿价格的涨跌决定了西红柿技术扩散行动者网络的规模和速度。另外，这也影响了超级稻技术扩散行动者网络的规模和速度。

表 6.2　T 县果蔬批发市场 2010—2014 年西红柿市场行情

单位：元/公斤

	1 月	2 月	3 月	4 月	5 月	6 月	7 月	8 月	9 月	10 月	11 月	12 月	平均
2010 年	2.39	1.51	1.68	2.21	1.50	1.50	1.50	1.50	1.50	1.50	1.50	1.60	1.66
2011 年	2.42	1.77	2.70	1.49	1.97	1.02	1.03	1.50	2.01	1.98	1.73	1.69	1.78
2012 年	2.15	2.39	3.18	2.67	4.50	3.45	2.98	2.60	2.54	2.74	3.08	2.79	2.92
2013 年	2.93	1.54	1.35	1.91	1.77	2.53	2.69	2.45	2.76	2.91	3.74	2.86	2.45
2014 年	2.89	3.19	3.54	2.10	1.99	2.67	3.12	3.63	3.12	2.43	2.33	2.04	2.75

数据来源：商务部全国农产品价格数据库。

为了更直观地表现 T 县西红柿市场近年的价格趋势，通过对表 6.2 进行处理，得到图 6.6。

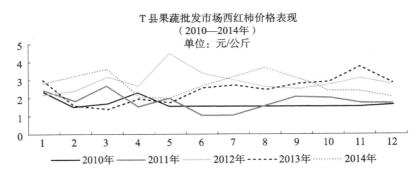

图 6.6　近 5 年 T 县果蔬批发市场西红柿市场行情

如图 6.6 所示，2014 年 1～3 月份西红柿市场价格均高于前 4 年，4～5 月份表现低迷，10～12 月份价格下滑厉害。与西红柿市场价格大幅下降相对应的是农资价格的持续高涨。仅 2012 年国内化肥、农药、种子、燃油等农资价格就比去年上涨了 20%，有的地方甚至上涨 30%（降蕴彰，2012）。在农产品价格下压和农资价格上抬两方面的挤压下，一些农民不堪重负，开始抛弃田地进城务工。当初，种植西红柿明显的比较经济效益，使之成为农民弃水稻、种西红柿的诱致性因素；而如今西红柿市场价格的不理想，又成为农民种植超级稻和外出打工新的诱致性因素。

在价格的影响之下，超级稻技术扩散行动者网络与西红柿技术扩散行动者网络的规模相互影响和塑造。而这种影响和塑造引起了农村社会人口的流动。

图 6.7　近 10 年 NM 镇人口外出人数情况

数据来源：根据广西外出流动人口服务管理信息系统数据绘制。

如图 6.7 所示，T 县 NM 镇外出流动人口从 2005 年到 2013 年基本上呈缓慢增加的态势，幅度一般在 10% 到 20% 左右；2013 年比之 2012 年，增加还不到 10%。而 2014 年突然增长到 2008 人，比 2013 年增长约 78.6%。这一现象的背后，则是因为 2013 年西红柿市场行情转坏，农民转而种植超级稻，因而可以解放更多的劳动力资源外出务工。

对人口流动服务系统的管理者——NM 镇计生服务站人员的访谈，也证实了这种关联性的存在。

> 近年来，我们这儿计划生育工作任务基本上没有什么压力了，一般不会出现因为躲避计划生育人口外流的情况。现在到哪个城市，街道居委会都查计划生育，也躲不了的。再一个，我们这儿登记的数据都是村里面人员报上来的，统计标准也比较严格。都是出外半年以上的人员，基本上都是进城打工人员。这两年西红柿行情不好，大家不

敢再种西红柿了，都跑出去了。像 N 村那几户，原来包地种西红柿，种子、化肥、农药都是赊账的，这一下亏了十几万，几个家庭都去广东了。估计要干几年才能还账。（访谈记录，F3）

当地农户反映，类似 N 村的事例在附近哪个村都有几起。只不过有的农户亏得多，有的亏得少。

尽管种植西红柿使一些人亏本严重，但是，当地的大部分农户仍以小规模种植的形式等待行情转好。至于什么时候能够转好，谁都没有把握。

我们这儿就是"赌"。种西红柿就是赌行情。行情好了，就赚一把；行情不好，就亏一把。没有办法。种水稻是没有什么风险，但打下稻谷来，去掉成本就那几百块钱。种西红柿风险是大得多，如果赚了，要赶得上多少年水稻的收入。再说，现在哪样都花钱，喝自来水、用电都要钱，小孩读书更要钱。不赌不行啊。有时候，产量高了，市场价格低，不赚钱；有时候，天气不好，病虫害多，产量低了，市场供应少，价格高了，照样赚得多。这就是要赌，碰运气。

说实在话，我们这儿大家恨不得有一个不好的想法，就是想：要是海南的西红柿遇到了台风，山东的大棚遭到了大雪，我们 T 县的西红柿就走运了。我想，人家海南、山东的（种植西红柿的农民），也会这样想我们（减产）。（访谈记录，G7）

西红柿行动者网络促使一部分农户行动者获得了财富，成为村庄的富裕人家；然而西红柿行情的不稳定，又使得一部分农户负债累累，他们只得再次转译自己，从行动者网络中逃离出来，加入进城务工的新网络。这反映了在农户拥有种地自主权的乡村社会，因为缺乏统一的规划和对市场行情的预判能力，表面繁荣的乡村经济其实是脆弱的。这也证明原来的西红柿行动者网络是不完善的，至少应该增加一些为农户提供市场信息服务的新的行动者。

当前，T 县的农民行动者正处于拉图尔所描述的群体"创建"和"再创建"的过程。在此过程中，行动者网络大大增强了农民行动者的流动性，破坏了传统的以亲缘为主要社会关系的"差序格局"，逐渐形成了大致规模的西红柿种植农户群体、芒果种植农户群体、务工农户群体。由于群体的成员经常变动，难以形成正式固定的"团体"，因此，当前中国乡村社会的基层结构呈现一种独特的、流动"群体"的格局。而要实现从差序格局向团体格局的转变，将会经历一个较长的时期。

在传统乡村的视野中，以亲缘为主要关系纽带的宗亲群落，在农民生产、生活与文化的各个方面都发生作用。而在社会不断发展的今天，不同的农业技术活动构建了不同的行动者网络。这个网络不再是基于宗族关系，而是基于兴趣和利益关系构建的。不同网络的构建使得农户对彼此更加了解，他们往往跨越宗族关系，与具有相似兴趣和利益的农户建立亲密的联结，而对于那些不同兴趣和利益追求的人，即便是亲戚也难以有更多的往来。在这种情况下，这些具有相似兴趣的农户在农业技术、市场信息等方面经常讨论合作的可能，与此同时，他们也拥有群体的文化，并逐渐与周围的人在思想上隔离开来。

> 我们几个种西红柿的，经常会讨论一下你用的什么种子，我用的哪个种子，用什么肥料好，有病虫害，用什么农药管用。大家都比较喜欢科技种田的，互相有好感。跟其他的人当然也来往，只是另一个方面的交往。虽然我们这些人也不一定合作做什么，但是这些人经常讨论，觉得亲近一些。（访谈记录，G4）

因为处在同一个群体中，新的思想和共识就更容易激发和形成。而新思想和新共识又会强化群体成员对群体的认同。这种认同，在整个村庄就容易发展成更广泛的某一农产品生产的行动者网络，成为该村庄的特色产业。即便是把这种对群体的认同迁移到其他地域，也会形成独具特色的群体产业，如湖南省新化县农民在国内各大城市形成的复印产业（冯军旗，2010），广西上林县上万农村劳动力迁移到非洲形成了"上林淘金客"现象（杨迪，2013）等。

6.4.3　技术权威的产生

在新技术行动者网络组建和运行的过程中，一些传统的乡村社会权威正在不断削弱。村委组织作为传统的乡村治理机构，开始遭遇各种挑战。政府下派的工作虽然很多，但细究起来都是配合调查的工作，村委组织层面几乎不掌握可以调动农户的资源。农户们不再迷信村委的能力，他们也无须再像以前那样依赖村委才能办很多事。

NM 镇 S 村的村支书 G1 曾经是村里的权威，他做了 11 年的村领导，包括 6 年村主任，5 年村支书；但是，现在他觉得在村里开展工作越来越吃力。

> 每次召集村民开会，就要发钱，至少 10 块钱一位。没有钱就不来开会。我们每个村小组以前都预留一些集体田，没有分给村民；现在就用这个承包出去，赚一些承包费给开会的人发补助。其中一个村组，因为承包过程中与人起了纠纷，官司打了几场，现在钱也没有要到。所以，他们这个小组没有钱，开不了会。
>
> 每次一开会，讲到农业生产，就有村民说我，你家里没有地，懂不懂农业生产啊？我家里是没有地，很早时候就办了城镇户口，收走了。可是，我以前插过队，还是懂（农业生产）的。他们老说我不懂种地……（访谈记录，G1）

与之相对应，随着新技术行动者网络的组建和运行，一些依靠科技致富的乡村能手，逐渐成为新的乡村社会权威，在乡村社会的号召力和影响力日益增强。

究其原因，主要有两个方面：一方面，农业科学技术的进步给农民带来了实际的利益，因此他们对于掌握科学技术和依靠科学技术已经富裕起来的人，有一种崇拜的感觉。这种崇拜自然在乡村中培育了新的权威。另一方面，农民最朴素的想法是，既然这些人能够科技致富，就应该让这些人发挥自己的特长，带领大家一起致富。因此，在每次村委会选举的时候，科技致富能手往往会被农民代表推举出来，并会得到较高的票数。

现在的问题是，这些农业技术能手和科技示范户，似乎还没有做好成为新权威的准备。G4 是 S 村种植西红柿的大户，除了自己家的 10 亩地，他还承包了同村其他人家的 50 多亩地。他是村里最早买轿车的人，因而在村里颇有威望。村民们曾不止一次推荐他担任村主任，但是他不同意。

> 我不适合当官。我也不想当。我想把地种好。这两年西红柿市场不好，我也亏了。下一步，我要看看是继续种西红柿，还是发展点洋葱或别的什么。这个还没想好。没有时间管村里的事。（访谈记录，G4）

不仅是 G4，其他几个种植大户对村里的公共事务都不感兴趣。他们辩解说，虽然不做村干部，他们依然愿意帮助村民一起发展先进的农业生产。但是，村民们并不相信这一点。因为如果不做村干部，那些科技致富能手就没有责任和义务带领大家一起致富；而缺少了责任心的人，怎么可能把事情做好呢？

这些技术能手虽然成为乡村社会的新权威，然而他们对于乡村公共事务的怠慢，被认为是自私的表现，由此也引起了村民的不满和猜忌。

> 我们觉得，他们（科技致富能手）是怕我们把技术学会了，抢他们的生意。他们当然不愿意这样干。一句话，就是自私。如果我们都跟着他把西红柿种好了，他的西红柿还能卖上好价钱吗？他还能每年赚那么多钱吗？（访谈记录，G3）

村主任 G2 则认为，村委会作为传统权威与技术致富能手"新权威"并不存在根本的矛盾。

> 村委会干部就是为村民服务的，服务的方面有很多，传达上面的精神，办理计划生育，办理低保，等等。当然，如果村干部本身又是技术能手，就太好了。问题是，哪有这么好的事呢？现在，有技术的人只顾自己挣钱，对村里的事不热心，热心村里事情的人又缺乏好技术。其实，我的意见是，村委会的组成要多种多样，有专门做村民事

务管理的，也有做技术服务的。（访谈记录，G2）

村主任 G2 的建议目前仍是一种理想模式。在 S 村，目前村委会的组成结构依然是行政执行人员为主，村委治理方式更多地也只是信息传达与事项通知。而对于农户有重要影响的农作物种子选择、新技术的应用，更多地还是要依靠农资店和科技示范户来实现。因此，当前农村社会依然是村委会干部"传统权威"与科技致富能手"新权威"共存的时期。新权威的产生虽然没能从根本上改变乡村社会的治理结构，但是他们作为一种新形式的权威，已经彰显了技术应用的积极效应，增进了技术在农村社会扩散的速度和效果。

6.4.4　农村技术扩散工作模式的转变

现代社会是一个技术化的社会，技术在推动社会发展的同时，也在重塑着社会。在本研究中，农业技术扩散虽然仍带有一定的行政计划特征，但是，包括农民在内的各类行动者已经可以依据市场规则，根据自己的兴趣、利益、手段、文化，寻找和确定自己的适宜通行点，选择加入不同的技术扩散行动者网络。这种不同的技术扩散行动者网络不仅重组了农村社会，也对新时期农村技术扩散工作提出了新要求，从而引导农村技术扩散工作实现新的转变。

首先，农民从"劳动致富"到"科学致富"的认识转变，要求农村技术扩散工作由侧重指导"怎么做"向"怎么做"和"为什么这样做"两者并重的转变。

在 20 世纪 80 年代以前，尽管"科学种田"的宣传标语刷满了乡村的墙壁，但处于集体分配制度之下和物资匮乏时代的农民，对此并没有切身的感受。对于他们来说，"科学种田"更多地体现为理想和信念。20 世纪 80 年代以后，由家庭承包经营取代集体劳作制度所带来的劳动积极性释放了农民的巨大能量，这是一个推崇"劳动致富"的时代，"多劳多得"成为克服集体制缺陷的有力武器。当集体劳动制度解散所释放的动力和热情逐渐消失，"科学种田"成为一部分农户致富的捷径。当种田更多的是依靠科技，而不再是体力之后，在农户的思想深处，"科学致富"理念正在完成对"勤劳致富"理念的取代。当每亩超级稻产量达到 700 公斤以上的时候，当一亩西红柿产量可以达到 6000 公斤以上的时候，农户终于相信，"科学种田"不再是报纸上和电视里的新闻，而是他们正在经历的事实。对此邓小平（1993）曾指出，"我很高兴，现在连山沟里的农民都知道科学技术是生产力。他们未必读过我的讲话。他们从亲身的实践中，懂得了科学技术能够使生产发展起来，使生活富裕起来。农民把科技人员看成是帮助自己摆脱贫困的亲兄弟，称他们是'财神爷'。'财神爷'这个词，不是我的用语，是农民的发明"。这种思想的转变，一方面提高了农民接受新的农村技术的积极性，另一方面也激发了他们学习先进技术知识的动力。因此，新时期的农村技术扩散工作，除了要做好操作性技术的实践指导，还要加强技术知识的教育，使农民不仅要"知其然"，还要"知其所以然"，为进一步发挥农民的创造性提供知识基础。

以超级稻为例，超级稻技术在经历育种研发、种子生产、种子销售等环节，直至传递到农户面前，已经表现为一个技术的"黑箱"。而农户作为水稻种植者，是不得不打开这个黑箱的行动者。随着超级稻行动者网络的组建，农民接受了超级稻种植技术的操作规范，超级稻技术知识也逐渐代替农户原有的一般杂交稻技术知识。同样西红柿行动者网络的组建，使得农户行动者更新了对于种子、化肥和农药的旧观念，他们也尝试把新的技术知识用于自身致富的实践。无论他们能否完美地完成任务，但是这种努力已经促进了科学思想、技术知识的深入扩散，新时期的农村技术扩散工作应当回应这一新情况。

在这一工作模式的转变中，要特别重视乡村农资店、科技示范户所发挥的非正式科技传播中心的作用，以及这一作用对先进技术知识传播水平和农民科学技术文化素质的提升。

　　说实话，以我来说，论对种田技术的帮助，农资公司的那些业务员比农技站专家要大得多。我的水稻、西红柿出了什么问题，专家下来，迟迟难以判定，推荐农药也不敢肯定。像那农资公司的业务员一下来，马上就说你这个是什么病，明天带了两瓶药，两天就见效了。想想也是这道理，农技站专家一个月能下田几次啊，那些业务员天天

在农田里跑，什么样的病虫害都见过，实战经验比专家丰富。（访谈记录，H7）

需要指出的是，农民对于科学技术的认同是科学技术在农村扩散的良好基础，反过来我们也不能忽视滥用科技产品的消极作用。本研究之前所述的 T 县农民就有过量施肥、过量打药的习惯，其原因就是滥用科技产品的影响。而新时期技术扩散工作如何纠正这一行为，也应该被提上议事日程。

其次，技术利益决定技术选择的扩散机制，要求把农民的利益作为农村技术扩散工作的出发点和落脚点。

在农村技术行动者网络的组建过程中，发起行动者最艰巨的工作就是转译工作，而转译的核心在于利益的转译。在市场经济社会中，尽管兴趣、手段和观念文化发挥着重要作用，转译中最重要的往往是经济利益。农民在家种田或是外出务工，是基于家庭经济利益的选择；农民种植或不种植超级稻，也是基于自身利益的选择；农户选择这一个水稻品种或那一个水稻品种，仍然是基于自己经济利益的判断。在示范田超级稻行动者网络，农户的利益诉求就是尽可能降低种地成本，因此，政府免费的农资成为实践中有效的转译方式；到了自发田，农户更希望在超级稻品种的抗倒伏、米质和产量方面有所表现，综合起来还是农民要求经济利益最大化的结果。

在技术扩散工作中，一方面要规范农业技术服务市场，打击销售假冒伪劣农资产品行为，保护农民的权益。在现实中，农资店的目标和利益定位在构建产品销售的更广大网络，从而赚取更多的利润；但是，在转译农户行动者的时候，为了达到目标，农资店销售人员往往会夸大事实，骗取农民行动者的信任。

在调研中，有相当一部分农民对于农资店的感情异常复杂：

农资店的确帮我们介绍了很多种子知识、农药知识和化肥知识。但是，说的是"顾客是上帝"。我们当不了这个上帝。比如说，每一包种子上面，都印着漂亮的丰收画面，都标着"高产、抗病"。我们

真不知道怎么选。最后还是农资店的人说哪个哪个好，我们就买了。（访谈记录，H4）

以此看来，严格规范农业技术服务市场，打击销售假冒伪劣农资产品行为，对维护农民经济利益和维护农民对科学技术的信心，都是非常必要的。

另外，要帮助农民树立正确的利益观念，从更大的行动者网络层面保护农民的利益。在调研中，大多农户承认，无论是种植超级稻还是西红柿，他们已经非常依赖于对化肥、农药的使用。特别是西红柿，农药、激素等药剂的用量和次数都在增加。事实上，他们都知道这种做法不好，但他们也没有办法。

> 现在的老板收果（西红柿），就是要大一些、圆一些、红一些的，外观上一点不光滑，就被当作次果了。老板说，好吃不好吃他不管，但是一定要好看。果子要大，要均匀，就要打激素；要红一些，就要打让它红一些的药；外观光滑，就不能有虫害病害，更要打药。其实，这些果子的确药太多了，我们自己不吃。那些老板也不吃，他们都是送城市里的超市里，一摆上去，好看，很多人就买回去了。不好看，这些人也不买啊。超市也不管好不好吃。我们自己吃的话，就少打药，不好看不要紧，可真的好吃。但是，我们要把这些不好看的但好吃的卖给老板，他们理都不理的。（访谈记录，G6）

由此可见，农业产品存在的利益冲突，往往难以在技术采用的行动者网络层面解决。就像农户过度使用化肥、药剂的事情，就并非仅仅是农户的利益观念问题。顾客倾向于选购外表好看的西红柿商品，这似乎没有问题；超市经营满足这些顾客的需求，也不应该被苛责；收货老板为了获得给超市供货的机会，也不得不满足超市的要求；而农户要想卖个好价钱，让果子看起来漂亮一些，就需要多施肥多用药。事实上，这已经形成了一个循环。要改变这种局面，自然不能仅仅对农民开展生态环保教育，还要引导超市顾客的消费观念，改变超市经营理念，规范农产品生产、运输、销售等环节，因此问题的解决要依靠更大的行动者网络。无论这个更大的行动者网络如何构建，维护农产品生产者——农民的利益应当是首要考虑的问题。

最后，农业技术扩散工作要充分尊重农民的知情权、参与决策权，尊重并善于发挥农民的地方性知识的作用。

在超级稻、西红柿等农业技术扩散行动者网络组建的过程中，农资店已经开到了村庄，农资店技术服务人员已经把服务送到田间地头，农业产品收购者已经把收购场所建立在田地路边。总的来说，农资销售者、技术服务者、产品收购者等行动者，已经懂得如何与农户行动者建立稳固的联结关系。而这一点，作为公共服务部门的农技推广站还有更多的工作要做。

更为重要的是，灵活方便的土地流转制度，保证了一部分农民可以从超级稻行动者网络或者西红柿行动者网络中进出自由，当他们感觉到在农业种植行动者网络难以实现自己行动者的目标利益时，他们就会自由加入城市务工行动者网络。而城市中的生活经历也启蒙了他们对于农业生产、乡村事务的民主权利诉求。

村民委员会作为最基层的村民自治组织，最贴近和理解农民的要求和呼声。因此，村里召集村民开会议事，大多安排在晚上，因为白天时间农民要在田地里劳作，尊重农民的权利，首先就要尊重他们的农业生产时间。

在农村技术扩散工作中，比如示范田位置的选定、新技术品种的推广、免费农资产品的补贴补助等，要适当引入决策的民主程序，听取农民的建议和呼声，充分尊重农民的知情权、参与决策权，从而调动农民在技术扩散中的积极性，提升技术扩散效率。同时，在新技术扩散的过程中，要摒弃"专家知识一定优于农民知识"的观点，改变对农民技术经验的漠视态度，对农民原有的地方性知识经验给予一定的尊重，尽可能研究和提炼出其合理部分，把这些与专家技术知识结合起来进行本地化的推广，充分发挥地方性知识的作用和价值。

对于S村的许多农民来说，他们一方面渴望轻松的农业生产方式，另一方面又追求城市化的生活方式，同时他们还对农村怀有很深的眷恋。

在这些人中间，他们有的选择在城市里工作，回到农村生活：

虽然在广州那边打工，我还是喜欢以后回家生活。只要外面没有活干了，我就回来住一阵。家里有电视、冰箱、洗衣机、空调，并不比城市差。而且在城市租房子，又小又贵；家里很宽敞，空气还好；至少没有雾霾。在这儿开车，也不堵车。（访谈记录，H3）

也有一些人选择扎根乡村，把科学种田当作自己的事业和理想：

我觉得，应该把以前少用化肥农药、产量也挺高的种田技术再发展起来。现在西红柿种太多了，也不赚钱。用化肥太多，把地都弄坏了。我现在就想着不种西红柿，我们这儿还可以发展什么。我正在试验发展一些大萝卜、大葱等别的品种。以后竞选个村主任，带领大家走一个又环保、又赚钱的种田方式。（访谈记录，H5）

本研究虽然主要研究超级稻技术扩散的行动者网络，但事实上，在科学技术活动的各个领域，行动者会根据自己的利益目标组成行动者网络。如同本研究所揭示的，T县超级稻示范田行动者网络之所以相对比较稳定和强大，是因为政府提供的免费农资补助，给农户行动者带来了降低种植成本的实际经济利益；西红柿行动者网络之所以能够在与晚稻行动者网络的竞争中获胜，是因为其明显优越于水稻种植的经济利益，使得西红柿行动者网络的扩散能力大为增强。

上述讨论可以清楚地印证这一道理：科学事实不是依靠自有的惯性在运动，也不是简单地被复制，而是一群感兴趣的人通过对科学事实进行增生繁殖（proliferation）和扩散（diffusion）（Latour，1987）[133-136]。通过超级稻技术和西红柿技术扩散的案例对比，可以证明这样一个结论：技术经济效益决定技术扩散效果。农民自身并不缺乏技术学习能力，决定他们是否采用技术的关键在于技术经济效益。因此，成功的农业技术推广，首先要保证技术能够给农民带来明显的效益，其次才是科学技术知识的可理解性和可接受性。

6.5　小结

一个稳定和可持续性的行动者网络具有四个特点：发起行动者的稳定性；转译能力的持续性；行动者之间持续而有力的联结；情境条件的配合。与网络稳定性相联系的一个表现特征，是网络的强弱。行动者网络的强弱表现，与行动者、转译能力、技术特点密切相关，其中转译能力强弱直接决定着网络整体表现的强弱。

行动者网络是有生命周期的，每一个行动者网络都有其产生、发展、衰败、消亡的演化过程。行动者网络的演化来自促进行动者紧密联结的"联结力"和危害网络存在发展的"瓦解力"。这两种力的相互作用是网络演化的动力所在。

在技术扩散行动者网络的竞争中，根据技术行动者的载体和目标，可以分为：相同技术行动者网络内部不同行动者网络的竞争和不同技术行动者网络存在的竞争。不同行动者网络之间的竞争更多表现为不同的发起行动者之间的竞争。不同行动者网络的竞争还可能体现在对同一技术事件的竞争性的解释方面。

行动者网络的合作情况，既可能发生在不同品种的超级稻行动者网络之间，也可能发生在超级稻行动者网络与其他农作物品种行动者网络之间。因为西红柿种植的高效益，以及政府的强力推动，T县晚稻行动者网络实现了向西红柿行动者网络演变与转化。但这一过程很难被评价为进步还是退步。因为随着超大规模单一种植模式带来的市场风险，一个行动者网络取代另一个行动者网络的背后也可能孕育着危机。

超级稻以及其他农业技术行动者网络不只是改变了农田的种植规模比例，更主要的是它们共同参与重组了农村社会。新的技术行动者网络，不仅在经济方面促进了农村新的行动者的产生，在社会结构方面大大增强了农民行动者的流动性，在政治上形成了新权威引领的乡村治理结构；同时，这种形成中的新形势对农村技术扩散工作也提出了新的要求。

第7章 结论及进一步研究展望

7.1 主要结论

本研究结合新时代乡村振兴发展背景，从行动者网络理论的视角，对超级稻技术研发、技术成果转化、技术推广等技术扩散过程进行了讨论，重点考察了超级稻技术在示范田和自发田扩散的过程及相关问题。

综合以上各章的讨论和分析，可以得出以下结论：

第一，行动者网络理论适用于对我国农业技术扩散活动的解释和分析，通过这种解释和分析，同时又丰富了对行动者网络理论新的理解。

行动者网络理论被称为"科学技术学目前为止最成功的理论成果"（西斯蒙多，2007）。但是其经验研究工作立足于欧美等地（赵万里，2002）[334]，因此，可以说该理论是以西方科学技术活动案例为基础的科学社会学理论。本研究的首要目标就是对行动者网络理论进行中国本土案例的检验。事实证明，行动者网络理论关于真实的科学是"正在形成的科学"（science in the making），而不是"已经形成的科学"（ready made science）的观点，启发了本研究把超级稻技术看作从育种专家、栽培技术专家、农技站指导专家到农民这一长串过程中不断发展变化的科学技术知识，改变了原来把科学活动中的知识作为静态的和不变的看法。行动者网络理论关于"追随行动者"的研究思路，为本研究考察超级稻技术扩散过程提供了较好的指导，免去了冗余行动者对研究的干扰。行动者网络对于人类行动者和非人行动者的对称性看待，强调了一般研究中容易忽视的非人因素，为本研究激活超级稻行动者角色、农机行动者角色等提供了理论基础，打开了新的视野，较好地解释了超级稻在示范田和自发田扩散的不同模式与特征，有利于在本研究中得出新的发现和新的思考。

本研究在一定程度上丰富了对行动者网络理论的新理解。其一，经典行动者网络理论在对行动者的理解上，主要采用强对称性的思路处理人类行动者与非人行动者。本研究在第 2 章通过讨论发现，人类行动者和非人行动者作为行动联盟的组成部分，彼此不可分离，可以说同等重要；但二者并不因此具有同样的特性（如主动性、积极性、能动性等），它们在不同的联盟中所发挥的作用也不同。本研究试图以此消除人类行动者与非人类行动者对称性的困扰。不仅如此，即便是不同的人类行动者，也有发起行动者和跟随行动者、关键行动者和一般行动者的不同类别，从而使本研究对行动者的概念理解更加细致和深化。其二，经典行动者网络理论在对行动者网络的转译内容上，采用了"interests"模糊和整体化的表达，本研究结合超级稻技术推广案例把转译的内容细化为"兴趣、利益、手段、文化"四个层面，形成了新的多层次内容转译机制。其三，在对案例考察分析的过程中，本研究发现政府、农民、科学家等行动者被招募进入网络，并不存在唯一的、强制性的"强制通行点"，从而结合案例提出了更具有包容性的"适宜通行点"。其四，行动者网络理论强调对社会进行完全的扁平化处理，以便追踪行动者之间的互动联结。本研究对自发田超级稻行动者网络的分析说明，层次与结构并非是追踪行动者之间互动联结的关键阻碍，跟随一个关键行动者，并以一个关键行动者为核心追踪主要的互动联结，才是描述行动者网络构建的可行方法，在一定程度上拓展了行动者网络理论。

第二，超级稻研发行动者网络在宏观上是一个通过政府行政手段组建的行动者网络，在微观上还存在着一个科研共同体形式的育种科学家行动者网络。

在组建超级稻研发行动者网络中，具有育种技术的科学家承担了发起行动者的角色。他们通过建立领导小组的形式，把政府、栽培专家、试验专家、制种专家和育种材料等异质行动者组合在一起。从宏观上来看，这是一个政府、科学家、超级稻育种材料等行动者组建的行动者网络；从微观上分析，科学家内部，即超级稻育种团队，本身也是一个各专业技术科学家组建的行动者网络。前者是以文件规定的形式进行网络的确认，后者则更多以科研共同体的信念维系，以学术组织结构的方式来开展工作。但是超级稻的研发需求更多地来自政府对粮食安全的担忧，因此其研发目标的首要指标定位在产量方面，其次才是米质和抗性。而现实中农民对于超级稻的要求是抗性为第一位，其次是米质，最后才是产量。但是这一要求和愿望并没有反映在超级稻的研发决策中，农民也缺乏参与的渠道。因此，在超级稻研发和技术成果转化过程中，农业科学家、企业、政府与超级稻自身等，这些共同参与"制造"技术的行动者利益和兴趣都得到了照顾和满足，而应用技术的农民行动者的兴趣和利益却被忽视。

这至少说明两个问题：一是技术研发与技术应用环节的密切结合，在我国的工业技术发展方面基本上得到了贯彻；但是在我国的农业技术发展方面，二者还是分割的，研发依然由"政府需求"为主，应用则由农户负责。二是"公众参与科学"的理念应该从科学传播层面进入科学决策层面，特别是在农村发展的今天，农民参与农业科学技术活动的决策权利应该得到保障。

第三，示范田行动者网络以"免费"和"适宜通行点"为转译机制，网络的稳定性主要取决于政府提供的"免费"农资。

通过对示范田建设的考察，本研究发现，超级稻示范田行动者网络依靠"免费"的转译方式，为农户提供免费的种子、化肥、农药，以及技术培训补助。同时发起行动者（政府）采用"适宜通行点"的转译机制，实现了对农户、农业技术专家等其他行动者包括兴趣、利益、手段和文化多层次的内容转译。尽管在超级稻示范田运行的过程中，农户传统的技术知识系统与专家传授的新的技术知识系统发生了冲突，但最终政府依靠发起行动者的强势、不对称信息条件下技术的强势、较强与可持续的转译能力等，实现了两种技术知识系统的协调与融合，使得示范田行动者网络呈现了一种紧密型"强网络"的特征。在市场环境中，示范田行动者网络的成功组建，依赖于发起行动者的组织能力，特别是转译的能力。但是，这种状况的出现最根本在于政府提供"免费"农资产品的保障，一旦没有"免费"的支持，这个行动者网络将难以为继。

总的来说，超级稻示范田行动者网络在示范田本身建设方面取得了成功。农业局农技站、技术专家、技术推广员、超级稻等也因参与行动者网络而获益。从示范田农户和非示范田农户的综合评价来看，超级稻示范田在品种的推广方面取得了较好的成绩，但是在超级稻技术的采用方面并没有得到真正的推广。这由此可以解释"为什么某些超级稻示范田单产已突破1000公斤，而2014年全国水稻生产平均亩产仅为454公斤"这一问题。超级稻本身的经济效益问题，使得农民不愿意改变他们原来的生产技术和生产模式，从而导致超级稻的推广在品种和技术采用上是割裂的。总之，NM镇S村示范田的成功是不全面的。由此可见，技术知识自身难以形成从一个地方向另一个地方或者一个人向另一个人的传输。示范田的示范性往往不是想象中"有榜样，就有力量"的自发机制，而是现实中"有榜样，需要利益引导，才有力量"的触发机制。农业领域行动者网络中的问题，可能要引进更多的非农业领域的新的相关行动者加入网络，才能更好地解决问题。

第四，在自发田中，超级稻行动者网络之间充满了竞争和复杂性。这种复杂性，不仅来自超级稻技术知识本身，还来自现实的经济利益。

跟随超级稻行动者，本研究发现自发田是一个充满了更多竞争的、由不同超级稻品种行动者网络的组成集合。"中浙优1号"在T县的扩散分为两个层次，一是县级代理商向若干村镇农资店的扩散；二是村镇农资店向农户的扩散。"Y两优2号"的扩散网络在农资店与农户之间又加进了一个"核心农户"的层级。在这种网络模式中，农资店更多的是向核心农户做"转译"工作，而核心农户则要负责向其他农户做"转译"工作。"桂两优2号"则把政府行动者重新引入自发田的视野，并以发放"赈灾农资"的方式拓展着网络。自发田行动者网络虽然呈现出一定的组织性，但是，无论"代理商—农资店—农户"这样的三层级行动者网络，还是"代理商—农资店—核心农户—农户"这样的四层级行动者网络，发起行动者的力量都难以与强大的政府相比，同时，行动者的适宜通行点难以定位，转译能力参差不齐，以及被区隔的农户化技术知识系统，都导致了这类行动者网络松散和弱势的表现。

在超级稻扩散的自发田里，农技站行动者的缺位使得超级稻技术知识无法准确地在农资店、核心农户与一般农户之间转译。如果想建立更强大的超级稻自发田扩散行动者网络，农业技术推广机构的参与不可缺少，而现有的农村技术推广部门首先要把自己培育成一个高效的行动者。农业技术扩散行动者网络的组建，虽然并不全部依赖于一个专门的技术推广部门，但就农业发展的现状来说，专门的农业技术推广部门对于提升农业信心有一定必要性。如果不能改变农业在国家布局中的弱势地位，就无法改变农业技术推广机构的弱势地位，因而农业技术推广的效果也难以让人期待。除此之外，农业技术知识本身的复杂性，要求科学知识与技能拓展到实验室之外，要求对环境的复杂性进行重组。这对于当前农民的文化知识水平构成一定挑战。但是，调研中发现这似乎并不是关键问题，关键是现实利益的复杂性。农户不采用超级稻的种植技术往往不是因为没有掌握它，而是考虑经济效益与成本之后对超级稻技术的主动放弃。

第五，行动者网络的演化在内部表现为"联结力"和"瓦解力"的相互作用，在外部表现为行动者网络之间的竞争与合作。其中经济利益是农民加入网络的主要考虑因素。

行动者网络是有生命周期的，每一个行动者网络都有其产生、发展、衰败、消亡的演化过程。行动者网络的演化来自促进行动者紧密联结的"联结力"和危害网络存在发展的"瓦解力"，当联结力大于瓦解力时，行动者的凝聚性比较好，转译顺畅，网络稳定而强势；当瓦解力大于联结力时，行动者离心倾向明显，网络就会受破坏严重，网络极有可能走向衰败和消亡。行动者网络的竞争，可以表现为相同技术不同行动者网络的竞争和不同技术行动者网络的竞争。行动者网络的合作情况，既可能发生在不同品种的超级稻之间，也可能发生在超级稻与其他农作物之间。但是，一种农作物种植替代另一种农作物种植的行动者网络的转化，很难被评价为进步还是退步。随着超大规模单一品种模式带来的市场风险，一个行动者网络取代另一个行动者网络的背后也可能孕育着危机。

超级稻以及其他农业技术的竞争，不只是表现在农作物在农田种植规模比例的变化，更主要的是它们共同参与重组了农村社会。新的技术行动者网络，不仅在经济方面促进了农村新的行动者的产生，在社会结构方面增强了农民行动者的流动性，使得传统的以亲缘为主要社会关系的"差序格局"，逐渐向以专业种植群体和务工农户群体为主要特征的团体格局转变；同时，还在政治上形成了新权威引领的乡村治理结构，在文化方面促进了由"劳动致富"向"科学致富"思想的转变。

综合来说，超级稻技术知识相比一般的杂交水稻技术知识虽然具有优势，但仍需以政府为主导开展公益性推广，并以"免费"农资为主要手段组建示范田行动者网络，而这一模式及种粮效益导致了品种采用和技术采用的割裂，使得超级稻难以实现真正的技术扩散。相比之下，西红柿因为具有明显的经济效益，便能以市场的方式迅速组建行动者网络，而农民也因此提升了技术学习的热情和能力，使得品种采用和技术采用有机结合，实现了真正的技术扩散。

无论是超级稻、西红柿技术在农村田野的扩散，还是现代化家庭设施在农村家庭的扩散，都可以表明这样一个事实：科学技术知识不能依靠自有的惯性在运动，而要依靠一群感兴趣、能够从中获取利益的行动者组成网络对科学技术知识进行增生和扩散。这启示我们，要构建成功的农业技术推广体系，首先要保证技术能够给农民带来明显的效益，其次才是科学技术知识可理解性和可接受性。

总之，农业技术扩散行动者网络的构建目的，是农业新品种与新技术融为一体的扩散，而不是割裂二者的推广；是重塑一个专业化的农民社会，不是一个游荡在乡村与城市之间兼业化农民的社会。依靠专业化的训练有素的行动者，行动者网络或许能够建构出更好的农村社会秩序。因此，重视并引导农民的分层和分流发展，提高农业吸引力，提升行动者素质，包括提升技术效益，是组建农村技术扩散行动者网络的关键，也是农村社会发展的重要出路。

7.2　进一步研究展望

农业技术扩散的问题，并非仅仅是技术的问题，也并非仅仅是农业的问题。

本研究仅仅从一个侧面，以超级稻为例，研究了农业技术扩散行动者网络组建、运行和发展演化的过程，展示了在农村转型发展新背景下农业技术扩散的新现状和新问题。总的来说，本研究的工作还是初步的、基础的，今后还需要在以下几个方面进一步深入研究。

首先，行动者网络理论作为不断发展的理论，其理论本身还需要进一步的研究讨论。本研究对于超级稻技术扩散的行动者网络研究，目前还只是一个区域案例的考察，后续研究尚需要对超级稻技术扩散进行更多区域的考察，或者对于其他技术扩散的案例进行考察，一方面可以检验本研究中提出的结论，另一方面可以通过更深入和更丰富的研究，完善本研究中的结论。

其次，综观近年来国际上公众理解科学的理论与实践，公众不再是被动地接受科学知识，而是更为主动地参与科学技术问题的讨论和决策。但是，这在农村地区似乎还鲜有实践。本研究虽然提出了农民参与农业技术科研项目决策的重要性，但由于缺乏更详细的调研数据，没能对农民参与决策的可能性和具体案例进行更深入的讨论。这些需要在进一步的研究中给予关注。

再次，当前，政府主导的农业技术推广机构主要从事公益性推广工作，市场主导的农资企业主要从事商业性推广工作，在农村技术扩散的新形势下，如何发挥公益性推广与商业化推广的协同作用，是值得进一步思考和研究的重要问题。

最后，农业新技术使用不当引发的农村环境生态问题越来越突出。当前国内对工业污染的防治已足够重视，相关法规也比较完善，而对于农业技术污染的认识尚处在较低层面，也没有引起足够的重视。在行动者网络理论视角下，如何加强对农业技术引发生态污染的治理，也将是下一步研究的重点。

农业是全面建成小康社会和实现现代化的基础。在《中华人民共和国国民经济和社会发展第十三个五年（2016—2020 年）规划纲要》❶ 中，专门用了一"篇"、四章来论述"推进农业现代化"，由此可见国家对农业、农村和农民发展问题的重视。

2017 年 10 月，习近平总书记在党的十九大报告中首次提出"乡村振

---

❶ 中华人民共和国国民经济和社会发展第十三个五年规划纲要［EB/OL］．［2016 - 03 - 17］．http：//www.nxcz.gov.cn.

兴战略"，明确实施乡村振兴战略的目标任务是，到 2020 年，乡村振兴取得重要进展，制度框架和政策体系基本形成；到 2035 年，乡村振兴取得决定性进展，农业农村现代化基本实现；到 2050 年，乡村全面振兴，农业强、农村美、农民富全面实现。2018 年 2 月，中央一号文件《中共中央国务院关于实施乡村振兴战略的意见》❶ 发布，为全面实施乡村振兴制定了精准而清晰的路线图，对"夯实农业生产能力基础"提出了具体要求："深入实施藏粮于地、藏粮于技战略，严守耕地红线，确保国家粮食安全，把中国人的饭碗牢牢端在自己手中。"

乡村振兴战略的实施和农业的发展离不开科技创新，农村社会经济的进步离不开技术扩散机制的强大支撑。可喜的是，《中共中央国务院关于实施乡村振兴战略的意见》在促进农业技术扩散方面，提出了"探索公益性和经营性农技推广融合发展机制""允许农技人员通过提供增值服务合理取酬""全面实施农技推广服务特聘计划"等健全和激活基层农业技术扩散行动者网络新的工作思路。我们有理由相信，我国农业技术扩散工作和农村社会经济文化发展将迎来一个良好发展的新时代。

---

❶ 中共中央国务院关于实施乡村振兴战略的意见 ［EB/OL］. ［2018－02－04］. http：// www. sohu. com.

参考文献

一、外文文献

［1］BIJKER W，HUGHES T，PINCH T. 1987. The Social Construction of Technological System ［M］. Cambridge：The MIT Press，1987：51.

［2］BLOOR. Anti-Latour ［J］. Studies in the History and Philosophy of Science，1999，30：81 – 82.

［3］BONNER W，CHIASSON M. If Fair Information Principles Are the Answer，What Was the Question? An Actor-Network Theory Investigation of the Modern Constitution of Privacy ［J］. Information and Organization，2005，15（4）：267 – 293.

［4］CALLON M. The Sociology of An Actor-Network：The Case of the Electric Vehicle ［M］//CALLON M，LAW J，RIP A. Mapping the Dynamics of Science and Technology. London：Macmillan Press，1986：19 – 34.

［5］CALLON M. Is science a public good？［J］ Science，Technology And Human Values，1994（19）：477 – 486.

［6］CALLON M. Some Elements of a Sociology of Translation：Domestication of the Scallops and the Fishermen of Saint Brieuc Bay ［M］//BIAGIOLI M. The Science Studies Reader. New York and London，Routledge：1999：67 – 83.

［7］CHRISTOPHER R，HENKE，THOMAS F. Sites of Scientific Practice ［M］//HACKETT，AMSTERDAMSKA，LYNCH，et al.，The Handbook of Science and Technology Studies. 3rd ed. Cambridge，Mass.：The MIT Press，2008：353 – 376.

［8］COLLINS H M，EVANS R. The Third Wave of Science Studies：Studies of Expertise and Experience ［J］. Social Studies of Science，2002，32（2）：235 – 296.

［9］DAVID，RON，KEN. An Actor-Network Theory Analysis of Policy Innovation for Smoke-Free Places：Understanding Change in Complex Systems ［J］. American Journai of Public Health，2010，100（7）：1208 – 1217.

[10] DIDI B, RENATO F, EMILIA T. Community-Based Technology Transfer in Rural Aquaculture: The Case of Mudcrab Scylla serrata Nursery in Ponds in Northern Samar, Central Philippines [J]. Ambio, 2014, 43 (8): 1047-1058.

[11] EVANS R, COLLINS H. Expertise: From Attribute to Attribution and Back Again? [M] //HACKETT E J, et al. Handbook of Science and Technology Studies. 3rd ed. Cambridge, Mass: The MIT Press, 2008: 609-630.

[12] FOX S. Communities of practice, Foucault and actor-network theory [J]. Journal of Management Studies, 2000, 37 (6): 853-867.

[13] HOLLIFIELD CA, DONNERMEVER JF. Creating Demand: Influencing Information Technology Diffusion in Rural Communities [J]. Government Information Quarterly, 2003, 20 (2): 135-150.

[14] HUGHES T. Networks of Power: Electrification in Western Society, 1880 - 1930 [M]. Baltimore: Johns Hopkins University Press, 1983: 5.

[15] JOHN. The Obligatory Passage Point: Abstracting the Meaning in Tacit Knowledge [M] //JANIUNAITE B, PETRAITE M, PUNDZIENE A. Proceedings of 14th European Conference on Knowledge Management (ECKM) Academic Conferences and Publishing International Limited , 2013.

[16] JONES B, GRAHAM. Actor-Network Theory: A Tool to Support Ethical Analysis of Commercial Genetic Testing [J]. JE New Genetics and Society, 2003, 22 (3): 271-296.

[17] LATOUR. Give Me a Laboratory and I Will Raise the World [A] //KNORR-CETINA, MULKAY. Science Observed: Perspectives on the Social study of Science. London and Beverly Hills: Sage Publications Ltd. , 1983: 141-170.

[18] LATOUR. Science in Action: How to Follow Scientists and Engineers Through Society [M]. Cambridge: Harvard University Press, 1987.

[19] LATOUR. The Pasteurization of France [M]. Cambridge: Harvard University Press, 1993.

[20] LATOU. For Bloor and Beyond: A Reply to DavidBloor's,, AntiLatour [J]. Studies in the History and Philosophy of Science, 1999 (30): 114-115.

[21] LATOUR. On Recalling ANT [M] //Law J, Hassard J. In Actor Network and After. Oxford: Blackwell, 1999: 15-25.

[22] LATOUR. When Things Strike Back: A Possible Contribution of Science Studies to the Social sciences [J]. British Journal of Sociology (Wiley), 2000, 51 (1): 107-123.

［23］ LATOUR. Reassembling the Social: An Introduction to Actor-Network-Theory ［M］. New York: Oxford University Press, 2005.

［24］ LATOUR. An Inquiry into Modes of Existence: An Anthropology of the Moderns ［M］. Cambridge, Massachusetts: Harvard University Press, 2013: 296.

［25］ LAW. On the Methods of Long Distance Control: Vessels, Navigation, and thePortuguese Route to India ［M］//John Law. Power, Action and Belief: A New Sociology of Knowledge? Sociological Review Monograph 32. London: Routledge. Henley, 1986: 234 － 263.

［26］ MACKENZIE, DONALD, JUDY WAJCMAN. Preface and Introductory Essay: The Social Shaping of Technology ［M］//MACKENZIE, DONALD, JUDY WAJCMAN. The Social Shaping of Technology. 2nd ed. Buckingham, UK and Philadelphia: Open University Press, 1999: 3 － 27.

［27］ MARK BROWN. Science in Democracy: Expertise, Institutions and Representation ［M］. Massachusetts: The MIT Press, 2009.

［28］ MENDOLA MARIAPIA. Agricultural Technology Adoption and Poverty Reduction: A Propensity-Score Matching Analysis for Rural Bangladesh ［J］. Food Policy, 2007, 32 (3): 372 － 393.

［29］ NICHOLAS, DAVID, PRECIADO, JANETH. Intermediation for Technology Diffusion and User Innovation in a Developing Rural Economy: A Social Learning Perspective ［J］. Entrepreneurship and Regional Development, 2014, 26 (7/8): 645 － 662.

［30］ RACHEL, PHILIP. Technology adoption by rural women in Queensland, Australia: Women driving technology from the homestead for the paddock ［J］. Journal of Ruralstudies, 2014 (36): 318 － 327.

［31］ RODGER, MOORE, DAVID. Wildlife Tourism Science and Actor-Network ［J］. Annals of Tourism Research, 2009, 36 (4): 645 － 666.

［32］ ROGERS. Diffusion of Innovations ［M］. 5th ed. New York: Free Press, 2003: 11.

［33］ SIMON GL. If you can't stand the heat, get into the kitchen: obligatory passage points and mutually supported impediments at the climate-development interface ［J］. AREA, 2014, 46 (3): 268 － 277.

［34］ TEECE. Profiting from Technological Innovation: Implications for Integration, Collaboration, Licensing and Public Policy ［J］. Research Policy, 1986, 15 (6): 285 － 305.

［35］ TEECE. Dynamic Capabilities and Strategy Management ［J］. Strategic Management Journal, 1997 (18): 509 － 533.

［36］WILEY J. Expertise as mental set：The effects of domain knowledge in creative problem solving ［J］. Memory & Cognition, 1998, 26（4）：716 - 730.

二、中文文献

［1］安德鲁·皮克林. 实践的冲撞：时间、力量与科学 ［M］. 邢冬梅, 译. 南京：南京大学出版社, 2004：9.

［2］安德鲁·皮克林. 作为实践和文化的科学 ［M］. 北京：中国人民大学出版社, 2006.

［3］巴里·巴恩斯, 等. 科学知识：一种社会学的分析 ［M］. 邢冬梅, 等, 译. 南京：南京大学出版社, 2004.

［4］陈江. 风吹稻浪哗啦啦：广西首个超级稻推广显成效 ［EB/OL］.（2013 - 06 - 20）［2013 - 06 - 24］. http：//www. gxnews. com. cn.

［5］陈庆根, 陈炎忠. 不同地区稻农超级稻和常规稻生产经济效益比较——基于浙江、湖南 2 省 413 户的调查 ［J］. 杂交水稻, 2011, 26（3）：61 - 67.

［6］成素梅. 拉图尔的科学哲学观：在巴黎对拉图尔的专访 ［J］. 哲学动态, 2006（9）：3 - 8.

［7］戴高兴, 邓国富, 陈仁天. 早晚兼用型超级稻新品种桂两优 2 号的选育及应用 ［J］. 南方农业学报, 2015（4）：560 - 563.

［8］戴维·雷斯尼克. 政治与科学的博弈 ［M］. 陈光, 白成太, 译. 上海：上海交通大学出版社, 2015.

［9］丹尼斯·麦奎尔, 斯文·温德尔. 大众传播模式论 ［M］. 祝建华, 译. 上海：上海译文出版社, 2008.

［10］邓楠. 世界农业科技现状与趋势 ［M］. 北京：中国林业出版社, 2001.

［11］邓小平. 邓小平文选：第三卷 ［M］. 北京：人民出版社, 1993：107.

［12］丁云龙, 李春林. 工程师短缺抑或缺少其他：一个行动者网络视角的透视 ［J］. 工程研究：跨学科视野中的工程, 2009, 1（2）：195 - 200.

［13］董文锋, 邓立国. 广西"桂两优 2 号"通过认定实现超级稻育种零突破 ［EB/OL］.［2010 - 08 - 04］. http：//www. gov. cn.

［14］杜洋洋, 于湉. 农资店升级"庄稼医院"受农民欢迎 ［N］. 中华合作时报, 2013 - 09 - 06（A02）.

［15］风笑天. 社会研究方法 ［M］. 北京：中国人民大学出版社, 2013.

［16］冯军旗. "新化现象"的形成 ［J］. 北京社会科学, 2010（2）：47 - 53.

［17］ 傅家骥．技术创新学［M］．北京：清华大学出版社，1998.

［18］ 弗思，费孝通．人文类型：乡土中国［M］．沈阳：辽宁人民出版社，2012.

［19］ 谷兴荣，姚启明．农村新技术推广的风险共担模式讨论［J］，科技与经济，2009
（2）：51－54.

［20］ 郭明哲．行动者网络理论：布鲁诺·拉图尔科学哲学研究［D］．上海：复旦大
学，2008：133－136.

［21］ 郭圣福．农业"八字宪法"评析［J］．党史研究与教学，2008（6）：34－39.

［22］ 国家粮食安全中长期规划纲要：2008—2020年［EB/OL］．［2008－11－13］．ht-
tp：//www.gov.cn.

［23］ 国家统计局农村社会经济调查司．中国农村统计年鉴：2013［M］．北京：中国
统计出版社，2013.

［24］ 国家杂交水稻工程技术研究中心网站信息．［EB/OL］.［2015－04－10］.

［25］ 哈里·F.沃尔科特．田野工作的艺术［M］．马近远，译．重庆：重庆大学出版
社，2011.

［26］ 韩俊．我国农户兼业化问题探析［J］．经济研究，1988（4）：38－42.

［27］ 何璐，高珍冉，狄光智，刘志刚．新农村背景下农业技术传播中的受众反馈机制
［J］.农业工程，2014，4（3）：31－33.

［28］ 贺根生．种子好不好，农民说了算［N］．中国科学报，2013－06－27（1）.

［29］ 贺建芹，李以明．行动者网络理论：人类行动者能动性的解蔽［J］．科技管理研
究，2014（11）：241－244.

［30］ 贺建芹．激进的对称与"人的去中心化"——拉图尔的非人行动者能动性观念
解读［J］.自然辩证法研究，2011（12）：81－84.

［31］ 贺建芹．拉图尔眼中的科学行动者［M］．济南：山东大学出版社，2014.

［32］ 扈映．基层农技推广体制改革研究［M］．杭州：浙江大学出版社，2009.

［33］ 降蕴彰．农资价格最高上涨30%［J］．乡村科技，2012（4）：9.

［34］ 金成晓，李政，袁宁．权力的经济性质［M］．长春：吉林人民出版社，
2008：43.

［35］ 金书秦．加强多元农技服务体系建设，建立科学农药管理使用制度：河北棉农农
药使用行为跟踪调查［N］．农民日报，2013－06－21（005）.

［36］ 孔凡红．农资经营新思路：把"农资店"变成"农科站"［J］．农药市场信息，
2010（4）：17.

［37］ 拉图尔，伍尔加．实验室生活：科学事实的建构过程［M］．张伯霖，刁小英，
译．北京：东方出版社，2004.

［38］拉图尔．给我一个实验室，我将举起全世界［M］//吴嘉苓，傅大为，雷祥麟．科技渴望社会．台北：群学出版有限公司，2004：219－263.

［39］劳伦斯·纽曼，拉里·克罗伊格．社会工作研究方法：质性和定量方法的应用［M］．刘梦，译．北京：中国人民大学出版社，2008.

［40］李兵，李正风．基于 ANT 视角的国家科技计划课题制实施过程研究［J］．科技进步与对策，2012（13）：6－10.

［41］李红军，李祥．T 县第六次荣获全国科技进步先进县称号［N］．右江日报，2013－12－25（01）.

［42］李丽颖，吴佩．走过 20 年再看超级稻［N］．农民日报，2015－11－18.

［43］李三虎，赵万里．技术的社会建构：新技术社会学评介［J］．自然辩证法研究，1994（10）：30－35.

［44］李晓鹏．构建市场化的农业技术推广服务体系［EB/OL］．［2013－04－19］．http：//www.zgxcfx.com.

［45］李正风．科学知识生产方式及其演变［M］．北京：清华大学出版社，2006：349－353.

［46］李正风．知识、创新与国家创新体系［J］．山东科技大学学报：社会科学版，2011，13（1）：18－24.

［47］梁宝忠．农业部启动全国超级稻"双增一百"科技行动．［EB/OL］．［2010－05－12］．http：//www.gov.cn.

［48］梁宝忠．农业部：确保今年超级稻推广面积1.2亿亩以上并实现"双增一百"目标［EB/OL］．［2012－05－19］．http：//www.moa.gov.cn.

［49］梁林梅，孙俊华．知识管理［M］．北京：北京大学出版社，2011.

［50］林善浪，王健．基于行动者网络理论的金融服务业集聚的研究［J］．金融理论与实践，2009（10）：16－19.

［51］林文源．看不见的行动能力：从行动者网络到位移理论［M］．台北：中央研究院社会学研究所，2013.

［52］林毅夫．制度、技术与中国农业发展［M］．上海：上海人民出版社，2005.

［53］刘兵，侯强．国内科学传播研究：理论与问题［J］．自然辩证法研究，2004（5）：80－85.

［54］刘兵．在文化发展中应关注科学文化的重要性［J］．中国科学院院刊，2012，27（1）：97－98.

［55］刘兵．科学社会学与科学人类学的差异及启示［J］．山西大学学报：哲学社会科学版，2013，36（1）：11－14.

[56] 刘豪兴. 农村社会学 [M]. 北京：中国人民大学出版社，2008：319.

[57] 刘华杰. 整合两大传统：兼谈我们所理解的科学传播 [J]. 南京社会科学，2002（10）：15 - 20.

[58] 刘珺珺. 科学社会学的研究传统和现状 [J]. 自然辩证法通讯，1989，11（4）：18 - 25.

[59] 刘珺珺. 科学社会学 [M]. 上海：上海科技教育出版社，2009：202 - 206.

[60] 刘磊. 市场经济背景下科学与公众的沟通：科普产业创新发展的基础与规范 [J]. 科普研究，2013（2）：15 - 20.

[61] 刘磊. 知识迁移和技能养成：对现代职业教育中知识与技能关系的思考 [J]. 中国职业技术教育，2015a（12）：80 - 83.

[62] 刘磊. 知识生产方式新变化与"三区"融合发展 [J]. 科技资源导刊，2015b（1）：22 - 26.

[63] 刘立. 科学精神气质：面子和位子一个都不能少 [J]. 自然辩证法通讯，2005（6）：5 - 7.

[64] 刘晓燕. 袁隆平"种肥一体化"落户深圳 [EB/OL]. [2012 - 07 - 01]. http: //www. south cn. com.

[65] 龙军. 安徽部分超级稻为何减产绝收？[N]. 光明日报，2015 - 04 - 15（5）.

[66] 吕新业，朱晓莉，周宏. 超级稻农业技术推广到位效率分析 [J]. 中国农业科学，2011，44（24）：5124 - 5219.

[67] 罗家德. 社会网分析讲义 [M]. 北京：社会科学文献出版社，2010：9.

[68] 马克思·韦伯. 社会学的基本概念 [M]. 胡景北，译. 上海：上海人民出版社，2005.

[69] 麦克·布洛维. 公共社会学 [M]. 沈原，等，译. 北京：社会科学文献出版社，2007：77 - 112.

[70] 默顿. 科学社会学：理论与经验研究 [M]. 鲁旭东，林聚任，译. 北京：商务印书馆，2003.

[71] 牛桂芹，刘兵. 科学传播应用者的局限性及内省性：对内蒙古某县测土配方施肥技术推广的案例研究 [J]. 自然辩证法通讯，2013，35（2）：92 - 97.

[72] 牛桂芹. 论转型期的农村科技传播模式：以"农资店"的科技传播功能为例 [J]. 自然辩证法研究，2014（8）：86 - 92.

[73] 纽曼. 社会研究方法：定性和定量的取向 [M]. 第5版. 郝大海，译. 北京：中国人民大学出版社，2007.

[74] 农业部超级稻研究与示范推广专家组. 当前超级稻示范推广工作情况与对策建议

[J]．中国农技推广，2005（10）：25－27．

[75] 彭瑶．市场与经济信息司启动农村经纪人10年培训计划［N］．农民日报，2011－10－25（06）．

[76] 齐曼．真科学：它是什么，它指什么［M］．曾国屏，国辉，张成岗，译．上海：上海科技教育出版社，2008．

[77] 乔治·贝克莱．人类知识原理［M］．关文运，译．北京：商务印书馆，2010：22．

[78] 秦红增．桂村科技：科技下乡中的乡村社会研究［M］．北京：民族出版社，2005．

[79] 秦培钊，陈仁天，梁天锋，等．超级稻特优582在广西不同生态区的生产适应性［J］．南方农业学报，2014，45（4）：575－579．

[80] 秦志伟．农业科技进步贡献率递增的背后［N］．中国科学报，2015－01－21（5）．

[81] 全国农技推广服务中心．2008中国农业科技推广发展报告［R］．北京：中国农业出版社，2008：11．

[82] 全国农技推广服务中心．2015年全国超级稻研究与推广工作会议在湖南省召开［EB/OL］．［2015－07－03］．http：//www.natesc.agri.cn/lszw/201507/t20150704_4731714.htm.

[83] 全国农业普查办公室．第二次全国农业普查主要数据公报：第一号［EB/OL］．［2008－08－26］．http：//www.stats.gov.cn.

[84] 全国新增1000亿斤粮食生产能力规划：2009—2020年［EB/OL］．［2009－11－03］．http：//www.gov.cn.

[85] 任凯，赵黎明．基于SI模型的农业技术扩散研究［J］．中国农机化，2009（4）：62－65．

[86] 沈筱峰，吴彤，于金龙．从无组织到有组织，从被组织到自组织［J］．自然辩证法研究，2013（8）：122－126

[87] 盛晓明．巴黎学派与科学的社会研究转向［C］//中国自然辩证法研究会．2002年全国自然辩证法学术发展年会论文集．2002．

[88] 舒尔茨．改造传统农业［M］．北京：商务印书馆，2006．

[89] 苏竣．公共科技政策导论［M］．北京：科学出版社，2015．

[90] 佟屏亚．农业技术推广体制改革的困境与出路［J］．调研世界，2008（10）：24－27．

[91] 童海军．超级稻推广面临的问题与对策措施［J］．浙江农业科学，2009（1）：1－3．

［92］王超．农业科技推广体系重建要有新考核机制［EB/OL］．［2012 – 01 – 09］．ht-tp：//www. zgcjn. ews. com.

［93］王程韡．重新发现信息社会：来自行动者网络理论的回答［J］．长沙理工大学学报：哲学社会科学版，2011（5）：27 – 32.

［94］王海滨，刘志峰，刘丽青．山西省基层农业技术推广体系调研报告［R］//全国农业技术推广服务中心．中国基层农业推广体系改革与建设．北京：中国农业科学技术出版社，2012：288 – 292.

［95］王杏．西红柿青枯病和枯萎病的鉴别及防治方法［J］．农技服务，2011，28（2）：204 – 206.

［96］王一鸣，曾国屏．行动者网络理论视角下的技术预见模型演进与展望［J］．科技进步与对策，2013（9）：156 – 160.

［97］王玉琪，曹茸．中国超级稻的光荣与梦想［N］．农民日报，2011 – 11 – 24（1）.

［98］王增鹏．巴黎学派的行动者网络理论解析［J］．科学与社会，2012，2（4）：28 – 43.

［99］韦春雨，张宏丽，许秋凤．广西六良农业产业协作联盟成立 助推特色农业基地［EB/OL］．［2014 – 11 – 16］．http：//www. gxnews. com. cn.

［100］邹晓燕．转基因作物商业化及其风险治理：基于行动者网络理论视角［J］．科学技术哲学研究，2012，29（4）：104 – 108.

［101］吴国盛．科学走向传播［J］．科学中国人，2004（1）：10 – 11.

［102］吴洁远，李小洁，郭炳权，等．广西沿海地区双季超级稻标准化生产关键技术研究［J］．热带农业科学，2014，34（8）：17 – 25.

［103］吴彤．都是后学院科学惹的祸吗？［J］．自然辩证法通讯，2014，36（4）：7 – 11.

［104］吴莹，卢雨霞，陈家建，等．跟随行动者重组社会：读拉图尔的《重组社会：行动者网络理论》［J］．社会学研究，2008（2）：218 – 234.

［105］吴泽鹏．企业不愿意推广 常规稻遇冷［N］．每日经济新闻，2015 – 04 – 30（5）.

［106］西美尔．社会学：关于社会化形式的研究［M］．林荣远，译．北京：华夏出版社，2002：461.

［107］西斯蒙多．科学技术学导论［M］．许为民，孟强，等，译．上海：上海科技教育出版社，2007.

［108］夏保华，张浩．行动者网络理论视角下民生技术发明机制研究：以袁隆平杂交水稻技术发明为例［J］．科技进步与对策，2014，31（15）：1 – 4.

［109］肖广岭，等．科技创新与区域发展［M］．北京：中国科学技术出版社，2004：171－178．

［110］谢周佩．两种文化与"行动者网络理论"［J］．浙江社会科学，2001（2）：106－110．

［111］信乃诠．国外农业（技术）推广体制的调查［J］．农业科技管理，2010，29（5）：1－4．

［112］邢冬梅．实践的科学与客观性回归［M］．北京：科学出版社，2008：104．

［113］熊彼特．经济发展理论［M］．何畏，易家详，译．北京：商务印书馆，1990：255．

［114］杨迪．上林淘金客［J］．中国新闻周刊，2013（21）：38－39．

［115］杨弘任．行动中的川流发电：小水力绿能技术创新的行动者网络分析［J］．台湾社会学，2012（23）：51－99．

［116］野中郁次郎，胜见明．创新的本质：日本名企最新知识管理案例［M］．北京：知识产权出版社，2006．

［117］袁隆平．超级杂交稻研究［M］．上海：上海科学技术出版社，2006．

［118］约瑟夫·劳斯．知识与权力：走向科学的政治哲学［M］．盛晓明，邱慧，孟强，译．北京：北京大学出版社，2014．

［119］曾国屏．科学传播要关注生活世界［N］．学习时报，2009－09－07（7）．

［120］张成岗．鲍曼现代性理论中的技术图景［J］．自然辩证法通讯，2011（3）：69－75．

［121］张成岗．技术与现代性研究［M］．北京：中国社会科学出版社，2013：73－74．

［122］张国玉，王珍，郭宁．农业科技推广模式中的激励机制研究：以新疆生产建设兵团为例［J］．科技与经济，2009，22（3）：44－46．

［123］张静．河南濮阳创新农村科技推广模式［N］．今日信息报，2008－04－14（A03）．

［124］张小军，罗正春，何国海．杂交水稻Y两优2号高产栽培技术［J］．作物研究，2013，27（1）：54－57．

［125］赵万里，付连峰．地位分层与当代中国的科技精英［J］．山西大学学报：哲学社会科学版，2013，36（1）：1－10．

［126］赵万里．科学的社会建构［M］．天津：天津人民出版社，2002．

［127］赵玉姝．农户分化背景下农业技术推广机制优化研究［D］．青岛：中国海洋大学，2014．

［128］中共中央国务院．中共中央国务院关于进一步加强农村工作提高农业综合生产能力若干政策的意见［EB/OL］．［2015－02－05］．http：//www. xinhuanet. com.

［129］中共中央关于推进农村改革发展若干重大问题的决定［EB/OL］．［2008－10－31］．http：//www. gov. cn.

［130］中共中央国务院关于落实发展新理念加快农业现代化实现全面小康目标的若干意见［N］．人民日报，2016－01－28（1）．

［131］中共中央批转《全国农村工作会议纪要》［EB/OL］．［2015－09－01］．http：//cpc. people. com. cn/GB/64184/64186/67029/4519168. html.

［132］中共中央文献研究室．毛泽东著作专题摘编［M］．北京：中共中央文献出版社，2003：1014.

［133］中华人民共和国国务院新闻办公室．中国的粮食问题［J］．中华人民共和国国务院公报，1996（11）：1346－1358.

［134］中华人民共和国农业部．关于做好超级稻示范推广工作的通知［J］．中华人民共和国农业部公报，2005（3）：35－37.

［135］中华人民共和国农业部．关于印发《全国粮食生产发展规划（2006—2020年）》的通知［J］．中华人民共和国农业部公报，2006（11）：10－18.

［136］中华人民共和国农业部．关于印发《超级稻品种确认办法》的通知［J］．中华人民共和国农业部公报，2008（8）：33－35.

［137］中华人民共和国农业部．关于印发2009年全国粮棉油高产创建项目实施指导意见的通知［EB/OL］．［2009－09－14］．http：//www. moa. gov. cn.

［138］中华人民共和国农业部．关于印发《超级稻新品种选育与示范项目管理办法》的通知［EB/OL］．［2010－04－26］．http：www. agri. cn.

［139］中华人民共和国农业部．关于印发《2011年全国超级稻"双增一百"工作方案》的通知［EB/OL］．［2011－03－03］．http：//www. lawtime. cn.

［140］中华人民共和国农业部．关于印发《2012年全国超级稻"双增一百"科技行动实施方案》的通知［EB/OL］．（2012－05－30）［2012－06－04］．http：//www. moa. gov. cn.

［141］中华人民共和国农业部．关于印发《2013年粮棉油糖高产创建项目实施指导意见》的通知［EB/OL］．［2015－10－20］．http：//www. xjxnw. gov. cn.

［142］中华人民共和国农业部科教司，全国农机推广服务中心．2007中国超级稻发展报告［M］．北京：中国农业出版社，2008：7.

［143］中华人民共和国农业部种植业管理司，农业部水稻专家指导组．水稻高产创建技术规范模式图［EB/OL］．［2012－10－25］．http：//www. baidu. com.

［144］中华人民共和国农业技术推广法［EB/OL］．［2012 – 08 – 31］．http：//www.
xinhuan et. com.

［145］钟秋波，李敬宇.浅析我国超级稻推广现状：基于四川省眉山市超级稻的调研
［J］.农村经济，2009（2）：53 – 56.

［146］朱德峰.超级稻栽培技术［M］.北京：金盾出版社，2009.

［147］左丹，任彬彬.1180万！杂交水稻新品种卖出天价［N］.湖南日报，2008 –
09 – 16（1）.

附录 A 超级稻技术扩散研究访谈提纲

一、农业管理（技术推广）人员访谈提纲

1. 请您从农业技术推广的角度，谈谈超级稻推广的意义与当前主要做法。

2. 结合您的工作实践，请您描述一下当前超级稻种植技术推广遇到的难题、解决方法。

3. 据一些资料显示，超级稻种植技术是比较复杂的；而当前新型经营主体与农村家庭中留守劳动力并存。您认为，应当如何开展技术的推广？

4. 据您了解，基层技术推广人员的工作状态与成效如何？

5. 您如何看待基层技术推广人员与农民的关系？

6. 据了解，现在一些涉农企业（如种子、化肥、农机、农资商店等）在销售相关产品的同时，也开展培训和技术指导，部分承担了超级稻推广的功能，成效也比较好。您的看法如何？这种情况对政府主导的技术推广体系建设有何启发？

7. 请谈谈在当前超级稻推广中，如何形成政府公益性推广与涉农公司经营性推广的分工和合作关系。

8. 请您谈谈对开展超级稻推广或者农村技术推广体系建设的工作建议和工作思考。

二、企业负责人访谈提纲

1. 请您谈谈贵企业在本地（某区域）的市场地位及超级稻相关产品销售情况。

2. 贵企业选择超级稻品种的考虑是什么？

3. 贵公司产品的销售途径与推广网络建设的大体思路与措施是什么?

4. 贵企业有无针对农户的培训?培训的方式、范围和效果如何?

5. 贵企业开拓与巩固农村市场的成功经验有哪些?不足之处是什么?

6. 结合贵企业的实践,请谈谈对开展超级稻推广的工作建议和工作思考。

三、农业科研人员访谈提纲

1. 请您谈谈超级稻"桂两优2号"的立项背景与科研过程。

2. 现行科研制度、超级稻认定制度对超级稻研发的影响因素有哪些?

3. 作为农业技术研发人员,您认为超级稻的推广主要取决于哪些因素?超级稻示范田与大田种植产量的落差现象是哪些因素造成的?

4. 您有向农业技术推广人员开展超级稻(讲座)的经历吗?请对培训对象学习情况、培训方式、培训效果作评述。

5. 您有向农户(在农村)开展超级稻技术指导的经历吗?请对这个过程作简要的评述。

6. 请您对超级稻推广提出一些工作建议和工作思考。

四、农民访谈问题包

(一)农村转型发展问题包

1. 进城务工情况与工作领域。

2. 农户家庭收入来源、比例;土地流转情况。

3. 水稻面积种植情况;田地的利用分配情况;对土地利用的效果满意情况。

4. 专业合作社、家庭农场、种植大户发展情况;县、镇、村的资金、技术等政策扶持情况;农户之间合作与互助情况。

5. 新技术、市场化等对农村的影响。

6. 对农村发展与农业发展的问题与建议。

(二)示范田建设(农户)访谈问题包

1. 上级农业管理部门、镇、村组服务农户的情况;

2. 示范确定后,种子、化肥、农药等农资物品发放的流程如何?有没有向农户说明品种的名称特点、肥料用量、农药使用方法?

3. 专家到示范田指导的次数、方式、效果如何？专家技术指导与农村传统习惯产生矛盾时如何解决？

4. 感觉示范田表现怎样？对周围村民、邻村村民示范和影响情况怎样？具体表现在哪些方面？

5. 如果示范田所发放的农资物品改为市场收费模式，你还愿意种这个品种，使用这些化肥、农药吗？为什么？

（三）自发田建设（农户）问题包

1. 自己的田地没有纳入示范田范围，有没有想法？

2. 您觉得示范田成功吗？示范田作物的品种、用肥、用药等技术对自己有没有影响？有没有经常到示范田与自己的庄稼作比较、找差距，和示范田的农户一起讨论？

3. 如果有机会，您愿意把自己所有的田地纳入示范田里面并采用统一的品种和种植技术吗？为什么？

4. 您最需要哪方面的技术？现在提供技术的情况如何？

5. 您认为需要怎样做，农业技术才能促进农业发展？您的建议是什么？

附录 B　主要访谈人名单

序号	姓名编码	单位	身份	备注
1	A1	全国农技推广服务中心	科技与体系处处长	
2	A2	全国农技推广服务中心	粮食作物技术处处长	
3	B1	广西壮族自治区农业技术推广总站	水稻科科长	
4	B2	广西壮族自治区种子管理局	市场处处长	
5	C1	广西农业科学院水稻研究所	研究所支部书记，"桂两优2号"育种团队负责人之一	栽培技术专家
6	C2	广西农业科学院水稻研究所	"桂两优2号"超级稻育种团队核心成员	农学博士
7	D1	广西兆和种业有限公司	负责人	
8	D2	广西XY种业公司	总经理	
9	E1	T县政府办公室	副主任，挂任NM镇党委副书记	北京大学博士
10	E2	T县农业局	局长	
11	E3	T县农业局	农技站副站长	
12	E4	T县农业局	农技站工作人员	农业技术专家
13	E5	T县科技局	某股长	
14	E6	某农业科技公司	总经理	
15	F1	T县NM镇	农技站站长	
16	F2	T县NM镇	农技站工作人员	计生站转岗
17	F3	T县NM镇	计生服务站工作人员	
18	G1	T县NM镇S村	村支书	家中无地

序号	姓名编码	单位	身份	备注
19	G2	T县NM镇S村	村主任	
20	G3	T县NM镇S村	村民	示范田村民
21	G4	T县NM镇S村	村民	示范田村民，种粮大户
22	G5	T县NM镇S村	村民	示范田村民
23	G6	T县NM镇S村	村民	示范田村民
24	G7	T县NM镇S村	村民	非示范田村民
25	G8	T县NM镇S村	村民	非示范田村民
26	G9	T县NM镇S村	农资店店主	
27	G10	T县NM镇S村	农资店店主	
28	G11	T县NM镇S村	农资店店主	
29	H1	T县NM镇D村	村民	
30	H2	T县NM镇D村	村民	
31	H3	T县NM镇D村	村民	打工归来
32	H4	T县NM镇Z村	村民	
33	H5	T县NM镇Z村	村民	打工回来
34	H6	T县NP镇L村	村民	
35	H7	T县NP镇L村	村民	种粮大户
36	H8	T县T镇X村	村民	
37	H9	T县"科技小院"（与中国农业大学联合建立）	中国农业大学技术专家	农学专业研究生
38	H10	某西红柿专业合作社	副理事长	
39	H11	T县城郊劳动力市场	某村村民	利用农闲短期打工已近10年

附录 C 主要访谈内容记录

a. 全国农技推广服务中心某部门负责人访谈 1

时间：2015 年 6 月 2 日

地点：农业部全国农业技术推广服务中心

访谈对象：科技与体系处处长 A1

1. 请您从农业技术推广的角度，谈谈如何破解存在的"谁来种地""谁来种粮"的问题？

A1：今年（2015 年）的中央一号文件继续强调要增强粮食生产能力的重要性，并提出对粮食省长负责制要进一步完善和落实。这说明粮食安全问题很重要。不过，现代农业不同于传统农业，在粮食生产上已经更多地追求"粮食高产创建和绿色增产模式"，这对科技兴农、科技惠农提出了新的要求。说实话，现在的农村人口（中）有文化的劳动力，每年有 800 万农民进城，而且能够进城的往往都是文化素质好一些的人。这个是问题所在。现在一个好的趋势是，农村土地流转速度加快，正在逐步走向适度规模经营。这样，种子、化肥等农资都是以批发价格的形式投入，种地成本就会大大降低，种地效益就会更加明显了。

2. 请谈谈超级稻种植技术在实现国家粮食安全、农民增收方面所作的贡献。

A1：目前，杂交水稻的亩产量在试验田里能够达到 800 公斤以上，最近的报道说可以达到 1000 公斤。但是，这是在实验的条件下，如果大面积种植难以达到这个效果。不过，水稻平均产量和总产量这些年的确增长了很多，我们中国人65%以上以水稻为主粮，这对于粮食安全自然很重要。至于农民增收问题，超级稻的成本比较高，可能还是要采取规模种植的方式，才能降成本、增效益。

3. 据一些资料显示，超级稻种植技术是比较复杂的；而当前农村家庭中留守劳动力的科学素质相对较低。您认为，应当如何开展技术的推广？

A1：现代农业中的粮食生产，不再单单追求高产，还要注重品质和绿色，这对技术的要求会更高。农民进城务工，有他们的理由。不能责怪农民。现在可以考虑围绕农村土地流转、适度规模经营新变化下的新的经营主体的问题。比如，农民专业合作社全国已经有129万家了，要充分发挥农民专业合作社的作用。再有，专业大户、种粮大户（30亩以上）不断增多，家庭农场初步发展。一些农业企业也在扩大经营，发挥带动能力。这些新型的经营主体以后应该是农技推广的重点和重要服务对象。

4. 据您了解，基层技术推广人员的工作状态与成效如何？

A1：现在社会上有很多人对农村技术推广人员的工作不满意，但是，这些人之所以会这样，都是有原因的。实际上，农村技术推广缺少专职人员，有限的人员（中）还有很多低学历、无职称人员。《农业技术推广法》规定："乡镇国家农业技术推广机构的岗位应当全部为专业技术岗位，县级国家农业技术推广机构的专业技术岗位不低于机构总岗位的80%。"现实中基层农业技术推广人员具有职称的只有70%多，高级职称只有10%，专业对口率只有一半左右，距离规定差得较远。而且，大多数乡镇农技站基本上是"办公无用房、人员无住处、推广无设备"的"三无"农技站。在农技推广经费严重不足的情况下，乡镇政府常常还会分派给他们计划生育、综合治理等其他工作任务。然而实际上，现在农业发展的形势对于农技推广人员的素质要求越来越高。但是，农技（推广）人员的年龄和知识都在老化。由于基层农技推广工作环境不理想、工作强度大、责任又很重、待遇又不好等方面影响，年轻人和大学生一般不愿意到基层推广机构工作。所以，现在农技推广体系建设不是农业系统内部就能解决的问题，需要国家的"顶层设计"。

5. 您如何看待基层技术推广人员与农民的关系？

A1： 刚刚说了，现在基层农技推广人员下乡次数少、效果不明显，这不能说农技（推广）人员没有责任心、没有能力。这是我们的保障机制、激励机制没有跟上去。另外，现在农技推广人员受传统观念影响，更习惯于自上而下的技术传播方法，而且技术推广人员每年接受培训时间相对有限，本身所掌握的技术知识有限。农技推广人员的积极性可以采用多种方式来调动。如为解决一家一户分散种植以及农民外出务工导致的农业科技应用水平滞后的问题，有的地方尝试开展"土地托管"的办法，就是说，农户每年每亩地缴纳两三百元的服务费，把水稻种植的全程托付给农技推广人员组成的农业科技服务组织，包括购置稻种、育秧、整地、插秧、病虫害统防统治等，农户只负责肥料投入和水费，托管组织保证正常年景每亩水稻产量不低于 500 公斤，如果低于则负责赔齐产量。这种方式的特点是科技人员服务到位率非常高，农技推广人员与农户深入合作，同住同劳动，既解决了一部分农民外出务工的后顾之忧，也使农业生产提升了科技含量，增加了技术推广人员和农户的收入。另外，还可以考虑的一个途径是，配备村级农民技术员，"从群众中来，到群众中去"，每个村配备 2~4 名农民技术员，提高农业科技入户率和到位率，促进农业科技成果、新品种、新技术的转化能力。

6. 据了解，现在一些涉农企业（如种子、化肥、农机、农资商店等）在销售相关产品的同时，也开展培训和技术指导，部分承担了技术推广的功能，成效也比较好。您的看法如何？这种情况对政府主导的技术推广体系建设有何启发？

A1： 中国当前的农技推广主流是政府行为主导的公益性模式，而像超级稻的推广更多是运用市场手段的以企业为主的推广模式。政府主导的公益性推广模式，像土壤保护、测土配方、绿色技术，主要是公益性的，企业参与无利可图，就要靠政府组织的农技推广体系来完成。社会力量主导的市场推广模式，像超级稻推广，主要是走市场机制，依靠良种企业，特别是像隆平高科这样的大企业推动，实践证实，企业为主的推广模式在现实中很受农户欢迎，效果也非常明显。另外，像金成大（一家化肥企业），也是依靠企业自己的营销形式，推广施肥技术。金成大一年的培训有 1500 场，通过对业务员（进行）培训，使企业的产品和服务到达千家万户，使一系列的新技术落地。实际上，农户很相信这些业务员。这也是比较成功的方法。我觉得你这个超级稻推广的研究，一个主要意义就是讨论以企业为主的技术推广模式怎么样进行的问题。这是一系列值得探究的重要问题。

7. 请您谈谈对开展农村新技术推广或者农村技术推广体系建设的工作建议和工作思考。

A1：全国农业技术推广服务中心作为一个国家级的农技推广机构，主要是从宏观上进行农技推广体系建设的规划和设计。中心接下来可能要从以下几方面开展工作：一是发挥中心在种植业推广中的作用，加强对水稻、小麦、大豆、玉米等主要农作物种植技术的推广，为粮食安全提供技术服务保障；二是加强农技推广自身体系的建设，在人员队伍、办公条件、编制待遇等方面作出实质性提升，增强农技推广机构的凝聚力和号召力；三是建立技术推广的绩效评价体系，按照每人 10 户或 50 户的比例，使基层推广人员待遇与推广工作效果挂钩，提高推广工作人员的积极性与主动性。

国家农技推广机构主要履行的是公益性的技术推广职能，因此，仅靠国家农技推广机构，还不能满足现代农业发展形势的需要。要建立全面的农业技术推广体系，就要健全"一主多元"的推广体系，把高校、农业科研院所、涉农企业、农民专业合作社、农村科技示范户以及农村技术服务社会化其他组织都纳入进来，形成一个农村技术推广的社会网络。只有这样，农业技术推广才能取得实实在在的成效。

b. 全国农技推广服务中心某部门负责人访谈 2
时间：2015 年 9 月 21 日
地点：农业部全国农业技术推广服务中心
访谈对象：科技与体系处处长 A1

1. 政府的技术供给与农民的技术需求之间对接错位、关系混乱。地方政府部门组织技术专家对农民进行培训，很多农民竟是被"招募"过去的，而且要付给农民一定的"误工补助"和"误餐补贴"，否则没有农民愿意参加。这种情况下，政府的技术供给该怎样对接农户的技术需求？

A1：这个问题很复杂。这个需求只是其中一方面。那些农技推广人员对当地的技术、气候，应该是了解的，应该是了解农民需求的。可能就是那些人的推广方法不对，比如采用一些对高中生、本科生讲课的方式就不行。所以他们这个传播的方法有问题。如果是参与式的、体验式的，让农民能够参与当中可能效果就不一样了。同样一个内容，用不同的方法去传播，效果就不一样。农民在这个年龄结构、知识结构方面，差别都很大。像湖南他们搞的这种培训，参与式的培训效果非常好。他们像串门似的搞一个社区信息交流中心。如果是照本宣科似的，那农民肯定是不乐意听，还有一个，农民的知识结构水平不行，也可能听不懂。再加上农户对这块地也没有什么大的指望，他们可能也不乐意去听。

农户听了以后收效不明显，所以说他们的积极性也会受到影响。如果偏重于理论，他们就不太容易接受；如果是偏重实践的话，这个效果可能要好一些。现在有些"农医生"，遇到什么问题就传给专家，然后专家的话，最多20分钟就可以提出相关的解决方案。所以，传播一方面采用传统的方式，另外还有一个就是信息技术等新技术的应用。一方面是技术的问题，还有一方面是内容的问题，即便是有些人听懂了，但是可能回去也会忘了，如果是有一些比如说光盘啊，这带回去，还可以随时看一下。另外呢，比如说在网络上面还可以和老师进行交互式的这样一种沟通，效果也会更好。

关于这个测土配方，并没有让这个农户得到这个切实的这种产量的提高。有些感觉是增长了，但是这个增长的幅度也不是很大。那这样的话，这个测土配方也难以真正得到推广。那这是另外一个问题。关于这个测土配方，国家设立这个项目是非常必要的。技术补贴只是一个方向。大方向是正确的，但是在实施当中的确有许多不合理的地方。但是我们发现目的要搞清楚，我们搞这个测土配方，是要改变这些农民的传统的这种观念和习惯。比如说，土壤里面的矿物元素、微量元素，怎么去配比，这些是必要的，这个一定要解决的，这个是要全社会都知道，还要进行科学施肥，要按照作物的需求，进行测土配方施肥。第二要建立一个具体的、实实在在的工作机制。对于这个土壤怎么样了，配方怎么样，这个是关键，并不是说对每家每户的土壤进行测土配方，这是不可能的，也是做不到的。像英国它就有三条线，一条线就是合理配方，有低于这条线的，还有高于这条线的，这个测绘网站是一个原则性的、方向性的、政策性的，不适合一家一户。我们只是说，尽量地让社会重视了，让农民有这样一个观念，因为这个测土配方，不可能让每个农户都要真正地去掌握。怎么样测土、怎么配方，要什么肥，什么时候施肥，用什么工具，这些不可能真正地传播到每个农户的，那实际使用也很难。

2.耕地"非粮化"发展与保障粮食安全之间冲突明显。种粮成本不断抬高，粮食价格难以提升，种粮效益不明显。动辄上百亩的耕地果园、耕地大棚蔬菜、耕地鱼塘等已成农业大县涡阳县的风尚；处于右江河谷、素来被称为广西粮仓的田阳县，一年两季、三季的水稻种植模式已被现在水稻和西红柿两季轮作模式代替。另外，产量指标优先的超级稻因品质、口感问题而难以进入百姓餐桌。耕地非粮化日趋严重的情况下，该怎样保障粮食安全和粮食品质？

A1：其实从全世界这种范围来看，轮作是一种比较科学的方式。但是现在呢，因为这个土地有限，所以说这个在中国轮作比较难以推广。其实这个轮作对于维持土壤的肥力等是非常好的一种方式，是应该提倡的这样的一种方式。通过这种轮作间作方式，我们说有高的矮的这种间种，可以更好地利用光等这些资源。农作物也会对土壤环境产生很多作用，土壤的微生物啊，土壤的成分也会发生一系列的变化，反过来会影响这个植物的这种生长。

关于这个耕地的非粮化现象，会不会影响国家的粮食安全。这个问题比较大，现在是考虑国内国外两个资源。国内来说，我们的自然资源禀赋本来就是这样的一个情况，这个是没办法改变了。现在是我们两个资源两个市场都要利用。除了这个土地之外，我们的劳动力，这些也是一个问题，按照基本农田保护条例，这个是不允许的。但是如果按照法律也有问题，因为如果是按照（法律）种粮，这个收入是很难提高的。我们现在农业的方向是保供给，就是粮食的产量。二是要促增收，仅仅是保证粮食（产量）还不行，要让农民有增加收入。三是要可持续，光增收还不行，还要使这个环境能够保持发展。原来我们还可以知道农民种什么，现在根本不清楚，而且农民的这种组织方面也是弱化很严重。但是，这方面也不要过于恐慌，比如现在到俄罗斯，可以说还有几个像新疆那么大的耕地，可以提高他们的这种土地利用率啊。那么就是俄罗斯、塔吉克斯坦也有很多地，有中国人在那里种植农作物。现在我们有了这个问题，丰收了，但是我们没有地方放。我们粮食没有竞争力，收入又不能增加。为什么不可以用别人的呢？现在的这个谷物在人类这个生活消费当中，只占40%左右。因此，土地非粮化从法律上确实是不应该，但是在现实当中有这种需求，有这种冲动，当然了，如果是要管理也管不住，再说呢，也没有说的那么可怕，现在这个问题要限制的，不应该是农民，而是那些大的农业公司，那些进入农业的资金，这种大规模的耕地非粮化，这个应该值得警惕。企业规模大了是要追逐利润的。那个非粮化的一些企业行为，发展了以后，短期内船大难以回头。

3. 普惠制的粮食直补已经缺乏激励作用，乡村对"粮补"变为"农村建设资金"的呼声较高。调查中，粮补与农户种粮积极性已经没有关联（本来粮补只与耕地面积相关），很多农户认为取消粮补对自己影响不大；基于农村基础设施落后的情况，相当一部分农户和乡村干部建议把普惠制的粮补资金集中起来，每年用于一项工程，改善农村的道路、水利、文化等基础设施。这样做的可能性有多大？

A1：这种提法，是不太合适的，他们到底是什么意思呢？搞农业建设，搞农田水利建设，搞这个农村的电网改造，但是，这个为什么一定要把粮食补贴给停了呢？这两个本来就是不搭的事情，两者是没有关系的。粮食补贴，是为了激励农民种粮食的，还有粮食补贴是有规则的，是按照WTO，并不是说你想给补贴就给，不想给就不给的。而且你修路可以直接修路啊，不一定非要取消这个粮食补贴。关于粮食补贴还有一个重要的意义，它是标志着我们国家政策的一个大的转折。以前我们都是，农业补贴工业，现在到了一定程度了，我们以工业反哺农业。种粮补贴呢，是大的一个方针政策。这里还有个问题，这个政策那是一种导向的作用，这个是为了提倡农民种粮的问题，如果取消了，可就是告诉大家，不要种粮食了，这个政策导向没了。制定粮食补贴的时候，国家相关部门一定进行了全面的考虑。水利费的问题，比如说在南方，它和这个粮食补贴也是两回事。而水费呢，也是一个政策导向，就是节约用水，保护环境。如果说是在那个收取水费过程中间出现了一些问题，这个是具体措施的问题，是具体制度的问题，而不是大的政策的问题，所以这个要分清层次去进行讨论。

4. 1978年的家庭联产承包责任制改革把集体组织形式的生产方式变为农户个体形式的生产方式；2006年全面取消农业税，更进一步促进了以村为单位的集体组织的瓦解，农户生产方式和生活方式更加自由和多样化。曾有研究指出，技术采用在集体组织形式的农村更有效。您认为呢？

A1：从这个生产责任制以来，我们的土地还那么多，但是我们的产量连年地增加了几倍，那这么多的产量是怎么来的？那不是技术又是什么？所以说那些经济学家，有时候想问题也是想的很单纯。农村组织弱化主要还是宗族社会，传统的一些文化被破坏了，所以要加强这个乡村建设的这样的一些事情。对农村的这些道德文化，被破坏了的这些需要恢复，需要重新建设。

5. 调查中，一些地方政府以行政强制手段推广某些农作物品种，因为这项推广带来了明显的经济效益，农户由开始抵制渐渐发展到合作再到主动追求；也有的推广项目效果不好，使农户对政府怨声载道；还有的政府部门与企业形成政企合作推广模式，引起了其他企业对市场垄断的担忧。政府在农业技术推广中，这一角色怎样做才是适当的？

A1：现在这个农技协在农村传播当中起到了一定作用，但是，发挥主要作用的还是农业技术服务站。这个是主要力量。我们现在提倡那个多元推广，虽然是多元推广，但是主力还是我们农业技术服务站这样一个系统。

现在这个农村技术推广体系如何融入农业合作社等新型农业主体，的确是一个问题。由于这些农业合作社，他们都是有这个税收利润的，而我们这个农业技术推广这个系统是公益性的，公益性的这样一个组织如何去服务他们这个营利性的组织，这个的确需要讨论、需要创新。像家庭农场他们都是在工商注册了，是一种营利性的行为。他们是企业经营行为，可是他们要讲究什么成本呀、核算呀、风险啊等这些，他们都有成本的支出，但是我们是公益性的。现在的法律规定是，即便是他们愿意拿钱出来，我们这个推广也拿不到钱，因为法律禁止这样的一个服务，所以后面我们要进行这个手段上的一个创新。以前农民"卖农产品难"，所以现在我们要提供这个信息、金融等方面的服务。往往都是先有了这样的一个问题显现出来，我们政府就会跟进，围绕这些问题进行探索。

c. 广西壮族自治区种子管理局某部门负责人访谈

时间：2015 年 7 月 22 日

地点：广西壮族自治区种子管理局

访谈对象：市场管理处负责人 B2

1. 请您谈谈围绕广西首个超级稻品种"桂两优 2 号"的种子项目、科技项目的组织申报和实施工作情况，以及该品种的试验、审定及认定过程。

B2：水稻的育种一般都是走这个科技项目的，在科委那边立项以后，然后安排经费。水稻育种他们会有目标，达到什么样的一个指标。他们开始立项的时候，也不是以超级稻为目的，只是说是一个新品种，他们有意识要改良某一方面的一个现状或者是抗性，他有个立项的依据后，然后报给主管部门。如果生产的话，就要通过我们这个农业主管部门。因为主要农作物在推广之前要在我们这里先进行审定。首先要通过两年区试，通过生产性试验，看看是否适合，还要对照其他品种，如果是对照增产的幅度比较大，达到8.2%，然后进入区试。第二年我们在桂南这一片进行了 5 个试点，2007 年第二年区试，效果也是非常好，这一年增产的对照单产也达到了 8.44%。原来国家讲了，如果是两年对照增产 8% 以上就可以申请国家进行这个超级稻认定。按照当时的情况也只有这个"桂两优 2 号"，两年都达到了8%，其他的都达不到这个，所以就上报这样一个品种申请国家认定，这也就是广西的首个超级稻品种。它这个表现，产量的确比较高，抗性也不错。报的时候是由农科院他们来报的，国家审定超级稻，省级是不能够认定的，差异大的必须要由国家农业部来认定。比如说区试两年要达到8%，才可以直接申报；如果达不到的话，你要种百亩连片，然后农业部派人下来验收，这样的话，那要求就更严格一些。这个申报材料，由申报单位自己来做，但是那要经过我们这里，每年这个增产8%，是要我们这里拿出证明的，包括推广多少面积也由我们统计上报。即哪个科研单位或者哪个企业的品种，都是由自己来写申报的，不过种子管理局这边要提供一些证明材料。农科院原来也有自己的公司，一个叫作稻丰园的公司，但由于后面进行体制改革，又不允许他们自己设立公司了，于是他们就只好和这个兆和公司进行合作。兆和公司也看上它这个品种了，当时那就采用买断的方式，花了200万元，独家推广这样的一个品种。

2."桂两优2号"超级稻种子经营的"兆和模式"是怎样的?

B2：就是产学研合作的一个模式。兆和公司（企业）和这个农科院的玉米所、水稻所，都建立了比较密切的战略伙伴关系。我们广西，现在在研发这一块，基本上都是由这个科研院所、大学过来搞，而企业做的少。但是科研院所和大学做出来的东西，和实际有些脱节。如果是企业看重的话，就会极力地帮着推广。因为这个科研院所，他们只是做科研的，没有进行推广的手段和方法。科研院所因为积累了很多年这些育种材料，所以也比较容易成功。但是要靠他们自己推广就不行，虽然说他们自己也成立公司，但是他们属于水稻所的，科研人员的工作方式、工作思维，效果又不好，可能那个分配啊、体制啊，这些都不行。后面他们交给了兆和公司以后，这个推广的面积就很快有了提高。"桂两优2号"在桂南种植生育期比较短，密度也比较大。但现在呢，种粮的效益比较低。种一造田辛辛苦苦，你舍得投入的话一亩就是500公斤（产量），而粮价，也就是1块2毛5。另外这个推广，原来农业厅对各个县的超级稻推广都有些补贴。所以大家推广的积极性就比较高。这对广西粮食的稳定和生产，都起到了作用。这个补贴对于这个"桂两优2号"，还有外来的品种，都是一视同仁的。只要是适合于当地的，农民喜欢种了，就给补贴。但是现在已经没有补贴了，这可能要换另外一种方式了。现在这个超级稻有产量和质量的矛盾，产量高了它的米质就会有所下降。近两三年，提倡要创建高产优质，现在不再对这个超级稻进行补贴了。各个县可能还存在一些补贴，但是农业厅主要给高产创建这边，超级稻已经没有补贴了。

3. 请以超级稻扩散为例，谈谈广西种子质量控制体系的建设情况。

B2：这个都是有相关的过程控制的。这个有两方面，一个是在生产的环节，我们有质量管理科，对于杂交水稻，我们要去看，要看它的父本的花粉，要看它田间纯度怎么样；抽穗的时候，要看它的这个杂株超不超标；除了生产的环节，在入库的时候，我们要检验，要抽样，看它的发芽率呀、水分啊、净度啊。市场上卖的时候呢，我们还要抽检。如果仪器上哪一项不太确定，我们还要进行种植鉴定。比如说，我种一造看一下它的表现情况。如果达不到标准的话，我们就要通报，还有一些处罚。另外，这个企业的人也知道，种子质量是企业的生命线，如果是种子不好的话，农民都不认可了，那你还怎么赚钱、还怎么生存啊！而且审定一个种子的周期也要两三年，这个时间他们也拖不起啊！所以企业对一个种子取得这个身份证，还有这个区域的推广，他们也有自己的质量体系进行把关。

4. 请谈谈"桂两优2号"超级稻品种的广西市场占有率（广西区域内播种面积），广西超级稻自有品种与区外品种的占比关系情况怎样？

B2："桂两优2号"的这个市场占有率是慢慢走高。随着这个超级稻的推广，由于它的生长期比较短，产量还可以，所以在桂南的话，面积也发展到40多万亩吧，这在广西的这个地方，可以达到种植第六位吧，一般第一名呢还是外来的品种。这个原因是什么呢？"桂两优2号"虽然产量高，但是它的米质呢，就稍微差一些，它的淀粉含量只有百分之二十多一点，这里也只能做早稻种植。主要是卖给大米厂了。桂南这边的主要种植双季稻，所以早稻，主要是强调这个产量，而不是质量。像优质的"Y两优2号"这些外来的品种，为什么能够种植占比高呢？它的米质比"桂两优2号"就好一些，它的这个适应范围、种植范围也广一些。我们这里中稻和晚稻要求要好一些。很多农民都是把这个晚稻作为自己的口粮，主要还是这个口味适合我们这里的要求"软一些"。这些外来品种，它们中稻、晚稻都可以种，所以说那这样一来的话呢，它们这个种植面积就大一些。

5. 广西种业发展规划与广西超级稻科研计划的互动关系是怎样的？

B2：这个呢没有具体的规划。而现在规划当中也不讲明那是超级稻。我们要做大做强，就要对广西本地一些农作物品种进行培育推广。广西的这个种业呢，仅限在我们本省范围内，很难得能够走出去。我们以后就想着要和省外的一些科研机构合作，比如说在长江中上游啊，长江中下游啊，然后来扩大这些种子的适用范围。我们这里育种比较好的，比如农科院水稻所呀，玉林农科所这些水稻所啊，他们使用的是桂南水稻。如果是太早熟的品种，不能选；如果是太迟熟的品种，那也不能选。我们广西的播种面积也就是 6000 万亩，怎么来说呢，我们这里呢还是比较开放的，不像广东、贵州，他们对这个的品种，如果要参加审定，他们不安排你进行试验。他们也不说限制你，但可以说这个名额已经满了，这样的话你就没有进入这个名单，然后他们也说了，我们做的这个试验是我们省财政来负担，所以这个公司是外地的话，我肯定是要先试验自己本地的这些公司的种子。而我们广西是比较开放的，很多外来的公司，我们都安排进行了试验，然后呢，只要符合这个规定，通过了我们的审定，就可以进行推广。2007 年以来，我们也安排了 700 万元的这样一个财政，支持育繁推一体化的这样的一些本地企业。希望在品种方面有所突破，能够走出去。至少本省的几个品种，在很多外省品种进来的情况下，本省的科研也不能落下很多。

6. "桂两优 2 号"超级稻品种示范种植情况与成效如何？

B2：整个桂南，这个品种都有推广。像在南宁啊、贵港啊，都有推广。至于细分的情况，我们不太了解了。灌阳、田阳等县超级稻推广得也比较好。我们已经开展了 5 个试点，证明它这个适应性，是没有问题的。当然，这个还要看当地的农民是不是接受这样的品种。这些品种虽然有这个高产的优势和潜力，但是你要实现这些优势和潜力，还要依靠其他的东西，比如良法呀，还有化肥啊、农药呀，等等。如果你种下去就不管的话，它肯定达不到这样的一个产量和效果。

现在这个市场经济，农村里没有哪家还愿意存粮了。粮食放在粮库有的霉烂了，没有人愿意要。我们这个超级稻，产量还行，但就是不好吃，米质不好。经过这几年的攻关，超级稻的米质，也在不断地提升。今年我们就和那个粮食部门合作搞了一个优质米评选，选了 10 个品种，其中 4 个呢就是这个杂交稻品种，其他的就是常规品种。这个超级稻，如果好吃的话农民自己吃，他也不一定愿意去卖。再加上现在农民中很多出去打工的青壮年，不想再去解决什么口粮问题。现在这个农户种粮的积极性的确不高，国家也在考虑这个问题，比如，像家庭农场呀，培育一些种粮大户啊，就是发展规模化种植把这个劳动强度给降下来。现在很多环节都使用机械化了。但是，用机械化收割，首先要保证超级稻有抗性，不能倒伏，如果倒伏的话，这个就无法用机械来收割了。这样就对水稻的育种有新的要求，至少在抗性方面不能有倒伏。虽然说也有机械化插秧，但是还难以推广，原因就在于这个不好用，所以说呢，用得不好也难以推广。

d. 广西农业科学院水稻研究所某专家访谈

时间：2015 年 7 月 22 日

地点：广西农业科学院水稻研究所

访谈对象："桂两优 2 号"育种团队主要成员 C1

1. 据媒体报道，我们水稻所用了 15 年的时间培育了桂两优 2 号。现在请您谈一下，桂两优 2 号诞生的这个过程，当初，培育的这个背景是什么？是怎么进行的？

C1：我们这个育种目标也是追随着国家的目标。超级稻成为国家的战略目标，应该是从 1996 年就开始的。水稻提高单产主要有三条路子，一是扩大土地面积，可是国家从（20 世纪）50 年代起开荒地，由原来只有一季稻，慢慢地有两季稻、三季稻，目前土地也没有潜力了。二是施化肥，能大幅度地提高水稻的单产。三是通过育种，也就是说，在土地不减或者弱减的情况下，提高水稻产量。"桂两优2号"2006年通过广西农作物品种审定，超级稻是一个相对的概念，国家农业部的认定办法，根据不同的稻作生态区，提出产量指标，米质、抗性指标。就我们华南而言，这个超级稻要亩产达到720公斤，还要有100亩连片的示范，还要聘请同行的专家进行生产验收，后面才能被认定为超级稻品种。广西的超级稻培育也是比较早的，广西的稻作生态区，比较复杂，属于华南稻区，小气候环境，可以分为这几个稻作区：有桂北稻作区，桂南稻作区，还有桂西、高寒稻作区，等等。原来呢一开始，我们是引进全国各地的超级稻来种植，来试种、来推广，在推广的过程中发现，长江以北的很多超级稻引进来以后，生长期缩短，产量不稳，不适合广西的特殊情况。于是我们就想选育出一个生长期适合于广西大部分地区的，这么样的一个品种。这个品种，首先是亩产量要达到720公斤，其次是生育期、要在125~128天。制定了这样的一个育种目标以后，我们育种专家就对育种材料进行筛选。从1996年开始，就定了这样的一个育种目标，在2006年我们就进行了百亩连片的示范。经过两年在不同地点的这样的连片示范，大面积的推广，才让农民种植，每年的推广面积在30万亩。推广到农民种植，平均的亩产量虽然都达不到720公斤，但是比一般的杂交稻品种增产25公斤以上。

　　广西水稻的研发是比较早的，按照袁隆平院士所说，广西已经进入全国水稻培育的先进行列。我们有一批老育种专家，如原来的李副院长，是第一批进入这个杂交水稻攻关的。上（20）世纪80年代，国家颁发杂交水稻重大发明奖的时候，我们单位就是获奖单位之一。包括袁隆平院士，还有江西的一些单位，都是同一批。在这三系配套里面，我们发现了强恢复系。对于杂交水稻研究，我们从那时起，一直参与全国的协作攻关，也得到了一系列的支持。但是单单就超级稻育种，并没有单独的支持，没有专项的支持。我们这个是作为长江中下游大项目当中的一个子项目来进行研究的。单这一个品种没有专门的奖励资金，不过呢，通过认定以后，有一个（自治区）主席的科技资金项目，有200万元，专门支持这个品种的中试，主要用于这个品种的完善呀，完善栽培技术、社会推广，还有完善综合防治技术，做一些配套的基础研究。

　　当时，我们很多育种专家，都会根据育种目标，筛选不同的育种材料，他们平时就是这样工作的。育种专家并不是要有了目标以后才去做，而是平时就筛选很多的育种材料。育种是在偶然的情况下成功的，但是，偶然中有必然，他们是要对很多的育种材料，父本、母本等进行配对啊、测试啊。育种的技术全国其实都是一样的。不过不同的育种专家，根据所处的不同的生态环境，每年都会搜集一些育种材料。有的抗性比较好，有的米质比较好，有的产量比较高。全国的育种专家对育种材料都是有交流的，或者是交换。水稻的最后产量丰收，按照袁隆平院士讲的，要有良种、良田、良态、良法，就像农业的八字宪法一样。不同的品种在不同的生态区里面，它们的表现是不同的。同样的品种，对不同的土壤环境，对病虫害的这个反应是不同的。像农村分田地的时候，也有上等地、中等地、下等地这样的区分。只有良种、良田、良态、良法这四方面充分和谐，才能够达到理想的产量。

品种都是有生命周期的，随着新品种的不断推出，使用了一定年限的品种，自觉不自觉地都要退出。长江后浪推前浪，这是一个必然的趋势。2007 年到 2015 年，很多品种就退出了，其推广面积自然要让路其他的品种。就单一品种来说，"桂两优 2 号"还是在有效的推荐品种之内，而达到 10 万亩以上的才会进入这个统计的名录；如果少于 30 万亩这样的一个指标，按照农业部规定，就不能冠名超级稻，但是可以在市场上推广。

2. 超级稻技术研发和审定的情况，您的贡献主要是什么？

C1：超级稻不是一种概念的推广，而是说有切实的明显的产量提升。农户好像没有感觉到这个产量的超级。我们的对照品种，一般设定为实验时间比较长、产量水平比较高、稳产性比较好的。如果新的品种，对照这个品种，产量增产 8% 以上，这样就可以通过品种审定了。不同生育期的品种，要求不一样。超级稻品种的概念，在长江以南或长江以北是有区别的。超级稻在农户心目中达不到他的预期，这个也正常。去年（2014 年）全国已经认定了 100 多个超级稻的品种，这些品种和期望值，都是有一些落差的。有的农民比我们种植示范田产量更高的也有，比如说，云南的永胜，它是我们国家传统水稻高产的一个地方。但是，多数农民啊，是很难达到示范田的这样的一个产量水平。我觉得呢，还是要回到袁隆平院士所讲的那8个字，良种、良田、良态、良法。科学家认为是良种的，农民不一定认为是良种；农民认为是良种的，但是科学家不一定认为是良种。新品种出来，要经过试种、试验，经过几道筛选，最终选出这些品种，就我个人理解来说，这些都应该是良种。种水稻的技术并不复杂，几千年来，农民改变的技术其实并不多，绝大多数农民在施肥水平啊，病虫害防治呀，经过这么多年的培训，都很容易掌握。

当时上报了几个品种，才批下来这样一个品种。这个是公平的，都有这样的机会，只要品种达到了超级稻品种认定的这样的一个潜力，育种单位就可以去申报，测产、验收的时候，我们要提前3个月。我们要向农业厅汇报，农业厅再向国家农业部汇报，然后派专家下来进行测产、验收，你自己选定一块田，这块田有一亩以上，另外还有两块代表性的田块，收割面积要达到500平方米以上，收完以后再量这个面积，然后再称产量。

为了培育超级稻，水稻所进行了组织结构的调整，一般都是要成立这个领导小组啊、办公室啊这样的组织，因为有这方面的公关要求。你说，这个小组，有也行，没有也行，反正大家呢，平时都是这样工作的，本身这些工作都是有一定预见性的。在这个粮食自给率不高的情况下，我们的育种目标肯定是产量为先，其次呢才能考虑到这种米质、抗性。现在我们的水稻产量达到了一个稳定的阶段，如果是产量很低，就没有办法推广。确实呢，要考虑管理制度的调整。品种认定就要通过这些一系列的区域性试验，而这些区域性试验都是有一套制度的。比如，要比对照品种增产多少，抗性水平，他都有一套检测的手段。这里面是人工鉴定和自然诱发鉴定结合在一起的。

我们是要组建一个育种团队，在这里面每个人的分工有所不同，只要根据国家的目标，设定一个5年，或者10年我们选择一个什么样的品种出来，然后，分析我们手头上的材料基础，我们要选用哪些材料、技术路线，这是主持人要在宏观上进行考虑的事情。团队其他成员要配合主持人。你搞制种研究的，你搞栽培技术的，有试验研究的。我就是搞栽培技术研究的，就是在什么样的生产生态区中，栽培技术应该是怎样的。广西的水稻增产幅度还比较慢，我们认为，良种、良法、良态都具备了，据我们的调研，广西现在的稻米价格比较低，全国也一样。我们广西，人均占有耕地面积比较少，人均也就是半亩左右，其他剩下的是山地、林地。广西农业耕地就是八山一水一分田。对种植水稻、对精耕细作的积极性，农民都比较低。农户说，即便有600公斤产量，国家最低保护价每斤1块3毛2，打工一个月1200多块钱，而另一方面种水稻需要一个人管。农民说我为什么还要专心种水稻，于是找几个人抛秧，然后出去打工了，再然后请收割机来收一下，付个钱，这样做，主要就是为了不用买粮食，维持这样的水平就够了。农户也会直白地告诉你，种水稻不值钱，种多了不划算。

3. 超级稻技术的复杂性如何？技术成果是如何转化的？

C1：种植这个杂交水稻或者超级稻，这个技术并不复杂，也不难。我们认为这是一个革命性的变化，就是种矮秆水稻。随着这个矮秆水稻的推广，其实这技术也无怪乎是，播种量啊，插植密度啊，需要分量的掌握。现在县里都有农网通的技术，可以通过发送手机短信提醒农民，什么时候该做什么，包括天气预报啊，等等。比如说，哪种虫在水分比较多的时候会出现，怎么样去防治，会有这种信息；包括用什么农药，农药的使用量。现在超级稻已经上了一个很高的平台，再想进一步发展，空间已经很小了。其实水稻的单产，也不容易比较。为什么说广西的水稻单产比较低了，因为它是双季稻，像东北，它是单季稻，它的生长期就比较长，而我们的双季稻生长期就没那么长，但是如果把时间放长，跟东北按照单位面积年产量相比，我们广西的产量也不差，甚至要超过东北。

关于技术转化的问题。我们科研院所又要搞科研，又要搞推广，就不如专业搞推广的力量强大，我们看到这个情况，所以主动邀请企业，希望采取什么样的模式能把这个品种，在它有限的生命周期内，使它发挥最大的作用。于是我们就把这个品种的独家使用权，转让给兆和公司。事实上，确实是这样，我们不是专业搞市场推广的，市场所需要的渠道优势、资金优势、管理优势，我们都不具备，而这些兆和公司具备，比如说，碰到了自然灾害，我们科研院所没有这个优势去给农民赔偿，但是企业可以，他们有这个实力。关键是他们的营销手段厉害。

安徽超级稻的大面积减产甚至绝收的这种情况，实际上，其他品种这种类似的情况也都出现过。从专业的角度来说，从两方面讲，一方面是品种本身，品种的抗性，不是说一旦获得了这种抗性，就是一成不变的；另一方面，关于品种的改良，我觉得品种抗性的改良，永远在路上，是不能停止的；另外，企业推广品种，要对什么样的情况，来承担责任，企业只能对品种的真实性负责，比如说，质量本身。打个比方，结婚是不是一定能生孩子，生的孩子是不是一定能够上清华、北大，这个不好说。现在这个品种得了稻瘟病，可能说明这个品种的确不适合这个地方，但是这里面的变量也很多。

4. 超级稻推广对农业技术推广体系的要求有哪些？

C1：国家农业技术推广体系在解决最后一公里的问题方面，对农业技术推广人员的素质要求更高。这些人员要有专业化的出身，要对他们加强专业性的职业化培训，提高他们服务的方式方法，如对数据的收集统计培训，为什么我们的农产品波动很大，就是因为这些数据的统计缺少。现在是信息时代，我们农产品的生产，农户都是自发的，你不等到农作物种植、播种完了，你根本不知道，今年他们种了什么，种了多少。所以就逃不掉一涨一跌这样一个怪圈。技术服务到位率作为一个岗位的描述，也没有很好描述，要定好范围，定好工作量，这样才好实现；但是也要明确需要什么样的工作条件，如果农民有需求，我都没有他们电话怎么和农民去沟通，现在科技服务是不收费的。现在农户中有很多种植大户、农业企业，对农业技术推广链条和人员的需要都是很迫切的。

粮食生产安全不仅是要量的安全，还有质的安全。在量上和质上都要有安全。粮食产前、产中、产后都要有技术推广，都要有该项服务，但是目前只是在行业发展动态上发布一些信息。关于农业技术推广体系的这种改革，在（20世纪）90年代，湖南已经进行了改革，现在已经是网破、人走、线断这样的一个局面，那里的农业技术人员知识、体力、精力都赶不上了。现在的信息时代，怎么应对？他们自己也搞不清楚，怎么去指导农户。同时，他们的待遇低，也让他们没有这种积极性。

e. 广西兆和种业公司负责人访谈

时间：2015 年 9 月 30 日

地点：广西兆和种业公司

访谈对象：公司负责人 D1

1. "桂两优 2 号"在政科企合一的"兆和模式"形成中具有重要作用，请谈谈合作的背景和主要过程。

D1：这个品种作为广西的第一个超级稻，是起到一个带头的作用。我们的合作背景是政科企一体的。这个品种作为广西农科院他们的这个成果，我们公司比较看好，所以我们主动找他们，就和他们谈，作为一个品种的开发，我们想作为独家推广。通过洽谈，大家就开始合作，我们通过买断的形式，去对这个品种进行推广。

2. 在桂农业公告〔2008〕13 号文件中，自治区农业厅审定通过了 28 个水稻新品种，其中广西本土培育 16 个（包括"桂两优 2 号"、兆和公司参与研发的"特优 858"等），为什么"桂两优 2 号"能够成为广西首个超级稻品种？其中技术因素和社会因素如何？

D1：首先明确，申请这个认定，是需要费用的。广西在育种历史上，是比较前卫的。广西农科院在这一块也是比较先进的。这个社会背景是国家要发展这个超级稻。通过专家带队，"桂两优 2 号"表现比较优秀，从株高、产量、抗性等方面，都合乎农业部的文件要求。通过两年的百亩示范，经农业部专家鉴定，就把这个顺利地推荐到国家审定，进行测评和验收，成为广西的第一个超级稻。广西之前是没有超级稻的，所以这个是广西第一个超级稻。总之，这个超级稻比较优秀。"桂两优 2 号"于是得到了广泛的认可。

3. 在访谈中，有些知情人士指出，兆和公司是通过技术成果转让的方式进行"桂两优 2 号"的推广；也有的指出，兆和参与了本水稻品种的研发，请问兆和有没有参与"桂两优 2 号"的研发过程？双方的合作机制是怎样的？（注资型、分红型还是买断型？）

D1：公司没有参加这个品种的研发，我们只是把它买断来进行推广。

4. 兆和公司是如何开展"桂两优 2 号"的推广的？推广的重点区域和成效如何？如何依托政府、农科院的优势开展推广的？

D1：首先，我们种业公司进行连片的种植，召开了每个区域的现场会，前后开展了 100 多场现场会，使这个品种家喻户晓。同时，我们通过每个县的代理商，依托政府，利用代理商的资源，政府这块儿进行采购，就是进行示范推广。农科院水稻所作为广西最大的、技术最雄厚的一个研究单位，无论是病虫防治啊，等等，实力比较强。政府计划通过政府推广，政府采购，还和企业结合起来进行推广。特别是在桂南地区，它的表现比较好。因为它株高比较低，这些都得到了广大农民群众的认可。

5. 有些肥料、农药等农资产品是以专用肥、专用药形式与农作物品种严格对接销售。"桂两优 2 号"有没有采取这种形式？

D1：这个是在我们的营销过程中，采用了一些这个方式。我们有一个"六良"联盟，就是由广西"种子、肥料、农药、农机"等农资企业进行横向联合协作的一个组织。通过"跨行业、跨领域、跨地域"的新型农业产业协作，构建一个以高水平农技服务为支撑，以现代信息化平台为手段，横跨农业、金融、咨询、互联网、学术研究、物流、批发零售等行业领域的配套体系。

6. 请您谈谈示范点建设在"桂两优 2 号"超级稻推广中的作用？

D1：推广的作用，刚才也讲了，在这个过程中，我们引导农民怎么样从感性认识到理性认识，让这个品种唤起他们的种植热情。我们怎么样把看好的一块田地变成示范田？示范有百亩的示范和千亩的、万亩的示范。这个工作是比较艰巨的，农民是最单纯的，也是理性的。我们要推广种这块田，农民说我就不给你，所以这个就要做思想工作，我们通过当地的政府、村委，通过里面的主要骨干，利用他们的力量，告诉农民做示范片，会给他们带来好处。现在不是毛泽东时代了，所以动员他们要做一些思想工作。第二个，在种植示范的过程中，就是要免费，种子、肥料免费提供，甚至农药也免费，整个过程还要通过一些技术培训，然后去感化他们。还有些地方，还要帮他们修路呀、修水渠啊、修桥啊，等等，这样的话，我们就要结合一些项目一起去做。所以在示范推广的过程中，采用的方式都是必要的，也是多样的。当然每个种子企业的做法有所不同，但是每个企业大致的做法都是相同的。

7. 在超级稻"桂两优 2 号"的推广中，公司与地方政府、农科院专家、农户之间应该会有许多互动的案例，请您就成功和失败两个方面谈谈相关案例。

D1：我们在博白县开展了 500 人的示范点推广现场会。博白县农业局代表政府，还有水稻所的一些专家都去了，我们就到博白县凤山镇去召开现场推广会，这样就跟农民有一些互动。这个会开得是比较成功的，电视台也播了。这对带动整个玉林地区呀，接受这个超级稻都是有很大好处的。这个是成功的。当然也有失败的。现在农户打工比较多，不愿意种地，都是老人、小孩在家。对这个种植水稻啊，不感兴趣的。比如说，很多地方种玉米的比较多，我们去推广水稻，他们就不种。所以我们要找一些适合种植水稻的地方，还有就是农民愿意种水稻的地方去推广。

8. 在"桂两优 2 号"推广的过程中，如何处理"桂两优 2 号"与公司推广其他品种如"特优 858"的内部竞争关系？以及如何处理与其他公司推广的水稻品种的外部竞争？

D1：其实二者之间，是没有竞争的，它们可以说是互补的。因为两者是不同的类型，一个是两系，另一个是三系，同时，它们种植的区域不同。关于其他的公司竞争的问题，这是市场的竞争，竞争肯定是激烈的。我们通过政府，以农科院作为推手，通过我们的模式去做，结合企业的方式来做。与其他的几个企业相比，我们的量是比较大的。

9. 在超级稻推广过程中，公司对推广人员业务进修和技术专业培训开展的情况与效果如何？

D1：我们每年要进行二三十次，对我们自己的业务人员培训，包括生产、后勤等技术方面的培训，还有这个病虫防治等整个的技术，都要给他们一个感性的认识。同时我们每个县也要进行农民的培训会，我们也要找一些技术专家，对农民进行一些病虫害防治啊，抗性啊，施肥呀，插秧啊等方面进行培训，我们也对经销商进行这个技术的培训。这些推广站对一些新品种比较感兴趣，他们往往就比较接受，但对于农户来说，就是要有补助了，你让他们过来专心来听，就要给予一定补助，一般要给 20 到 50 块钱的补助，不过（把）他们叫过来看，这个效果也是很好的，如果不来就没有办法了。

10. 任何农作物品种都有生命周期，"桂两优 2 号"也不例外。现在"桂两优 2 号"的市场占有率情况如何？公司对于该品种的下一步考虑是什么？

D1：这个市场占有率也是很高了，但是具体，因为这个涉及这个企业的秘密，不方便说。总之占有率相当大。因为种子都有一个生命的周期，再多说也就是 30 年。当时在买断的时候没有年限的限制，当然了，那是第一个新品种，随着这个推广，就会被新的品种所代替了。

11. "政科企"合作推广模式的最大好处是推进工作有效，但也有人质疑说是一种垄断经营。请您谈谈"政科企"合作推广模式的优势和劣势。

D1：有人说这是垄断，我认为这不是一种垄断。如果一件事，有几个人在做，利益上就得不到保障，所以大家都不做。这样的话，不如让其他更专心、更专注的人去做，这样才能够做得好。这方面的优势会得到一些新的成果，而且有这个"政科企"合作的这样的一个模式，好的方面，政府作为推手，有利于加快成果转化，增加影响力，这个力度是更明显了；但是呢，这种模式也有劣势，国家的一些政策经常也有一些变化，或者是领导会有些变动，执行政策的力度也会有些变化，这些都会影响我们合作的效果。

安徽等地超级稻的大面积减产，这是一个个别的事情，不能因此否定了整个超级稻的发展。这个也正常，因为一些极端的气候有可能会诱发品种里面的一些抗性不足的地方，会把这些显现出来。绿色超级稻，现在也是一个方向。

12. 以超级稻为例，请您谈谈企业在技术推广方面遇到的问题或政策上的建议？

D1：超级稻的推广，在有些地方还是不受重视。一方面，有些地方的农户，对这些东西，不是说你让他们种他们就种。另一方面，有些地方土壤比较贫瘠，想种也没有办法种。另外，在推广的时候，实际推广相当慢，一些费用也加大了我们的成本。所以还是出现了一些阻碍的因素，建议就是要加大力度，加大采购的力度，同时，对我们这样的一些公司，在资金方面给予更多的支持，同时给我们一个宽松的发展环境。

关于这个超级稻米质的问题。首先我们要解决饥饿问题，这个时候呢就要看产量，这个是有东西吃而不是要吃饱。其次要解决有饭吃，然后才是要吃好。现在随着人民生活的改善，我们吃的一些东西，要求也比较多了，质量要求也比较高。我们也建议，除了产量和质量，还要重视水稻生产的一管一收问题。

现在很多地方，双季稻变成了单季稻，这样的话对于国家粮食的总产量，对于粮食安全问题有没有影响？这个问题从外部因素和内部因素结合起来考虑，外界的因素是，现在，全球的粮食都在增产，特别是玉米方面，像美国这边；在水稻方面，东南亚过来的水稻都是每斤1块3。在到处粮食都增产这样一个背景下，我们国家的进口也是敞开的。这样我们的粮食供应还是比较充裕的。我们国家的粮食储备也是充裕的。农民对于种粮的积极性怎么算呢，出去打工一天100块钱，这样农户打10天的工，挣的钱就相当于种一亩地的粮食，如果家里有三亩地，我打工一个月就可以赚回来了。还有一个气候原因，因为越来越多的干旱，实在没有办法种水稻，而且还有农用物资比如化肥、农药等，这些涨价比较厉害，成本提高也比较厉害。反过来这显然对我们的影响也是比较大的。现在大量的农药化肥，使广西在甘蔗田种玉米不生长，那里所有的除草剂都会把除甘蔗外的各种农作物品种给杀死，无法再种别的农作物。

f. 中国农业大学驻广西 T 县"科技小院"项目负责人访谈

时间：2015 年 11 月 13 日—2015 年 12 月 25 日

访谈地点：广西 T 县、北京

访谈方式：电话、邮件

访谈对象：中国农业大学驻广西 T 县"科技小院"项目负责人 H9

1. 请简要介绍"科技小院"项目启动的主要背景及在广西 T 县开展的情况。

H9：广西 T 县所在的右江河谷地区是我国第二大芒果优势产区，而 T 县是右江河谷三县一区中芒果种植面积最大、历史最悠久、种植技术较成熟的地区。芒果产业已经成为当地农业和农村经济的重要组成部分，在农业产业结构调整中发挥着积极的作用，但是在芒果实际生产中还存在一些问题，制约了芒果产业的发展，比如芒果的品种结构不合理、施肥不合理、病虫害防治不及时或防治效果不佳、芒果产量普遍偏低等问题。2013 年，中国热带农业科学院南亚热带作物研究所和中国农业大学资源环境与粮食安全中心继在广东徐闻建立热区第一个科技小院之后，再次强强合作，与 T 县人民政府联合成立"T 县科技小院"，共同打造集研究、示范、推广、培训多种功能于一体的"产学研推"相结合的特殊平台。通过研究生和科技人员长期驻扎"科技小院"，深入芒果生产一线，开展芒果生产技术创新、试验示范、培训推广以及农村服务等工作，为果农提供"零距离、零时差、零门槛和零费用"的服务，致力于解决芒果生产上存在的问题，提高芒果产量和品质。

2. "科技小院"项目中，您的主要工作内容、主要目标是什么？

H9：T 县科技小院驻扎在芒果生产一线，主要是为了摸清芒果的生长规律，包括生长特性和营养特性，了解当地芒果生长现状，通过试验探索优化芒果生长管理的途径，解决当地的生产问题，对先进技术进行创新和集成，并示范推广，大面积实现芒果高产高效生产。

3. 结合"科技小院"项目实施，目前您取得的工作成效有哪些？请谈谈您的经验与体会。

H9：在 T 县科技小院驻扎的两年时间里，建立了 15 亩芒果试验示范基地，成功推广了"热农一号"芒果优势品种，引入了山地芒果水肥一体化施肥技术，集成创新了有机肥改土、矮化密植、施肥管理等先进生产技术。并通过农民技术培训、技术展板和技术手册等多种方式在当地进行传播，至今开展了农民技术培训 36 场，培训人数达到 900 余人，撰写《广西芒果优质生产 100 问》专著一本。

科技小院是集科研创新、人才培养和社会服务（于一体）的特殊平台。通过科技小院，研究生可以直接进入生产一线，了解当今的生产问题，通过自己的研究找到解决方案，改善田间管理操作。在实际生产中，农民除了需要先进的生产技术，还需要学会正确地运用技术，这是最关键的。通过农民培训、田间跟踪指导可以达到这一点。

4. 您所掌握的技术知识一般是通过什么方式到达农民那儿的？您的技术知识与农户传统的技术知识有无冲突？如何解决这个冲突？请结合您的实践举例说明。

H9：两个最重要的方式，一是示范基地展示，二是农民技术培训。

理论技术与农民经验产生冲突时，我会向农民朋友们解释其中的道理。从理论出发，来讲述技术的优越性。有时，理论技术还需要与农民经验相结合，从而形成更适合当地的新技术。如冬季施肥，有农户习惯在冬季秋梢停止生长后施肥，理由是促进树体对养分的积累，有利于早春的开花，而且这时间没有其他农活，有时间去施肥。但是在秋梢停止生长进入花芽分化期后，树体需要养分极少，营养过多会导致芒果营养生长过旺，抽生冬梢，成花率低，影响产量。

当农民听到不施冬肥时，他们心存怀疑，但是也想知道其中的道理。我就从芒果生长特性和营养需求特性上给大家讲解。农民朋友们虽然有种植经验，但是芒果怎么生长，什么时期吸收什么营养、多少营养这些知识还比较欠缺。讲完了之后，很多农民朋友们都恍然大悟，原来自己果园里每年出现冬梢，影响开花的原因就是在年前多给芒果树撒了一把尿素，之后他们会尝试在冬季不施肥。

与农民经验结合的例子也很多。如施肥，芒果采后施肥和早春施花肥，施肥方式是不一样的。在技术材料里大部分都是说穴施，但是很少提到怎么去挖坑。农民朋友们知道在芒果采后，果树根系会大量生长，挖坑时可以直接下锄，甚至断根有利于根系的生长。但是到了芒果花期和结果期时，根系基本不生长了，如果这时再断根会破坏根系。所以在挖穴时，要从远树端向近树端挖，尽量不要破坏根系。这是农民的经验。在我培训的时候，我也把农民经验与我的理论知识结合起来，一并传授给大家。有生产经验和理论知识的结合，农民朋友们听得更认真，对我讲解的技术更加信服，甚至对种植芒果有了更高的激情。

对于新的技术，农民朋友们也不是一下子就能接受的。他们会在自己果园里找十几株芒果做实验，如果效果好了他们会扩展到果园所有果树。我们平时也会跟踪一些农户进行现场指导，这对于农民更好地利用这项技术有很大帮助。

5. 您在多次的农村技术培训实践中，印象最深刻的经历是什么？有何感悟与启发？

H9：在开展农民技术培训时，一般都是在晚上，通过 PPT 的方式对技术进行讲解。但是有时农民朋友们坚持让我到外面芒果树下讲解，在漆黑的夜晚，就这样打着手电筒给大家讲解，给我的印象最深。能感觉到，农民朋友们对生产技术非常渴望，希望有技术的人员手把手地教他们。

6. 您认为当前农户应用农业科技致富的主要阻碍有哪些？该如何突破这些阻碍？

H9：最主要的原因就是农业技术没有真正传播到农民手中，或者说农民朋友们没有真正理解技术，在技术的应用能力上还是比较薄弱的。据调查发现，大部分农民朋友们的生产技术来源于农资经销商，技术的到位率和准确性都比较低。再一个就是市场信息。

7. 您对于农村、农业、农民发展的意见与建议。

H9：农民走上致富的道路离不开科学技术，顶天的技术理论没有真正落地应用到实际生产中，或是理论研究与生产应用出现脱节，都阻碍了农民收入的提高和农业的发展。通过科技培训等方式提高农民生产管理水平，是提高经济收入的重要途径。个体的农民应自发组织起来，形成生产体系，如合作社、田间学校等，在生产的每个环节达到集体化生产，简化生产环节，从而提高生产水平。

以"一村一品"的理念发展农村，创造特色产业，提高作物产量的同时，提高作物的品质，满足市场的需求。同时丰富农民生活，提高农民幸福感。现在的农业不再是农民自己的农业，社会各界应发挥各自的优势，实现当今农业的大发展。在农业技术方面，走出以前"高投入、高产出"的农业道路，实现高产、高效的农业生产，增加产量、提高品质，同时减少资源浪费，降低环境压力。

附录D 农户问卷调查及结果

问卷编号_____ 村庄编号_____

超级稻技术扩散研究调查问卷

您好！我是清华大学科技与社会研究所的博士生刘磊。为研究需要，请您花一点儿宝贵时间回答一些问题。本调查不用填写姓名，调查结果只用于科研目的，请您根据自己的实际情况填写。如您对问卷有任何疑问，可以随时要求调查人员进行解释。问卷填写大约会占用您10分钟的时间，请认真完成。衷心感谢您的支持与合作！愿您生活愉快，合家安康！

联系电话：18613372278　E-mail：gxuliulei@163.com

填写说明：请根据自己的实际情况，在适合的答案号码上画圈或者在空白处直接填写。

1. 您的年龄：①30岁以下　②31～45岁　③45～59岁　④60岁以上

2. 您的性别：①男　②女

3. 您的文化程度：①小学以下　②初中　③高中或中专　④大专以上

4. 家庭劳动力从事农业劳动的情况：①全部从事农业劳动　②主要是妇女或老人　③主要是男子　④其他情况_____

5. 家庭劳动力外出务工情况：①全部在家，没有人外出务工　②有短期务工，农忙时回来　③有家庭成员长期在外务工　④其他情况_____

6. 您的家庭经济状况在本地属于：①较差　②一般　③较好　④很好

7. 家庭主要经济来源为：①种水稻　②种西红柿　③出外务工

④其他

8. 您种植的水稻属于：①一般常规水稻　②超级稻　③其他

9. 您选择稻种最主要是考虑：①产量高　②品质好（好吃）　③抗倒伏　④少虫害　⑤其他

10. 过去三年来，您种植过的超级稻品种有几个？①0 个　②1 个　③2 个　④3 个以上

11. 您了解超级稻的最初途径：①政府（农技站）推广　②农资商店推荐　③亲戚朋友介绍　④村干部推荐　⑤其他人示范

12. 您认为，超级稻与常规稻在种植技术上：①没有任何区别　②区别不大　③区别很大

13. 您接受过什么样的超级稻技术培训？（可以多选）①政府组织的技术培训班　②种子、化肥公司业务员的指导　③农技站技术专家的指导　④没有接受过培训和指导

14. 如果您接受过培训和指导，您认为效果：①非常好，解决了问题　②效果一般，不太管用　③效果不好，根本没有用

15. 您经常会看电视或者上网关注农业或农业技术方面的新闻吗？①经常关注　②偶尔看看　③从未关注过

16. 您需要哪方面的超级稻技术？①育秧技术　②施肥技术　③用药技术　④其他技术　⑤不需要指导，自己能够应付

17. 您现在急需哪方面的技术指导？①哪方面都不需要　②超级稻种植方面　③西红柿种植　④芒果、香蕉等生产技术　⑤其他

18. 如果有一项推广的新技术，您愿意在村里第一个尝试吗？①不愿意　②很愿意　③无法确定

19. 在哪种情况下，您更愿意采用新技术？①提供免费的种子、化肥或农药　②有技术专家经常指导　③有最低产量、保证收购等协议　④有其他人的成功先例　⑤其他

20. 对您采用新品种影响最大的人是：①家里人或亲友　②村干部　③农技站技术人员　④农资商店的人员　⑤其他

21. 您采用新品种，担心最多的是：①投入太大　②缺少技术　③没有销路　④其他

22. 您采用新品种新技术，首先希望：①效益更高，带来更多的收入 ②节省劳动力，花费时间、精力更少 ③改变现状，进行新的尝试 ④其他

23. 您对政府推广的新品种、新技术评价如何？①都挺好的 ②有的挺好，有的不好 ③不怎么好 ④很差

24. 如果您周围的田块都准备种别的超级稻的品种，您的反应是：①改种和他们一样的新品种 ②好好了解一下他们品种的特点，再做决定 ③不为所动，坚持自己的选择 ④劝他们和自己一致

25. 您愿意在专家的指导下，多投入一些劳动力、时间和费用，把自己的稻田变成高产示范田吗？①愿意 ②不愿意 ③无所谓 ④没有想好

26. 您认为现阶段影响农业生产的最主要问题是：①缺乏投入生产的资金 ②缺乏先进的生产技术 ③缺少良好的水利基础设施 ④缺乏及时的市场信息

27. 您愿意把自家的土地租给别人耕种吗？①愿意 ②不愿意 ③无所谓 ④没有想好

28. 您愿意租别人的土地扩大生产吗？①愿意 ②不愿意 ③无所谓 ④没有想好

29. 如果有一个专业合作社，共同为大家提供农产品的销售、加工、运输、储藏以及与农业生产经营有关的技术、信息等服务，但需要收取一定服务费用，您愿意参加吗？①愿意 ②不愿意 ③无所谓 ④没有想好

30. 关于超级稻种植、农业或农村发展，您的其他建议或想法：_____

_____

_____

_____。

祝贺您圆满完成本调查问卷，再次感谢您的支持与合作！

[问卷实施与处理说明]

（1）本问卷在 T 县 NM 镇 S 村实施。该村农业户 392 户，按照等距抽样发放问卷 196 份，收回 184 份。

（2）所有数据经 SPSS 软件频率分析，得出结果。

[调查结果统计]

1. 被调查农户年龄：

	农户数	百分比（%）	有效百分比（%）	累积百分比（%）
30 岁以下	6	3.3	3.3	3.3
31～45 岁	63	34.2	34.2	37.5
45～59 岁	92	50	50	87.5
60 岁以上	23	12.5	12.5	100
合计	184	100	100	

2. 被调查农户性别：

	频率	百分比（%）	有效百分比（%）	累积百分比（%）
男	101	54.9	54.9	54.9
女	83	45.1	45.1	100
合计	184	100	100	

3. 被调查农户文化程度：

	频率	百分比（%）	有效百分比（%）	累积百分比（%）
小学以下	43	23.4	23.4	23.4
初中	117	63.6	63.6	87
高中或中专	21	11.4	11.4	98.4
大专以上	3	1.6	1.6	100
合计	184	100	100	

4. 农业劳动力安排：

	频率	百分比（%）	有效百分比（%）	累积百分比（%）
全部从事农业	138	75	75	75
妇女或老人	27	14.7	14.7	89.7
主要是男子	12	6.5	6.5	96.2
其他情况	7	3.8	3.8	100
合计	184	100	100	

5. 家庭劳动力外出务工情况：

	频率	百分比（%）	有效百分比（%）	累积百分比（%）
没有人外出务工	123	66.8	66.8	66.8
有短期务工	34	18.5	18.5	85.3
家庭成员长期在外	22	12	12	97.3
其他	5	2.7	2.7	100
合计	184	100	100	

6. 家庭经济状况：

	频率	百分比（%）	有效百分比（%）	累积百分比（%）
较差	38	20.7	20.7	20.7
一般	124	67.4	67.4	88
较好	20	10.9	10.9	98.9
很好	2	1.1	1.1	100
合计	184	100	100	

7. 家庭最主要经济来源：

	频率	百分比（%）	有效百分比（%）	累积百分比（%）
水稻	12	6.5	6.5	6.5
西红柿	153	83.2	83.2	89.7
务工	7	3.8	3.8	93.5
其他	12	6.5	6.5	100
合计	184	100	100	

8. 种植水稻品种：

	频率	百分比（%）	有效百分比（%）	累积百分比（%）
一般常规稻	14	7.6	7.6	7.6
超级稻	170	92.4	92.4	100
合计	184	100	100	

9. 选择水稻品种依据：

	频率	百分比（%）	有效百分比（%）	累积百分比（%）
产量高	35	19	19	19
米质	64	34.8	34.8	53.8
抗倒伏	83	45.1	45.1	98.9
少虫害	2	1.1	1.1	100
合计	184	100	100	

10. 种植过的超级稻品种：

	频率	百分比（%）	有效百分比（%）	累积百分比（%）
0 个	6	3.3	3.3	3.3
1 个	23	12.5	12.5	15.8
2 个	93	50.5	50.5	66.3
3 个以上	62	33.7	33.7	100
合计	184	100	100	

11. 了解超级稻的途径：

	频率	百分比（%）	有效百分比（%）	累积百分比（%）
农技站	96	52.2	52.2	52.2
农资店	55	29.9	29.9	82.1
亲戚朋友	11	6	6	88
村干部	5	2.7	2.7	90.8
其他	17	9.2	9.2	100
合计	184	100	100	

12. 超级稻种植技术与常规稻种植技术：

	频率	百分比（%）	有效百分比（%）	累积百分比（%）
没有区别	27	14.7	14.7	14.7
区别不大	90	48.9	48.9	63.6
区别很大	67	36.4	36.4	100
合计	184	100	100	

13. 接受超级稻技术培训情况：

	频率	百分比（%）	有效百分比（%）	累积百分比（%）
政府组织培训班	35	19	19	19
农资公司业务指导	24	13	13	32.1
农技站专家指导	36	19.6	19.6	51.6
没有接受过指导	89	48.4	48.4	100
合计	184	100	100	

14. 技术培训情况：

	频率	百分比（%）	有效百分比（%）	累积百分比（%）
没有接受培训	89	48.4	48.4	48.4
非常好，解决了问题	66	35.9	35.9	84.2
效果一般，不太管用	28	15.2	15.2	99.5
效果不好，根本没有用	1	0.5	0.5	100
合计	184	100	100	

15. 关注农业技术的情况：

	频率	百分比（%）	有效百分比（%）	累积百分比（%）
经常关注	64	34.8	34.8	34.8
偶尔关注	106	57.6	57.6	92.4
极少关注	14	7.6	7.6	100
合计	184	100	100	

16. 超级稻技术需求状况：

	频率	百分比（%）	有效百分比（%）	累积百分比（%）
育秧技术	10	5.4	5.4	5.4
施肥技术	29	15.8	15.8	21.2
用药技术	25	13.6	13.6	34.8
其他技术	1	0.5	0.5	35.3
不需指导	89	48.4	48.4	83.7
施肥和用药技术	30	16.3	16.3	100
合计	184	100	100	

17. 急需的技术指导：

	频率	百分比（%）	有效百分比（%）	累积百分比（%）
哪方面都不需要	2	1.1	1.1	1.1
超级稻方面	5	2.7	2.7	3.8
西红柿方面	36	19.6	19.6	23.4
芒果、香蕉	44	23.9	23.9	47.3
其他	2	1.1	1.1	48.4
西红柿、芒果、香蕉等	95	51.6	51.6	100
合计	184	100	100	

18. 是否愿意在村里第一个尝试新技术？

	频率	百分比（%）	有效百分比（%）	累积百分比（%）
不愿意	3	1.6	1.6	1.6
愿意	145	78.8	78.8	80.4
无法确定	36	19.6	19.6	100
合计	184	100	100	

19. 哪种情况下更愿意采用新技术？

	频率	百分比（%）	有效百分比（%）	累积百分比（%）
提供免费的种子、化肥等	131	71.2	71.6	71.6
有技术专家跟踪指导	9	4.9	4.9	76.5

	频率	百分比（%）	有效百分比（%）	累积百分比（%）
最低产量、收购等协议	29	15.8	15.8	92.3
其他人成功的先例	14	7.6	7.7	100
合计	183	99.5	100	
系统	1	0.5		
合计	184	100		

20. 对自己采用新品种新技术影响最大的人：

	频率	百分比（%）	有效百分比（%）	累积百分比（%）
家人或亲友	46	25	25.1	25.1
村干部	13	7.1	7.1	32.2
农技站人员	72	39.1	39.3	71.6
农资店人员	46	25	25.1	96.7
其他	6	3.3	3.3	100
合计	183	99.5	100	
系统	1	0.5		
合计	184	100		

21. 采用新品种担心最多的因素：

	频率	百分比（%）	有效百分比（%）	累积百分比（%）
投入太大	68	37	37.2	37.2
缺少技术	18	9.8	9.8	47
没有销路	97	52.7	53	100
合计	183	99.5	100	
系统	1	0.5		
合计	184	100		

22. 采用新品种新技术的首要目标：

	频率	百分比（%）	累积百分比（%）
效益更高，带来更多收入	150	81.5	82
节省劳动力、时间和精力	7	3.8	85.8
改变现状的尝试	26	14.1	100
合计	183	99.5	
系统	1	0.5	
合计	184	100	

23. 对政府推广新品种新技术的评价：

	频率	有效百分比（%）	累积百分比（%）
都挺好的	53	29	29
有的好，有的不好	102	55.7	84.7
都不怎么好	27	14.8	99.5
很差	1	0.5	100
合计	183	100	
系统	1		
合计	184		

24. 如果周围的田块准备种别的超级稻品种，您的反应是：

	频率	百分比（%）	有效百分比（%）	累积百分比（%）
改种和他们一样的品种	68	37	37.2	37.2
好好了解一下，再做决定	96	52.2	52.5	89.6
不为所动，坚持自己的选择	18	9.8	9.8	99.5
劝他们和自己一致	1	0.5	0.5	100
合计	183	99.5	100	
系统	1	0.5		
合计	184	100		

25. 是否愿意在专家指导下，多投入劳动力、时间和费用把自己的稻田变为高产示范田？

	频率	百分比（%）	有效百分比（%）	累积百分比（%）
愿意	158	85.9	86.3	86.3
不愿意	5	2.7	2.7	89.1
无所谓	12	6.5	6.6	95.6
没想好	8	4.3	4.4	100
合计	183	99.5	100	
系统	1	0.5		
合计	184	100		

26. 影响农业发展的最主要问题：

	频率	百分比（%）	有效百分比（%）	累积百分比（%）
缺少生产资金	106	57.6	57.9	57.9
缺少生产技术	26	14.1	14.2	72.1
缺乏水利等基础设施	8	4.3	4.4	76.5
及时的市场信息等	43	23.4	23.5	100
合计	183	99.5	100	
系统	1	0.5		
合计	184	100		

27. 您愿意把自家的土地租给别人耕种吗？

	频率	百分比（%）	有效百分比（%）	累积百分比（%）
愿意	14	7.6	7.7	7.7
不愿意	150	81.5	82	89.6
无所谓	5	2.7	2.7	92.3
没想好	14	7.6	7.7	100
合计	183	99.5	100	
系统	1	0.5		
合计	184	100		

28. 愿意转租别人的土地扩大生产吗？

	频率	百分比（%）	有效百分比（%）	累积百分比（%）
愿意	117	63.6	63.9	63.9
不愿意	36	19.6	19.7	83.6
无所谓	15	8.2	8.2	91.8
没想好	15	8.2	8.2	100
合计	183	99.5	100	
系统	1	0.5		
合计	184	100		

29. 如果有一个专业合作社，为大家提供农产品的销售、加工、运输、储藏等技术、信息服务，但需要收取一定服务费用，愿意参加吗？

	频率	百分比（%）	有效百分比（%）	累积百分比（%）
0	1	0.5	0.5	0.5
愿意	142	77.2	77.6	78.1
不愿意	19	10.3	10.4	88.5
无所谓	7	3.8	3.8	92.3
没想好	14	7.6	7.7	100
合计	183	99.5	100	
系统	1	0.5		
合计	184	100		

30. 关于超级稻种植、农业或农村发展的建议或想法：

建议频次	内容
5	建议明年继续在我们组推广超级稻，免费提供农资和技术
3	加强技术指导和培训，不讲空话
2	希望介绍新产品新技术、新信息新技术到农村
1	把灌溉和排水搞好
1	需要解决田鼠成灾的问题
1	创办合作社，提供产品销售、加工、运输、储藏及经营技术
1	建议大力推广超级稻，提高产量
1	把土地租出去，外出打工
1	农产品价格不稳定

致　谢

本书是在博士论文的基础上完成的。

作为从清华大学科技与社会研究所毕业的第一位社会学专业博士，我总是感到一种莫名的压力与责任。回顾我开展博士毕业论文研究之时，所里异常重视，专门成立了一个导师组（由刘立教授、李正风教授、洪伟副教授组成）对我进行指导。刘立教授不仅从理论上指点迷津，还传授具体的实地调研方法，他的严谨作风与包容精神令人印象深刻和感动；李正风教授高屋建瓴，从选题方向、研究思路、论文框架到写作方法都给予了重点指导；洪伟老师多次审阅我的论文，为完善论文提出了重要的指导意见。

特别感谢南开大学赵万里教授、清华大学社会学系郭于华教授、广西大学蒙绍荣教授等对论文研究的指导和帮助。

在清华大学科技与社会研究所学习期间，我有幸得到吴彤教授、刘兵教授、王蒲生教授、王巍教授、杨舰教授、张成岗教授、吴金希教授等各位老师的热忱指导和帮助；感谢中国科协徐善衍教授、中国科学院刘钝教授对我的指导和帮助；感谢王程韡师兄、王路昊师兄等对我的大力帮助。

深切缅怀我的第一任导师 曾国屏 教授！他的做事风格与谆谆教诲将成为我一生的精神财富。

在论文研究调研期间，得到了中央农村工作领导小组办公室、清华大学中国农村研究院、农业部全国农业技术推广服务中心、广西壮族自治区农业厅、广西农业科学院、T县政府、T县农业局、T县科技局、有关乡镇政府、村组等单位的热心支持与帮助，感谢田有国处长、陈叔敏局长、黄燕蝶主任、谢丹杏博士等提供的各种方便，不胜感激。

感谢我的同学、朋友、亲人和家人，因为有他们的风雨相伴，我的人生才更加温暖。

致敬勤劳、朴实、可爱的 T 县人民！感谢他们把这块平凡的土地变成富有生机和希望的田野。

本书在论文研究前期得到"清华大学中国农村研究院博士论文奖学金项目"的支持。本次成书出版由江西理工大学资助。特此致谢。